应中央城市工作会议精神组织编写

城市安全减灾管理读本

金　磊　主编

中国城市出版社
·北京·

图书在版编目（CIP）数据

城市安全减灾管理读本 / 金磊主编 . —北京：中
国城市出版社，2016.4
ISBN 978-7-5074-3067-7

Ⅰ . ①城…　Ⅱ . ①金…　Ⅲ . ①城市—灾害防治　Ⅳ .
①X4

中国版本图书馆 CIP 数据核字（2016）第 087088 号

责任编辑：张礼庆　陈小娟
责任校对：左文静
责任印制：张建军

应中央城市工作会议精神组织编写

城市安全减灾管理读本

金磊　主编

*

中国城市出版社出版、发行（北京海淀区三里河路 9 号）

营销电话：（010）63454857，63289949；传真：（010）63421417

各地新华书店、建筑书店经销

逸品书装设计制版

廊坊海涛印刷有限公司印刷

*

开本：710×1000 毫米　1/16　印张：16.25　字数：239 千字

2016 年 8 月第一版　　2016 年 8 月第一次印刷

定价：**49.00** 元

ISBN 978-7-5074-3067-7

《城市安全减灾管理读本》编委会

主编、策划、统稿 金 磊

编撰作者顺序 金 磊 阮水根 俞孔坚 郑大玮 韩淑云
    苗 淼 古 月

作者简介

金 磊 兼任北京市人民政府专家顾问，住房和城乡建设部科技委减灾
    委员会委员，住建部抗震减灾规划标准委员会委员，中国灾
    害防御协会副秘书长，北京减灾协会副会长，中国城市规划
    学会防灾与安全专业委员会副主任等职。北京市建筑设计研
    究院有限公司高级工程师（教授级）、天津大学建筑学院特聘教
    授。曾主持《北京城市总体规划 防灾篇（2004—2020年）》、北京
    "十一五"、"十二五"《城市综合减灾应急规划》、《中国科协减灾
    白皮书》（1999—2005各年度城市专项）等减灾战略规划的编研，
    出版《中国城市综合减灾对策》（1992年版）等减灾专著十余本

阮水根 原中国气象局防灾科技司司长，研究员，现北京减灾协会专家
    委员会专家

俞孔坚 北京大学建筑与景观设计学院院长、教授、博导，美国艺术与
    科学院院士，中国海绵城市设计倡导者与实践者

郑大玮 中国农业大学资源环境学院教授、博导，北京减灾协会专家委
    员会专家

韩淑云 北京减灾协会驻会副秘书长、高级工程师

苗 淼 北京减灾协会专家委员会秘书

古 月 北京市气象台减灾专家

本书编撰作者分工：

第一章 城市安全概论　　　　　　金　磊

第二章 城市自然灾害　　　　　　郑大玮　俞孔坚　金　磊

第三章 城市人为灾害　　　　　　金　磊　苗　淼

第四章 城市公共卫生事件　　　　金　磊　韩淑云　苗　淼

第五章 城市社会事件　　　　　　金　磊　苗　淼

第六章 城市综合减灾管理　　　　阮水根　金　磊

第七章 城市综合减灾信息化　　　阮水根　金　磊

第八章 城市与安全文化教育　　　韩淑云　金　磊

写在前面

城市的发展是要付出代价的，问题是我们应追求什么样的城市发展目标。

时隔 37 年后 2015 年 12 月下旬北京召开了中央城市工作会议，它在论及中国未来城市发展、综合治理要抓顶层设计诸问题的同时，特别强调城市发展要视安全为第一，要在建设与管理两大环节上着力解决灾害与事故频发的"城市病"等突出问题。面对中央对城市发展提出的抉择，中国建筑工业出版社（中国城市出版社）沈元勤社长以特有的敏感，约我交谈，希望组织出版一本面向城市各级管理者的防灾减灾知识读本。编撰该书，虽然从编著到出版时间紧迫，但出于近 30 年对中国城市防灾减灾研究的执着与责任意识，我同意担纲起策划并主编该书的重任。因为我感到，在中国众多的城市安全减灾类读物中尚缺少一部适宜公务员及城市管理者的综合减灾管理类读本。现在呈现给读者的《城市安全减灾管理读本》，正是我们组织的国内多位减灾专家奉献的防灾管理研究"心得"，希望对提升城市管理者防灾意识，对保证城市安全运转与可持续发展有益。

2016 年 1 月中旬，中国管理科学学会公共管理专业委员会等单位发布了《2014—2015 年中国 31 个省市区应急表现能力评价报告》，它从自然灾害与人为灾害应对能力两个方面的评价出发，得出陕西、新疆、天津三地应急能力排名垫底的结论。评价报告旨在促进城市安全防灾能力的综合提升，尽快补上"短板"。对补"短板"，正如上海在吸取 2014 年"12·31"事件教训时强调要抓住五个关键环节一样，始终坚持预防为本，树立忧患意识，敬畏生命。如何思考城市安全减灾管理，如何提高城市管理者学习城市防灾减灾基本理论的自觉性，如何树立城市管理者对安全减灾的主体责任，如何建立城市现代化发展背景下的风险观念、如何面对新型城镇化建设把握减灾规划、如何真正找到城市（镇）化进程中那些无序发展所表现出的灾害事故态势与新特点等，都离不开"安全城市"建设与管理主线的确立，不从综合减灾入手的城市安全管理，会拘泥于头痛医头，脚痛医脚，一次次陷入偏颇管理的怪圈之中。2016年元月初，中央领导又对加强安全工作提出五点要求，它再次使城市安全建设中的补"短板"，城市应急管理上的防"失当"成为一个重要任务及使命。

为什么要编写这个"读本"，就是要告诫城市管理者要"安全发展"，科学谋划城市管理者该遵循何"成长坐标"。要让城市管理者明白：安全能力也是城市品质，安全能力提升要抓综合减灾管理，安全能力提升离不开与国家法规相配套的安全法规的立法与执法。在2016年3月22日"央视新闻1+1"节目中，我在回答主持人评析2016年南方汛期虽只早到11天，竟造成多地因暴雨再次出现城市"看海"及多方面灾害无序状态，城市并非仅仅因暴雨就不堪一击，在城市"四大灾种"的威胁下，城市系统的复杂性与灾害事件的衍生相关性都说明，现代城市（无论大与小）都深陷"城市病"中，任何一点阴晴冷暖、风吹草动都可能导致城市紊乱；每天城市中至少近2亿人开车在马路上，4000万人乘坐地铁与轻轨，2000万人在火车及高铁上，800万人为生存在井下劳作，100万人在天上飞……这些都是必须守住的安全"底线"。因此，从学习并研究城市的发展规律出发，本"读本"突出如下重点：

其一，把握21世纪城市减灾及其管理的最新动态与趋势。2016年为中国乃至世界防灾安全上的重要年份，因为历史写下了一行行悲怆的"日志"：2016年是第三届联合国世界减灾大会通过的《2015—2030年仙台减灾框架》实施第一年；2016年系中国"十三五"规划的开局之年；2016年系中国唐山大地震40周年、邢台大地震50周年；2016年系"9·11"事件十五周年……它们越来越让世界各国看到在大安全观下重视整体安全与防恐任务的艰巨性。

其二，关注城市应对灾害风险的新特点。要让各级城市管理者明白，无论是新城，还是老城；无论是工业城市，还是金融商业中心，城市"市情"一定会显示"灾情"，城市一定要有灾害风险区划分析图，这是城市展开安全减灾管理的第一前提条件，天津港2015年"8·12"爆炸事件的一系列"不知道"是何等典型的写照！本书涉及的灾害种类有：自然灾害、人为事故、公共卫生事件及社会恐怖事件等，它包括了《国家突发事件应对法》提及的传统安全与非传统安全四大门类。

其三，树立城市安全减灾管理的"问题导向"意识。无论是"十三五"规划还是专门的城市单灾种的顶层设计，都要在管理上解决"为谁做"、"做什么"、"怎么做"和"谁来做"的问题，都要创造应急管理与常态管理相结合的行动机制，都要有能力针对事故灾难梳理出其背后的共性问题，都要将管理重点落实在防灾减灾链条的体系上，以找到全面保障城市安全能力提高之径。

其四，营造城市安全减灾氛围，需强化公民安全文化自护教育。2016年元月27日国务院新闻办发表了《中国核应急》白皮书，它使中国核安全得到进一步保证，更使公民谈"核"不再色变，这是中国有代表性且具有典型意义的安全文化建设的个案。《城市安全减灾管理读本》一书的特色，不仅立足于提升各级管理者的防灾减灾职责，更强调提高城市公众安全文化觉悟及应对灾变能力是营造安全城市的关键。因此，本书在综合减灾理念下，既关注城市的安全生产，也关注安全生活；既研究城市建设者应承担的城市安全设计问题，也倡议公民参加城市安全共同体建设。旨在建设一个由市长、城市管理者、城市建设者（含建筑师、规划师、工程师）、社区公众等参与的中国城市安全保障网。

如何阅读这个"读本"与主要解决什么问题有关，当前除了提高城市各级管理者意识外，在安全减灾管理上落实精细化准则，在城市每个角落都有"落地"的细节，事故灾祸的教训尤不可忘：2011年"7·23"甬温线特别重大铁路交通事故；2012年"7·21"北京特大暴雨灾害；2013年"6·3"吉林德惠宝源丰禽业公司氨气泄漏特大爆炸火灾；2014年"12·31"上海外滩踩踏事故；2015年天津港"8·12"特大爆炸事故；2015年"12·20"深圳人为滑坡事件等均说明，中国大城市的灾害与事故在呈现发展态势时，自然与人为因素相互交织，这是一个个锥心之痛，它警醒人们没有安全保障的小康社会，绝不是我们期待的小康社会。城市安全风险管理，见微知著，加强城市运行风险源点管理问题很多，普遍的管理失位和隐患是责任不落实：不少灾祸酿悲剧原因总相似；关键看责任，落实则安、缺失必危；在管理盲区、漏洞面前不出大事是侥幸，出了大事是必然。当代城市安全管理要补的短板是：重经验、轻制度；重处置轻预防；重顶层轻基层；重政府轻社会。据此，本书从提升城市管理者综合减灾管理能力出发，普及城市大安全观意识，要求城市管理者，尤其是第一管理者高度树立"防灾不容想不到"的超前意识，建立事故灾难并非防不胜防的自信观；不能让城市应急管理模式徒有其表，改变城市应急预案看上去完美，实则不可用的状况；面对城市防灾基础设施不完备，生命线系统安全无保障的现实，要创新管理思路，切不可让安全城市建设"败絮其中"；面对危机与灾祸城市社会如何做到不恐慌、不紊乱，如何在危机处置中提升政府的应急管理信用，城市市民对待危机的态度要通过持之以恒的安全文化教育逐步提升，而政府的信用等级完全取决于管理者的防灾应对能力与为民的情感及智慧，所以常态下的高质量应急管理能力是一方面，同时政府履责的公共安全信用是遏制社会恐慌的更重要方面；要特别向管理者传播从"人为"城市向"为人"城市的城市转变管理思维是何等重要，越高速发展、越人工建设、越智能化，往往越埋下可崩震城市大系统的困境，所以才追求安全城市的形态要弹性或韧性，国家大力倡导并推进的海绵城市建设，重要的不仅仅为了水资源及城市防洪，而是要从根本上改变城市的安全形态，面对巨灾打击如何不瘫掉且具备及时恢复城市关键职能的能力。

2016 年"5·12"是国家第八个"防灾减灾日"，"安全城市建设"成为主题。面向风险社会安全城市建设提出的安全减灾管理目标，面对城市化发展的激变及不确定性，当代城市管理者既需城市防灾减灾的整体性、系统化知识与思维，也需要具备投入真实的风险社会应对的技术与管理实践，切不可一遇"灾事"便向社会及媒体宣称"这个"我们未曾经历过。无论是应对灾害风险、城市危机事件都越来越离不开有城市安全减灾管理的基础研究，以及可靠决策的实践。恰为此，阅读本书会有几点新收获：

（1）由于本书紧扣对城市安全减灾管理形成挑战的问题，让读者从中体会到来自权威专家的分析之声，所用资料客观翔实，命题论证突出重点难点，且展开城市灾害问题的全景图。

（2）由于本书昭示中外城市灾害个案及风险愈演愈烈的现实，强调真实化语境，用大量案例分析给出了有效预防、化解并消弭的灾难危机的管理之策，可让读者学到灾难风险应对治理之策，学到从常态管理到应急态管理的责任、使命与技巧，如科学的应急管理谋划必须修正某些准则，同时要使城市防灾救援的各级管理者明白"有时最好的行动就是不行动"、"大量最好的救灾就是以保护救援者自身为目标"。

（3）由于本书用有限的篇幅力求搭建起一个城市安全减灾管理能力的知识体系，读者从深读中至少可增强城市灾害的脆弱性分析能力、增强对灾难风险的预警反应能力、增强以城市生命线系统防灾为主的城市运行可靠性的能力、增强城市全员的危机沟通与公民安全文化教育的综合能力等。同时也从根本上增强管理者法治意识。城市防灾减灾应急管理要倒逼学法用法，要大胆实践依法减灾为主线的立法执法的科学城市管理。

为城市管理者提供一本安全减灾知识读本既是拓展知识的需要，也是中国城市化进程强化管理的需要，本书的重点在于提升城市管理者的减灾应急认知水平，而非局限于对防灾应急避险知识的领会上，因此，希望它能成为一本既肩负责任，又有理论水准的、可深读且有用的书。限于时间，本书还有诸多不妥之处，愿在未来修订版中完善并提高。

金 磊

2016 年 4 月·北京

目　录

第一章　城市安全概论　／ 001

古语云:"民惟邦本,本固邦宁"、"忧民之忧者,民亦忧其忧;乐民之乐者,民亦乐其乐"。面对国际社会公认且我国确立的"四大"灾种,要建立城市"灾情"也是"市情"的发展观念,因为安全减灾是"国计",更是"民生"。中国城市的现代化高速发展,不可忽视与 GDP 增值相伴的灾难损失的巨大持续负增量。

第二章　城市自然灾害　／ 029

中国是世界上自然灾害种类众多的国家,防灾减灾的国际化合作进一步揭示出城市应对自然灾害,尤其是自然巨灾的危险性加大。无论是 20 世纪的唐山"7·28"大地震,还是 2008 年汶川"5·12"巨震,乃至 2008 到 2016 年显现了世界性"超级寒潮",都可找到一系列"灾事"排在近百年来世界巨灾榜前列。加强对城市巨灾的认知是城市安全减灾管理应补的一课。

第三章　城市人为灾害　／ 083

越来越多的人为灾害正伺机吞噬城市的生产与生活。不胜枚举的事故、灾祸、系统化失控与管理者失当酿成的"惨剧"，生动而鲜明地推演着人机之战超越人力控制的限度。正如同自然灾害可以减轻但无法避免一样，城市人为灾害也同样无法获得"零事故"的理想目标。作为城市管理者如何通过有顶层设计的当代安全观，通过对灾祸与危机有洞悉力的开放视野，培养城市安全减灾管理者的基本素质尤为关键。

第四章　城市公共卫生事件　／ 125

瘟疫毁城事件中外城市史料有大量记载，但必须看到城市公共卫生事件之病毒"传播链"迄今也未被切断。2015 年世界卫生组织（WHO）官员表示要认知持续 2 年的埃博拉疫情催生出的教训，"全球并不具备处理国际性公共卫生危机的能力，尤其是贫困国家"。由此论断并警示城市管理者，公共卫生事件将在一定时期内伴随着我们。安全城市首先是健康城市，高度文明的人类并不能做到高枕无忧，重在通过管理者的设计，使城市有能力、有安康。

第五章　城市社会事件　／ 138

2011 年，美国纽约"9·11"事件迄今已经十五年，全世界反恐格局已建立，但必须承认全球并不安定，恐怖事件正以各种方式在国家间、城市间蔓延。面对形势失控的骚乱和恐怖，管理者需要在危机的边缘上高度警惕般的生存。不仅不可轻信，更要从常态中发现系统的裂缝，找到安全避险与保障城市社会安全之策。

第六章　城市综合减灾管理 ／ 146

在 1999 年联合国的"21 世纪减灾战略"就提出"使 21 世纪成为一个更加安全的世界：减轻灾害并降低风险……要将长期减灾战略的重点放在城市和特大城市综合治理上"。我国 2003 年非典事件后，在完善国家防灾减灾应急管理建设中，提出了"三制一案"的管理体系。本章在系统回顾了国内外在安全减灾体制、机制、法制及应急预案建设上的主要做法与经验时，提出了建设政府减灾规制、承担社会责任的管理方略。

第七章　城市综合减灾信息化 ／ 185

安全减灾的城市实践表明，无论是智慧型减灾，还是"云救灾"都体现了智慧型城市与信息化的决策指挥高效率的要求。如何在城市灾难及危机面前，处变不惊、临危不乱，需要"大数据"基础的支撑，需要信息化的有效处置与分类，需要有信息保障力的顶层设计与科技制度、技术管理创新。由于智慧城市可引入在第一时间快速感知突发事件的感知系统，所以未来的智慧城市对安全城市的管理贡献是，全面提升城市调控能力、突发事件下的行为意识判断力及准确高速的决策能力。

第八章　城市与安全文化教育 ／ 213

政府、社会、公众在灾害应对中的共治格局，成为城市安全的管理方向。从国家与城市层面关注城市安全减灾建设要始于社区，要从市民及中小学教育入手。安全文化是通过教育与培训积淀成的养成性安全意识与能力之总和，它有多重表现形式，但核心不仅仅体现在防灾减灾应对救援能力上，还体现在从管理者到执行者的安全自护素养中，更离不开志愿者的协同参与。

第一章　城市安全概论

灾害与人类息息相关。从古埃及文明的衰落到玛雅文化的毁灭，使人与自然的关系更加紧密。无论是全球变暖，还是人为的城市化加剧，都导致全球极端事件与人为灾害的频率和强度在增加，所以从世界安全减灾的格局出发，研究城市减灾问题与进展十分必要。不当的选址、不当的设防、不当的设计、不当的建设、不当的运行与管理是招致城市灾害及其灾情扩大化的关键。所以从观念到行动，从技术到管理，都是城市减灾面临的新策略。

第一节　世界减灾与城市化进程

在 2012 年 4 月联合国经济和社会事业部（DESA）发布《世界城市化展望》，指出全球人口将在 2011—2050 年间增长 23 亿，其中城市人口增长 26 亿，中国城市人口增长 3.4 亿。城市化进程不断加快，给城市居住、环境、资源和基础设施等带来新的挑战，洪水、干旱、台风、环境污染、交通事故等多种灾难不断威胁着城市的安全。

城市安全的制约因素不仅来自自然灾害，更来自城市的人类活动，特别是巨型工程建设。美国联邦高速公路管理委员会对于巨型工程的定义是指投资超过 10 亿美元的重大基础性工程或对社会、环境和预算有显著影响的工程，包括城市基础设施、公共设施、产业发展及城市形象工程等。这些工程对城市发展有一定的积极作用，但也带来了许多安全隐患，特别是 300m 以上的超高层建筑。

巨灾是大城市发展必须关注的风险。迄今国际上尚未给出巨灾的严格定义，如 2008 年 1、2 月席卷全国 20 个省市区的低温冰雪灾害就是一次巨灾，具有以下特点：1）发生较为罕见；2）持续时间长；3）事发突然，演化快；4）覆盖地域广，受灾人口多；5）直接损失巨大；6）多种因素导致灾变链式反应；7）关键基础设施不能正常运营；8）时间紧迫，抢险救灾很快进入极限期；9）防灾减灾明显具有跨部门、跨行业、跨地域特征；10）地方或部门应对能力有限，必须有中央政府投入才可扭转灾情等。2008 年"5·12"汶川地震则是威胁更大、损失更严重、延续时间更长的巨灾。马宗晋等定义巨灾为死亡5000 人以上，或直接经济损失 100 亿元以上（1990 年不变价），其中符合一条即成为巨灾。1900 年至 2004 年中国共发生巨灾 55 次，其中 1900 年至1949 年发生 36 次，1950 年至 2004 年发生 19 次，通过几十年的减灾工作，巨灾已从以死亡人数为主要标志转入以直接经济损失为主要标志。

在全球气候变化和经济全球化的大背景下，北京市近年来雪灾、热浪和暴雨等极端天气频发，北京乃至首都圈的城市化高速发展也酿下不少灾害的隐患，现有的基础设施和应急保障体系还难以抵御巨灾的侵袭。北京城市综合应急管理除了必须适应区域国民经济可持续发展和全面建设小康社会的安全保障要求外，还须满足确保首都作为全国政治文化中心的功能运转和建设中国特色世界城市的要求。纽约、伦敦、东京等现有世界城市历史上均发生过"巨灾"，如纽约 2001 年 9 月 11 日遭遇的恐怖袭击；伦敦地铁枢纽国王十字站 1996 年 11 月 18 日严重火灾致 32 人死亡；1923 年的关东 8.0 级大地震基本摧毁了整个东京，使得东京率先提出要建立城市巨灾综合管理体系。世界城市不同于一般国际城市及大都市的标志之一，就在于必须具备应对巨灾的能力并代表国家乃至世界的应急战略水平。华盛顿大学应急管理专家戴克斯塔拉说："减损"的关键是准备，而准备的质量决定了救援的质量。美国应急管理系统不是以"反应"为导向，而是以"筹备"为导向。城市建筑、交通、能源、通信、饮用水、下水道等关键基础设施的应急筹备质量，直接体现了城市对灾难的应对能力及最终效果。

中国的城市化问题分为显性与隐性两类。显性问题包括安全问题，隐性问题涉及可持续发展，它们都对城市发展理念、模式和机制提出了挑战。城市安全及综合减灾规划不只是一个经济问题，更是一个社会问题、道德问题、政治及法律问题。

联合国 1987 年第 42 届大会通过关于"国际减灾十年"（IDNDR）的第 169 号决议，1990—2000 年开展了国际减灾十年活动。2000 年联合国成立了"国际减灾战略（ISDR）"，作为国际减灾十年活动的延续，形成了由联合国主要部门、区域减灾机构 / 民间及非政府组织共同组成的新减灾机制。二十多年来召开了一系列重要的国际减灾会议。

1. 第一次世界减灾大会

1994 年 5 月 23—27 日，联合国在日本横滨召开第一届世界减灾大会，对国际减灾十年活动进行中期回顾和总结。提出"横滨战略"，并提出要建设全球"预防文化"，使 21 世纪成为安全的世界。要消除部门间合作的障碍，建立"国际一致行动"的原则；要求各国在灾害防御和准备的对策上做出巨大努力。灾害与发展要实现相结合。在此后有代表性的国际减灾活动：1999 年 7 月 5—9 日，联合国在日内瓦召开国际活动论坛，对国际减灾十年进行了全面总结，并对未来的减灾活动进行展望。提出要把 1994 年《横滨战略》和 1999 年的《日内瓦战略》作为今后全球减灾的指导原则。1999 年第 54 届联合国大会通过决议，21 世纪全球减灾由国际减灾战略特别工作组实施，目的是使社区从自然灾害、技术灾害和环境灾害的影响中得到恢复，减轻造成当代社会和经济易损性的复合性危险；通过防御灾害战略与可持续发展活动的结合，从抵御灾害阶段发展到灾害风险管理阶段。

2. 第二届世界减灾大会

2005 年 1 月 18—22 日联合国在日本兵库县神户市召开第二届世界减灾大会，为未来十年的减灾描绘行动草图。会议通过了《兵库宣言》和《兵库行动框架》，为 2005—2015 年的全球减灾工作确定了战略目标和五大行动重点：

确保减灾成为各国政府部门工作重心之一；

识别、评估和监测灾害风险，增强早期预警能力；

在各个层面上营造安全和抗灾的文化；

减少潜在的灾害危险因素；

增强准备能力，确保对灾害做出有效反应。

3. 第三届世界减灾大会

2015 年 3 月在日本仙台召开的第三届世界减灾大会通过了"2015—2030年仙台减少灾害风险框架"。框架强调，各国公众和资产受灾风险的增长速度远高于减少脆弱性的速度，从而不断产生新的风险，所有国家（尤其是灾害死亡率和经济损失偏高的发展中国家）都面临越来越高的潜在风险与困境，为此呼吁优先持续采取四方面行动：全面认知灾害风险；加强灾害风险的管理；提升抗灾能力，减少灾害风险；加强备灾以做出积极有效应对。另据 2015 年三季度全球著名的保险和再保险组织劳合社发布的"2015—2025年城市风险指数"研究报告披露，全球有数百个城市（含中国多市）GDP 暴露在灾害风险之下。该报告的意义在于：用量化方式告知城市管理者，在为GDP 增加产值时，也必须要支付灾害风险的代价。所以大城市，尤其是大城市群如京津冀协同发展必须要有抗灾害危机风险的弹性力。

第二节　中国城乡安全减灾问题

一、从四大直辖市看综合减灾的要点

2012 年 5 月，在上海举办的第四届直辖市安全论坛上，国家安监总局负责人指出：当前我国正处在工业化、城镇化快速发展期，城市社会经济结构呈现城乡一体化、人口密集化、工厂园区化、路桥高架化、设备大型化、工艺复杂化、运行高速化、高度关联化等新特征。事故灾难由传统行业向城市交通、建设、消防和运行维护等行业及特殊地区、社区、园区转移。

通过对中国四大直辖市灾害风险的分析，可以找出特大型城市安全减灾建设的要点。

其一，城市功能决定了灾害的复杂性及难以预知性。近年来北京市先后发生了 2003 年"非典"流行、2009 年央视新址大火、2012 年"7·21"特大洪涝；上海市亦先后发生 2009 年莲花河畔景苑 7 号楼倾倒、2010 年"11·15"特大火灾、2011 年 10 号线追尾及"9·14"重大道路交通事故等。以上海和重庆两个直辖市为例：上海已有 2300 万常住人口，高度密集的建筑、星罗

棋布的产业园区及纵横交错的交通设施聚集在 6300km² 的狭小地域，安全控制难度极大，尤其是危险化学品、地铁和特种设备的潜在安全风险巨大。重庆集大城市、大农村、大库区、大山区和民族地区为一体，地质灾害严重，高危行业众多，10 万 km 盘山公路、万余栋高层建筑、700 座高瓦斯矿井、数百上千的老旧化工企业星罗棋布，直辖后的前 7 年平均每年重特大事故 11 起，最多年 19 起。

其二，快速城市化进程使城市安全的系统性、衍生性、交叉性特征日益明显。2011 年 4 月 11 日北京市和平里和 2012 年 2 月 15 日天津市河西区宾水南里小区先后发生燃气爆炸事故；各大城市主城区化工厂爆炸事故也时有发生。究其原因，除设备老化、违章操作、管理失误外，还与城市盲目扩张、人口过密、居民区与危险源太近有关，无论天津、重庆、上海，都可见到高危企业被居民区甚至超高层建筑包围的危险布局。北京的城市建设也存在以牺牲安全为代价的情况，如生命线系统十类地下管网的长度超过 10 万 km，地下设施检查井 149 万个，一旦发生事故，极易造成次生和衍生灾害。四大直辖市目前均处在转型发展的关键期，各类要素流动性和聚集度极高，必须立足城市安全可控能力建设，不可盲目发展，超强建设。

二、构筑区域安全的风险隔离带与城市应急备用系统

城市安全环境风险理论最初是根据大型园区和石化企业等提出的，目前大型石化企业已遍布沿海，内陆城市也有大量石化企业，各地城乡发展规划大有高危企业扩散蔓延的态势。随着城市范围的扩大，许多高危企业已逐渐被居民区包围。有些酸雨频发区还在规划建设大型炼油项目，沿江沿海大型危化企业还加大了水源污染、赤潮、灰霾等环境风险。城市环境风险带的形成为灾害事故救援带来极大困难。因此，必须统筹协调区域经济的整体布局和发展规划，建设风险隔离带，以有效降低事故扩大化风险。最重要的是提供城市生命线系统的备用系统。以城市供水为例，单一水源一旦被污染或遇连续干旱就有断水之虞，必须建设足量的后备水源。如 2011 年 6 月新安江发生苯酚污染事件，杭州主城区每天需水量一百多万吨，但现有两个备用水源仅能维持一天半，至今我国仍有近百个城市没有第二水源。城市交通、供

电、燃气等系统也都存在应急备用系统不完善的问题，现有预案的可操作性不强。应急产业至今仍是防灾减灾的短板，我国城乡仍缺少应急通信专网的规划与建设。

三、脆弱的异形建筑与工程安全规范

每年 6 月是国家"安全生产月"，表明自 2002 年起国家已将安全文化教育常态化，就连 2012 年被广大网友评为"最给力"的高考作文题"梯子不用时请横着放"，也将视点集中在安全防灾，但是当下越来越多的异形建筑不重视安全设计。如首都国际机场 T3 航站楼因别具风格的倾斜屋顶和玻璃结构创意闻名，但在 2010 和 2011 年两次局部被强风吹开。2004 年 5 月 23 日法国戴高乐机场 2E 候机厅也发生过局部坍塌。异形建筑追求外观的新奇特，与现行建筑安全规范有矛盾，风险因素多，前期安全论证十分必要。我们倡导设计创新，但也反对过多在形式上做文章。目前，中国大城市超高建筑竞赛成风，缺乏真正有安全保障的多学科防灾设计，形成城市安全新的隐患。

中国抗震研究的新发现倒逼建筑设计抗震规范要有新视角。2008 年的汶川地震表明，一次大地震往往有多个极震区，严重地震有时也可发生在浅层。所以，城乡抗震设防标准需要及时修订，要求做到建筑物在大地震后不倒，极震区灾害程度能够控制。发达国家在大地震后，整个城市无须大范围救援即能恢复原有正常生产和生活。但中国目前城市建设中的短期行为仍然盛行，城市经济实力提升，却不肯为建筑安全设计投资。2012 年 5 月下旬召开的"重大工程安全建设与风险管理国际工程科技发展论坛"上，有专家说，中国重大地下工程事故中，责任及人为因素的事故占到 2/3。近年来，我国土木工程事故伤亡人数占全国特大事故灾害的 10%，仅次于道路交通事故及煤矿事故，其中 22% 为客观原因，37% 为主观原因。如 2007 年湖南凤凰大桥垮塌事故因赶工期及擅自改变施工程序所致，2008 年杭州地铁工程坍塌事故是施工单位严重超控造成。除必须严格遵循建筑工程安全规范外，更要把控项目安全选址，综合考虑地形、岩土体、地质构造、气象、水文、植被等因素，从源头上消除安全隐患。

四、积极推进保险与安全文化建设

国民安全文化教育尤其不可忽视保险的作用。目前发达国家保险补偿已占到灾害经济损失的 50% ~ 70%，而中国保险补偿是杯水车薪。1998 年的特大洪涝直接经济损失 2484 亿元，保险补偿仅 33.5 亿元，占 1.3%；2008 年南方雨雪冰冻灾害损失 1516.5 亿元，保险补偿 20 亿元，占 1.3%；2008 年汶川地震直接损失 8451 亿元，保险补偿仅占 0.21%。面对中国城乡事故灾害频发，必须将保险业纳入综合减灾体系，充分利用市场机制加快灾区经济与社会生活的恢复。保险企业不能只是单方面扩展市场，还要花大力气协助城乡社区开展风险评估与防范，更加有效地转移灾害风险，提升公众及社会参与保险的自觉性。特别是要参考国际应对巨灾风险的实践，建立切合中国实际、减灾效用最大化的巨灾保险模式。

五、安全减灾必须落实到细节

不断发生的事故与灾难告诉人们，城市安全应急管理要抓细节控制，从小事入手。如 2009 年 10 月 30 日上午，杭州城西文晖路恢复正常通车。两天前因路面沉降导致水管错位，不仅附近居民断水，开挖维修还使半个城市的交通陷入瘫痪。城市生命线系统不可能完全不发生事故，但新建成刚投入运行就发生事故是很不正常的。文晖路在 5 个月前刚整治一新，竣工验收不久的新路如此脆弱与道路重复开挖、地面不均匀沉降有关，此类事故在其他许多城市都经常发生。沿着杭州这宗事故深究会发现一系列细节控制上的不到位：

（1）为什么凌晨 2 时发生的事故会影响到白天。水柱从水管裂口喷涌而出，顷刻淹了地势较低的文晖中学，3 点 10 分水业集团赶到关闭水阀，使近 200 户居民停水，抢修作业又导致杭州东西向、南北向枢纽路段封闭，造成半城大堵车，早高峰延至中午 12 时。

（2）为什么启动应急预案无法奏效。尽管破裂水管错位后，自来水公司和道路管理部门都在半小时内陆续赶到事故现场，早高峰到来前交警也针对路段施工被封启动了应急预案，通过电台广播和电子显示屏警示，并在重要区域设卡。但对应急处置的细节研究欠缺。各方都站在自己职责范围内，对其他部门了解不够，城市又缺乏统一协调的部门，拿不出快速有序、能分清轻重缓急的应急对策。事故发生后能出实招的人太少。当晚有关部门调来钢板得以临时通行，许多人质疑为什么早高峰时没有采用？

六、安全减灾必须坚持常态化建设

与传统城市灾害相比，现代城市灾害具有明显的不确定性，提高应急响应及处置的有效性、及时性、可控性，已经成为常态化应急管理的核心内容。对比纽约、伦敦、东京等世界城市的安全减灾应急管理模式，会发现北京、上海等中国超大型城市在综合管理建设上还有不少差距。详见表 1-1。

表 1-1　　　　　　　　北京应急管理与国际超大型城市对比

类别	纽约、伦敦、东京的应急管理共性	北京
灾情认知	1.传统安全→非传统安全； 2.综合灾情、自然与人为、恐怖事件等有应对巨灾的系统准备	1.2003年后全面关注自然、人为灾害、公共卫生事件、社会危机事件四大类"灾情"； 2.刚认识到巨灾的存在
发展阶段	单灾种→多灾种→全面危机管理	以单灾种为主，已开始启动综合应急管理并探索全面危机管理
组织机构	1.有统一协调且实体的国家危机管理机构； 2.有综合指挥救援专业化队伍	1.缺乏真正综合的管理机构； 2.应急救援队伍尚不完善
法律法规	1.部门法→国家基本法或综合法； 2.有城市乃至国家层面的中长期应急规划； 3.具有较完备的安全减灾城市设计标准体系	1.尚无城市综合减灾法规； 2.缺少与建设世界城市目标相匹配的中长期应急管理规划； 3.只有单灾种城市设计标准，缺少系统性、综合性
管理原则	1.发展与防灾备灾兼顾，以人为本； 2.有序发展与防灾规划相协调； 3.体现安全阈值与极限值的安全模式	1.追求快速发展，缺少安全预警； 2.城市高速化有悖于安全阈值
公众参与	1.站在国民视角，以民为本，安全健康第一； 2.倡导自护意识下的"自救→互救→公救"模式； 3.政府主导下的社区全面动员（居民、企业、NGO、志愿者等）	1.过于强调政府主导； 2.过于依赖政府及国家的救援； 3.公众参与程度正在增强

类别	纽约、伦敦、东京的应急管理共性	北京
应急避难	1.城市必须提供占人数1/2以上的避难空间; 2.应急避难空间建设需合乎安全防护及健康标准	1.缺少量化避难人群分析规划; 2.缺少科学指导的应急避难空间布置原则
城市生命线保障	1.保障重要机构应急系统的生命线系统可靠性; 2.常态下确保消除隐患及危险源	1.缺少系统安全性与可靠性管理; 2.缺少常态生命系统的定期检测和维护制度
安全减灾科学研究	1.政府注重应急与危机理论研究; 2.发展并提出安全减灾世界性理论	理论滞后实践,研究分散化,缺少原创性
安全文化教育普及	1."我要安全",态度积极; 2.形式多样,教材针对不同人群,注重实用性; 3.从小培养,宣传深入社区	1.多数是"要我安全",缺乏自觉; 2.流于形式,教材少而杂; 3.过于集中在成年人和高危风险行业
部门协调度	1.有跨区域、跨部门协调机制; 2.本部门内的协调一致	由于条块分割,资源配置重复,协调难度大
信息沟通	1.以政府为主的管制公开与透明; 2.预警信息准确反馈与传播	1.透明度不够; 2.有时传播通道受阻; 3.低素质人群易接受谣传和扭曲信息
应急财政	1.政府具有危机财政预案程序,有能力支持紧急情况或灾前、灾中和灾后全过程配置; 2.灾害保险机制比较健全,覆盖面广,能迅速理赔; 3.社会慈善事业发挥重要作用	1.虽有危机管理专项基金,但缺少完整的规划及政策,对"缺口"总量无控制; 2.过分依赖政府财政救济,灾害保险种类少,覆盖面小,补偿率低; 3.社会慈善事业很不发达,公信力不高
整合优化方法	1.通过国家应急体系优化资源配置; 2.依法行事,集中力量,低碳减灾	1.依靠行政调配资源,临时决策,不惜代价,效率低; 2.灾后缺乏全面科学总结

（1）常态化应急管理就是要在总结吸纳各种应急处置经验的基础上，通过归纳分类梳理，从大量不确定因素中寻到具有重复性、共通性、程序性的规律，建立完善相应组织体制、运转机制和法规制度，全面提高防范城市灾害及突发事件的综合能力。即将应急处置中大量突然、随机、特别紧迫的不确定性工作，提前到常态下的预防管理中完成。关口的提前，使决策、部署、演练都处在规划与预案衔接之中。

（2）常态化应急管理既要遵循通常的行政管理规则，更要考虑到应急工作的自身特点。使管理方法适应应急处置的高度不确定性，重点把握关键要素（如指挥中心），加强薄弱环节（如棚户区、人员密集场所），防范最大的风险（如各类生命线系统、工业事故及危险源泄漏），将有限的资源按重要度集中到最主要的方面。常态化应急管理必须组建跨地域、跨部门，集中决策、统一协调的属地管理体制。

（3）常态化应急管理重在使城市防灾规划与应急预案集成化。虽然不少城市已制订防灾规划和应急预案，但由于管理部门各行其是，应急预案及管理往往局限于政府或法规程序，导致发生灾害事故时，减灾资源与城市公共安全规划空间的配置不协调，致使救灾延误，效率不高。如北京 2012 年"7·21"特大暴雨洪涝中，虽然启动了应急预案，调动了十多万人的救灾队伍，但大多集中在中心城区，对房山区的严重灾情和道路损毁估计不足，救援不及时，导致严重伤亡与巨大财产损失。

（4）常态化应急管理更加注重应急干预。发达国家对于灾后救助及干预机制与政策有一些规范性作法，灾后救援虽没有严格步骤，但确有一定的先后逻辑。常态化灾后社会干预政策主要涉及快速反应、评估援助、监测和重建等，包括国家、社会和国际等不同层面。国家层面指灾后政府开展的一系列干预措施，社会层面主要指非政府组织、社区、媒体、学校、医院等在灾难中开展的援助，国际层面指国际组织对于特大灾难的援助活动。如美国的救援工作实行政府主导、民间机制参与、军队辅助、商业机构配合及国外援助五方面配合的方略，力求缩短救灾时间，减少人员伤亡与经济损失。

（5）常态化应急管理的立法。应急法与常态法的一个根本区别是，常态法可在相对平稳、正常的社会经济秩序下实施，应急法要么是在相对不平稳、不正常、秩序相对缺失的环境下运行，要么是在法律秩序受到严重干扰和威胁下实施，首先要尽快控制突发事件并消除其影响，使社会恢复到正常、安全、稳定的状态，秩序是应急法制的首要价值。在国家《突发事件应对法》中，"秩序"一词出现 13 次，"安全"出现 26 次。应急法的首要目标是保证各种公共危机应对方法和策略在应急管理过程中顺利实施，使城市从灾难状态回到正常法制的安全状态。

（6）常态化与非常态化的应急管理都是政府的职能。城市防灾与应急管理的常态与非常态，体现了应急管理的两重性。常态下应急管理以风险分析评估与管理为特征，重点在于排查各类突发事件及隐患的诱发、扩散、衍生等因素，按最大限度规避风险原则采取预防措施，缓解并消除隐患。非常态下的应急处置则以危机管理为特征，按最大限度减少伤亡及损失的原则，制订可行的应急预案，方法上要打破常规随机应变。

第三节　城市安全减灾管理新思维

2015 年 12 月 21 日闭幕的中央城市工作会议，在时隔 37 年后明确中国未来城市发展、综合治理要抓顶层设计，强调城市发展安全第一，城市要在建设与管理两大环节上着力，解决"城市病"等突出问题。2016 年元月初，中央领导又对加强安全工作提出五点要求，并强调重特大突发事件，不论是自然灾害还是责任事故，其中都不同程度存在主体责任不落实、隐患排查治理不彻底、法规标准不健全、安全监管执法不严格、监管体制机制不完善、安全基础薄弱、应急救援能力不强等问题。它使城市安全建设的"短板"、城市应急管理的"根源"都暴露无遗。城市如何遵循发展规律、城市如何端正建设思想、城市如何提升内涵，都急需"把脉治病"，这是中国城市走向真正现代化的大势所趋，是中国城市必须尽快补上多年积累欠账的关键。城市不安全，谈何民生福祉；城市不安全，谈何全面小康建设。

一、树立"市情"也是"灾情"的新灾害观

如刚刚过去的 2015 年对照国际减灾风险框架，中国尚有不少差距：2014年的最后一刻，上海外滩陈毅广场发生踩踏事故，在人们由跨年喜悦跌入全民悲伤之谷时，继而瞩目蒙难者多为大中学生，它再次暴露了中国现代化超大城市尚低下的安全管理水平；2015 年 1 月 2 日，哈尔滨一场大火，夺走 5名消防员的生命；6 月 1 日，重庆东方之星客船在长江中游沉没，截至 6 月 8日，遇难者上升为 434 人，仍有 8 人下落不明；8 月 12 日，天津港发生危化品爆炸事故，至 9 月 11 日死亡人数至 165 人，失踪 8 人；10 月 12 日，天津再次发生同类性质的危化品仓库爆炸，影响甚坏；12 月 18 日，清华大学化学

系何添楼二楼实验室起火爆炸，32岁博士后遇难，再次使大学校园公共安全成为议题；12月20日，深圳光明新区凤凰社区恒泰裕工业园发生山体滑坡，附近西气东输管道发生爆炸，人为渣土堆垮塌，截至23日，76人失联，33栋建筑被毁，它不仅为城市渣土工程风险敲响警钟，也发问什么是深圳"滑坡事件"非自然地质灾害的真相。面对已临近年末仍不止的"灾情"，虽然人们发问再没有什么比生命遭受伤害更令人痛楚的，再没有什么比科学施救、防御次生灾害更为迫切的，但面对又一个圣诞平安夜及新年的祈福，我们真正要思考的是为什么在面对至年尾撼人心灵的一次次"大事故"，各级管理者的安全之弦还没有绷紧呢？上海跨年度踩踏事故，痛楚的不该仅仅是外滩，它真要警醒全国数以百个大中城市的节庆群体活动。东方之星倾覆事故，同样告诫的不仅仅是船舶交通安全，至少应警示所有的交通之灾及旅游安全管理；天津港"8·12"火灾爆炸，受预警的不应是天津城市应急管理本身，其无序与紊乱问责着中国一批大城市无用的"应急预案"，使考量城市应急管理的使命任重道远；同样，深圳"12·20"山体滑坡事故，说到底是安全监管意识"滑坡"所致，是必须问责、必须杜绝的又一起城市"人为灾害"。另据2015年国内十大气象极端事件，"北上广"均有突发灾害性天气发生，入秋以来不仅京津冀雾霾加重，多次致空气质量指数爆表，北京在4月15日迎来13年来最强沙尘暴；全年主汛期南方共经历18次暴雨过程，6月2日，南京最大雨量达54个玄武湖的水量。6月16—17日，上海近百条马路在特大暴雨下积水过膝盖，真正把上海变成"海上"；台风"彩虹"10月4日在广东湛江沿海登陆，中心风力最大15级（50m/s），龙卷风随行出现，多城受灾，属2015年造成最大经济损失的台风。

再以中国四大直辖市的水安全为例，在"十二五"期间，城市防洪排涝形势严峻。北京：2012年7月21日，特大暴雨给北京一些地区群众生命财产以严重伤害，留下了难以磨灭的记忆，为此北京启动了新中国成立以来规模最大且系统性最强的防洪工程，对全市1460km中小河道予以达标治理，截至2014年已完成780km，此外，城市下凹式立交桥"短板"正在治理，至今仅较"7·21"暴雨之灾防汛能力提升了50%；天津：2012年汛期连续三轮强降雨及风暴潮叠加袭击，用20个昼夜，保住了津城安澜，使城市排涝能力成为重要课题；2015 年 7 月 19 日，天津南开区广开街一带在暴雨下，街区积水仍达 50cm，留下城市防涝挑战；重庆：重庆市为世界上最大的内陆山水之城，2011 年严重干旱，2012 年五十年一遇长江 2 号洪峰，2013 年 "6·30" 特大暴雨城市沥涝，2014 年乌江 "7·17" 大洪水及 2015 年 "7·14"、"8·17" 暴雨及奉节竹园等 6 个堰塞湖；上海：虽有构筑固若金汤的城市防汛 "铜墙铁壁" 的体系，但 "十二五" 期间在台风、暴雨、天文大潮、上游洪水多重作用下，沥涝事件频发，距标准降雨内不积水、超标准降雨少积水、退水快仍有安全差距。

二、树立城市安全管理高效务实的新理念

理念的纠偏不仅是理论问题，更是重大的实践问题，不如此将带来城市安全减灾管理上的浪费与相互制约。人没了，发展就失去意义；不安全，发展肯定不可持续。理念是行动的先导，方向对了蹄急而步稳，反之将南辕北辙、顾此失彼。观念转变难，视野打不开，重在已有经验的禁锢，局部利益与条块分割规则的取舍。为此，一个可持续发展的城市就被人为地命名了一系列 "理想之城" 的称谓：为防雾霾要建 "绿色城市"；为解决逢雨必涝的城市病要建 "海绵城市"；为使城市现代化，智慧气象、智慧消防、智慧抗震等要建 "智慧城市"；为降低城市灾害风险、为科学合理确定城市风险容量，要建 "安全城市" 等。如此丰富的 "理想城市" 之绿色（生态）、海绵（弹性）、智慧、安全的四张面孔真的不一样吗？面对一个城市载体，绿色、海绵、智慧、安全仅仅是不同的减灾防灾手段，它同时建构的是一个城市生命共同体。为什么不能称安全绿色之城？为什么 "大部制" 理念之光照不到有安全减灾目标的城市之上呢？为此，城市安全减灾管理要端正如下观念：

（1）当代灾害观。灾害研究应将灾害及其影响视为社会经济的结果，它与城市环境与人群的脆弱性有关。如 "压力—释放模型" 是最为典型的，它将城市经济、政治、社会、管理、资源等维度考虑其中，从而评价事故灾难的脆弱性。由于事故及灾害是人类自身制造出来的风险，因此面对事故灾害人类要作答：不可能杜绝事故与风险，不仅自然灾祸与巨灾的危险性无法避免，城市各类人为事故如城市生命线系统事故为零的论断也是错误的。城市作为

一个开放的复杂巨系统，时刻面临自然灾害、事故灾难、突发公共卫生事件、社会事件等致灾因子的干扰，系统乃至环节故障是必然的。所以，灾害风险正确的认知观，是何为城市化建设及防灾可能应对可接受的风险，这种可接受指要在灾害应对的可控制策略之下。2016年系唐山大地震40周年祭，虽有一系列灾后重建的启示，它也留下了太多应总结的城市被毁的教训。

（2）大安全观。身处高风险的城市社会，提高公共安全认知能力对建设者及管理者十分必要。城市是人工造物，大安全观既强调传统安全，也关注非传统安全。就传统安全，据2015年全球著名保险与再保险组织劳合社发布的"2015—2025城市风险指数"报告，全球有数百个城市（含多个中国大中城市）GDP暴露在每年的灾害风险耗损之下，该报告强调的意义，是城市发展要关注正增长，也要关注负损耗；既关注安全生产，也要瞩目安全生活。要用量化方式告知城市管理者，在为GDP增值同时，要权衡究竟支付了多少灾害风险的负增量。非传统安全对城市主要指恐怖类公共危机，如今"9·11"已历经15载，国际社会已明晰，没有哪个国家及城市是绝对安全的，反恐是外部安全，也是内部安全，既是国土安全，也是国民安全，美欧各国升级边境安保体系，加强对机场码头、体育场馆、餐馆娱乐、购物中心等防范演练不能不影响并启示着中国大安全观的建立。

（3）综合减灾观。"综合"二字体现在对灾情认知、灾害管理与处置、灾害协调预防机制、应急预案等执行力方面，与单灾种的管理显然不同，效率效果也不同。综合减灾优化单灾种的城市减灾机理相关性；对各减灾要素有可整合性；注重处理城市社会经济的正反发展态势；有较好的定性与定量分析的集成性等，从而便于实现从城市总体层面上提出治理之策，如城市水安全就可做到四方面的整合：其一，水资源短缺即"水少"；其二，水资源污染即"水脏"；其三，水灾害频繁即"水多"；其四，水土流失加剧即"水浑"等。城市管理者如综合对待水安全，控制策略及效果会完全不同。

三、建立城市安全管理的决策新机制

我国城市（镇）化快速发展与安全减灾几十年的关联分析表明，事故灾害态势是城市化进程中必然遇到的问题，发达国家及大城市也经历了从事故

多发到逐步稳定、下降的发展周期。过去的城市管理，尤其是防灾减灾应急管理是失当的，城市化快速发展了，但安全减灾法制、体制、机制乃至科技文化投入并未跟上。如我国城镇燃气用气人口已达 5 亿，燃气管道总长度为五十余万千米，部分地下管网年久失修，情况不明，截至 2014 年 5 月，国务院安全生产委员会组织专项治理时，发现城市燃气隐患 3.6 万处，其中仍有 2.3 万处没有整改，其事故火灾隐患怎能不严重。从综合减灾城市管理出发，强化"红线"意识及"底线"意识极为重要，这不仅涉及国家要设立《城市防灾法》，还要编制"中国城市中长期城市安全建设发展纲要"（指综合减灾意义上的），此外建构城市大系统意义上的安全体系，实施城市安全设计等，都是管理上要抓的顶层设计。应急管理实践证明，城市安全管理怕不作为，更怕乱作为，因此管理决策，不抓不好，乱决策更不好。为此要坚持两个策略：

其一，倡导大数据支撑下的智慧安全管理。大数据致力于那些看似没有任何价值的碎片化信息，通过机器学习等方式予以梳理，使其具有利用价值，它的这些特性给城市应急安全管理模式创新带来机遇。我国现行城市安全应急管理重视"一案三制"，这一体制强调等级制的命令指挥链，但同时却忽视了数据工具的作用。此外，面对当下网络媒介的传播特征，传统的"封堵论"对处理危机公关不利，因此重视互动与协作，对应急管理及媒体传播有益。智慧安全系统的开发有如下管理特点：更透彻的安全感知与信息互联、更深入的数据挖掘与智能分析、更高效的应急管理与协同决策、更广泛的信息公开与公众公正参与等。此对策的最大效益是变革防灾减灾理念，越开放就越智能，越智能就越高效。

其二，倡导事故灾难调查与舆情管理发布机制。面对城市安全防灾管理的复杂性，坚持创新机制值得研究，要在坚持责任落实的基点上，强调监管体制与方式的创新，它涉及灾害风险防范与应急管理，应急演练及其管理者与公众安全文化教育的创新等。纵观现有城市事故灾害个案，其现有调查制度及程序值得研究，因为体制程序不科学，其结果有欠公允的地方，如重体制内人员参与，轻第三方介入；重责任主体认定，轻技术层面论证；重个案原因分析，轻优化改进对策；重事故本身处理，轻教训深入剖析与总结教育等。必须改进的是，凡事故灾难报告均应有陈述及原因分析，还必须有对业内及公众有明确交代的详尽善后对策，这是真正杜绝事故再发生的有用之策。相反将对提高事故灾难的舆情管理不利，对"后事件"处置研判不利。近年来，不少事故灾情发生后，在缺少严查到底及问责的前提下，城市管理者立即提出要修碑立志，殊不知是在铭刻并汲取什么教训，还是以此为"护身符"，若城市真的要立碑修纪念园留志，要记住的也不应仅仅是那些无辜逝者的名字，还有这个城市更需铭训的由此次事故灾难而引发的改变。

四、建立城市安全设计创新体系

史蒂文·海勒在《设计灾难》一书中定义了设计失败的概念，这虽并非是专讲安全设计的著作，但它给予规划师、建筑师的设计启示是，要做不失败的设计，否则对一个设计师将意味着灾难；要从设计策划入手去考虑安全，才会赢得本质的城市与建筑的安全。城市从建筑与管理层面讲，研究并把握事故灾害的规律特点，就可预防治本，最大限度减少事故灾难损失。笔者在过去的研究中归纳了城市安全减灾的十个特性：复杂多样性、不确定性、突发性、连锁衍生性、高损失性、扩散性、社会蔓延性、人为诱发性、可防御性等，所以利用安全减灾控制理论、应用大数据提升监管信息化决策技术，可找到提升城市本质安全水平的结合点。中央城市工作会议中强调的加强城市设计，就要求结合城市安全减灾目标，从法规层面、行政层面、技术层面在现有的城市设计管理方法及导则等文件的基础上，深化安全减灾"专题"的融入，从而提升城市抗风险的自控能力。在城市安全设计上，要借鉴国外工程风险评估中预先确定的风险接受标准。在这方面，英国健康与安全委员会提出的最低合理可行性准则（ALARP），广泛适用于个人和社会生命与环境风险的评估准则，英国 HSE 委员会根据风险事件的频率和死亡人数建立了可接受风险的倒三角总框架，即划分为不可接受区、可忍受风险区和可接受风险区三大范围，实施 ALARP 风险安全设计控制指标。

实施城市安全设计至少要从以下六方面考虑管理工作：1）全面认知并研判城市灾害的风险度；2）研究城市环境中可能的备灾能力及其相关的安全设防准备，系统可提供的可靠性支撑能力；3）研究城市面对灾害风险的可接受标准及阶段划分；4）研究风险评估与管理规范、制度体系；5）提出可行的城市安全设计任务书，包括成功的安全减灾项目计划；6）配置城市安全设计的编研团队，其中包括建筑师、规划师、工程师及安全工程师、爆破工程师甚至救援专家等专业人员。事实上，本质的城市安全设计的落实随着安全减灾态势的发展而变化，其风险评估也要随防御层及防御地带（空间）的变化而做出升级。城市安全设计不是凭空的，以国家大力倡导的海绵城市为例，其内容及步骤至少要满足如下方面：要考虑气象变化与威胁，要考虑城市现状的改进，要考虑城市为此可支付的资金。实施以防洪排涝为中心的"海绵城市"设计应系统地考虑并面对如下问题：2015—2020年，全国658个城市的建成区，20%以上的面积都要实现将70%的降雨就地消纳和利用，粗略估计，每年要投入4000亿元，资金仍是障碍。海绵城市面临的另一挑战是，城市现有灰色设施不完善，缺乏规划支持，隐患的数据也了解不清，总量控制率、排水防涝、防洪等指标尚不合乎实际，方案欠细化，从城市安全总体设计出发要协调与城市相关的各灾种单位、建立协同管制机制，将城市安全设计与环评、安评相结合，在充分考虑城市气象要素的同时营造"安心"的城市防灾空间等。城市安全建设需要的不是口号，而是追求安全示范工程，更要真正营造安全宜居的可持续"软环境"。

第四节　安全城市管理新方法论

城市是有旺盛生命力的，尽管"城市病"在许多国家正面临急症，但由于它是文化繁荣和物质财富的集结地，所以大城市建设与发展持续升温。现实情况是，城市灾害事故问题包罗万象，城市安全目标人心所向，可作为城市安全的概念说法却各异。对于安全城市建设何以需要多副面孔，城市可持续发展安全建设的综合治理亟待方法与观念的整合，都希望从理念到方法上寻到安全城市建设的综合之策。

一、安全城市多重理念展示了不同新视角

城市的概念可追溯到很久远，中国古汉语中"城"与"市"具有不同含义。"城"指围起的城墙，《吕氏春秋》中说"筑城以卫君，造郭以为民"，"市"指

商品交易的场所。对城市概念的界定，可谓是亘古常新的话题。埃及象形文字中有个田字，读"nynt"，历史学家约瑟夫·吕克韦特认为它是古代市镇的若干符号之一。城市规划学家凯文·林奇则提出，城市可以被看作一个故事、一个反映人群关系的图示、一个整体分散并存的空间、一个物质作用的领域、一个相关决策的系列或一个充满矛盾的领域……林林总总的概念，使城市既是景观，又是一个经济空间，一种人口密度，一个生活中心，也是一种气氛、特征乃至精神与灵魂之所。马克思、恩格斯在他们的著作中曾这样刻画英国政府：……250万人聚集在一个地方，使这250万人的力量增加了100倍；他们将伦敦变成了全世界的商业首都，建造了巨大的船坞，并聚集了经常布满泰晤士河成千只的船。从海面向伦敦溯流而上时，看到的泰晤士河的景色是再动人不过的了。事实上，今天的城市已远不是一百多年前，如哲人们所描述的那样，在城市发展高歌猛进的当下，人们对城市的忧虑伴随着安全问题与日俱增，有时我们深深感到，中外各国城市的发展与完善非但没有消除自身的安全。相反，城市安全问题还日显突出，安全与减灾已成为贯穿整个城市发展的一条主线。如人们往往这样描述南非的港口城市德班，说它由五个不同的实体部分组成，即死亡之城、苟延残喘之城、奢侈之城、希望之城、受贿之城。同样在亚洲诸城市事故灾难也频发，安全隐患也越来越令人提心吊胆。作为国际大都市的香港自21世纪以来，一再提出要确保自身成为世界上最安全的城市之一。2016年1月21日，北京市召开全市公共安全形势分析会，其意义在于总结了2015年的相关事故灾害，公布了2016年第一季度公共安全风险点，预计雾霾橙色预警、预防流感麻疹腹泻、雪情严峻、森林火险可能高发等。

按照我国《突发事件应对法》，城市安全主要面临传统安全与非传统安全两大类问题，整合到与公众相关的城市安全上可采用联合国界定的公共安全的内容，即：1）自然灾害，即地质、水文、气象、生物、植物等天地生态系统的灾难；2）人为灾难，即来自人工、技术、工业的事故及管理失当的灾难扩大化；3）环境公害，即人类行为导致的环境生态安全或生物圈的破坏等；4）社会安全，即战争破坏、经济动荡、社会恐怖等。国际标准化组织ISO、国际电工委员会TEC、国际电信联盟ITU三大国际组织领导的公共安全顾问组（Strategy Advisory Group—Security，SAG-S）将"公共安全"

的概念广义化，即包含 IT 业、国土安全、自然灾害等领域。按照我国《突发事件应对法》的要求，城市安全必须同时关注自然灾害、人为灾难、公共卫生事件与社会安全四大门类。同样，对安全城市的概念也有越来越多的解读。达成是共识是：安全备受重视，各方面人士都在试着从不同层面去解读去研讨对策；担忧的是对策要变成政策，对策要成为行动，一旦太多分散且条块分割，从城市建设与管理上会招致麻烦，导致不必要的资源浪费。我们十分赞同将城市安全视为国家品质、国家福利的提法，因为这个原则做到了"以民为本"，更将城市与安全本质化结合为一体，真正做到建城市、管城市、安全第一。城市安全是民生之本、城市社会强盛之基。所谓：人以安为命，有命则生；民以安为天，有天则远；市以安为基，有基则稳；家以安为吉，有吉则福；企以安为本，有本则赢；业以安为术，有术则灵；官以安为责，有责皆成。因此，从多方面研究思考"安全城市观"，有意义且行动更宽泛。

安全城市的灾害学视角——从整体上讲，安全是目的，减灾是手段，安全城市概念的提出体现着人们对防灾减灾的愿望。虽然从灾害学的角度有不同的分析，但至少要遵循两个方面：其一，灾害是一种相对来说的突发事件，它对城市的危害是会严重破坏城市空间秩序与社会正常活动、危及人民安全且造成财产损失；其二，人类已有可能在灾害发生前后采取相应措施减轻灾害损失，相对应于安全城市的建设目标，灾害难免经历警告、威胁、震动、救援、重建等阶段，预防阶段虽最为复杂，但它是实现安全城市运营的根本。我们的城市还远远没有建立起"预防为主，防治结合"的综合减灾体制与机制，灾害风险正伴随着城市的脆弱性共同增长。表面看，城市生栖是有秩的，但来自工作生活环境的任何"扰动"，都会动摇城市的安全局面，无论是特大型，还是中小型城市，政府有形之手、市场无形之手、市民勤劳之手的共同发力，有希望让城市在防灾减灾增强综合抗御灾害能力后过上有尊严的安全生活，它不是一种封闭状态下的安全，而应该是一种动态的安全，如美国拥有世界上最多的高层建筑，发生高层建筑火灾的概率较高，其火灾次数已从 30 年前的年均 3000 起，上升到近年的 7000 起，但未曾见到有高层建筑失火的群死群伤，缘自专业化防控、疏散讲求技术、第一时间灭火等防灾技术，用减灾手段保障安全城市目标的实现。

安全城市的心理学视角——安全心理反映了市民对安全城市的渴望。人本心理学家亚伯拉罕·马斯洛在其需要层次论中说，驱使人类的是若干始终不变的、遗传的、本能的需要，这些需求不仅仅是生理的，还是心理的，是人类内在本质的需求。他对此归纳为：生理需求、安全需求、归属与爱的需求、尊重的需求、自我实现的需求。现实中，人类的生理需求满足后，就会出现安全需求，体现对稳定的依赖，反对焦躁与混乱，渴望秩序和法律的保护等。"十二五"以来尽管我国城市公共安全管理观念在转变，管理体制机制在完善中，但重特大事故灾害频发，特别与市民相关的食品药品事件时常发生，社会矛盾与群体事件居高不下，公众对公共安全管理的现状并不满意。"十三五"时期社会治安、安全生产与安全生活、校园安全、食品安全、环境安全（水安全、呼吸安全）、药品安全等问题是需要解决的社会心理之"症"。

安全城市的社会学视角——从社会学出发，安全城市是符合社会良性运行协同机制的，这是一种优化的运作模式，不关注安全城市建设中的社会学问题即"人学"问题就等于没有抓住治理之本。安全社会学将安全减灾作为一种社会过程，解读安全减灾问题发生的社会学原因、社会进程、社会效应及其本质规律。中国改革近四十年，"城市病"滋生，恰恰是未遵从城市发展规律，尤其是违反了城市安全可承载能力的规律，所以城市应具备复杂系统的自组织与自适应性便无从谈起，城市"安全阀"、"稳定器"作用发挥不好，最终影响了城市的安全发展。如火灾是城市视作偶然且孤立的突发性经常性事件，对火灾防控多在消防部门进行，也多关注着火灾的自然属性，从科技与工程设计上寻求减少火灾发生并降低损失的策略。几十年的努力何以进展缓慢，原因在于缺少社会人文学科的介入与新思路。有专家从上海2000年至今的城市火灾数据分析发现，受灾人口因性别、年龄、户籍类型、教育程度、职业、健康等差异性明显，其中老年人的火灾死亡率是上海全市平均死亡率的2倍，且多为上海户籍老人。因此，社会防灾与减灾问题突出：不仅"邻里和睦，守望相助"可以弥补火灾后消防人员未到的空档，更可通过重建和睦邻里关系，在政府支持下让公众参与到防控措施及应急预案制订中去，从而实现安全城市的社会共治制度与机制。

安全城市的法学视角——强化依法治安、依法减灾是重要的观念之变。

"法者，治之端也"，法治是大纲，纲立才能文顺，纲举方可目张。法治是框架和轨道，也是理念与方法。在主观上，是推进法治思维；在客观上，是倡导法治方式。尽管从安全城市的依法管理上，国家有《突发事件应对法》《安全生产法》等一系列法律法规，但专门的国家减灾基本法、城市防灾法等尚未建立，要承认现有法规存在"未老先衰"与现实脱节问题，有编制欠细，有"九龙治水"法规文本相互打架等问题。所以从法学角度入手，安全城市建设面对缺少法律、执法欠严等问题。要遏制城市重特大事故频发势头，需猛药去疴，需重典治乱，依法治安任务十分艰巨。

安全城市的管理学视角——城市的安全管理由来已久，但融入管理学的安全应急综合管理在中国仅有二十多年时间，因此事故灾难的新问题突出，应急管理能力难以追上城市发展的步伐，这是很危险的。高速城市化、城镇化带来了太多的措手不及，都是城市管理者的缺位，从安全管理上，城市如何应对安全隐患多且应对能力不足的"短板"问题；城市如何提升安全控制能力，须臾不可懈怠，着力解决城市安全及基础设施欠账问题；城市如何不心存侥幸，管理者如何不怕麻烦，真正建构起有自己城市特质的安全体系和应急机制，管理责任很大。

安全城市的文化学视角——从文化学上看防灾减灾建设，对丰富安全城市理念内涵丰富，它是治国安邦的重要保障，它是救灾赈济扶助灾民的基本手段，它是发展生产生活安全的精神基础，它是最充分体现"天人合一"防灾内涵的要素与传播力。从文化学上看安全源远流长。《管子·度地篇》中提到"善为国者，必先除其五害。水，一害也。旱，一害也。风雾雹霜，一害也。病（瘟疫），一害也。虫，一害也。此谓五害。五害之属，水为最大。""亡羊补牢，犹未为晚"告诉人们要从教训中汲取经验；"塞翁失马，焉知非福"启示的是要以长远之眼去处理利害关系；"人无远虑，必有近忧"说的是在任何时候都要有忧患意识；"城门失火，殃及池鱼"讲的是我们要善于在风险社会中预知风险，在灾难中学会保护自身，关心并救助他人。在这方面，政府推动是防灾减灾的国民文化建设关键点，所以城市公众及管理者安全文化发展理念决定行动，安全减灾思想水准决定成败，只有构建渗透"以人为本"理念的安全"软系统"，才能让公众、社区、城市在抑制事故灾害风险中减少失范，提升自觉，保障城市安全。

二、安全城市建设的多副面孔挑战着城市安全方法论

方法论是对方法本身的研究，是某一门具体学科中所采用的研究方式、方法的综合，方法论是对具体方法的指导，具体方法则是方法论的实现。城市安全方法论是从研究城市灾害事故风险入手，在探究城市安全构建的技术、管理、文化诸体系中提供的一种研究分析范式，以期指导城市安全设计与城市减灾管理，重要的是提供有普适性的研究处理思路，减少重复的、无意义的、欠优化的思维与技术等。作为一个研究团队的代表，1996年5月，日本神户大学组建的"都市安全研究中心"，体现了日本在城市安全研究上的新进展，它强调的安全城市理念：在成为充满活力的生产、经济、文化活动场所时，城市应具有多种功能，并为市民的生活创造良好的生活空间，成为安全、安心的城市。为此它们主推的研究领域是：1）城市构成研究领域，即研究城市系统的最优结构，确保城市安全的系统理论，城市系统失衡后的重建恢复等；2）城市生命线系统研究，即针对城市地质水文等条件，对城市基础设施、生命线系统、地下工程等有效利用展开安全评价；3）城市发展研究即城市大地震发生规律与机理跟踪研究，开展防震抗震的研究与教育；4）城市安全医学与救援医学研究，即构建城市灾害伤亡的信息网络、医疗物资的储备、应急救助医疗知识的普及；5）城市产业的安全减灾分布与情报系统，即研究不同城市的安全优化产业结构及灾害自治与灾情情报共享机制，建立常态与非常态条件下的多媒体应急平台；6）城市安全管理的模式研究，即研究城市危机管理体系、机制的方法，以及支撑理论与技术策略等。正是在此管理方法体系下，神户在1995年阪神大地震后制定了《神户市民促进安全条例》、《神户市地域防灾计划——创造安全城市的促进计划》等"顶层设计"，并将"无时防有，有备无患"的理念从政府层面落实到城市居民之中。

安全城市管理的方法论是个大系统，它涉及复杂性、动态性的时间维度，风险分析与研究方法偏重的专业维度，安全评估实用技术方法、手段的技术维度，理论体系与学派的风险管理研判的理论维度四大方面，纵向与横向的逻辑推演都离不开风险管理的研究分析范式，都要实施安全减灾风险管理的

标准化，都要从城市综合减灾的视角上提出分析对策。如城市防灾规划与城市安全设计的要点之一是要在缓解城市热岛灾害与治理污染上有所作为，就必须研究城市环境灾变气候图，目前世界上至少有 20 个国家超过 60 个城市在环境灾变气候图研究上有所作为，它有效地指导着城市规划与设计。城市规划是对一定时期内城市性质、发展目标、空间布局等建设的综合部署，一旦规划确定其后果难以逆转，因而不融入防灾思路与设计是大忌。如城市环境灾变气候图，从城市气候不可持续因素出发，阐述气象、环境灾害与城市规划的关系，从而提出有助于安全城市建设的控制策略。2015 年 12 月，中央城市工作会议，在坚持"创新、协调、绿色、开放、共享"五大发展理念时，强调要转变城市发展方式，提高城市治理能力，突出解决"城市病"的灾害问题等。

从安全城市的综合减灾目标出发，一个城市为了一个目标实施多重安全策略，从而真正达到保证城市安全目标前提下的绿色生态、海绵防洪节水、高效智慧，而不重复建设、条块分割、相互扯皮的"理想城市"模式。统一思想，提高对城市不同视角下的理想目标认知是关键。2015 年"8·12"天津港爆炸事故，首先是安全生产问题，招致了环境公害及局部灾害扩大化，又是一个典型的安全环保综合类灾害问题，单一研判是有误的，对此只建安全生产模式的防化工事故城市是偏颇的，仅仅建环境绿色之城更是不全面的，因此，在生态研究中包含大安全观是正确的科学态度与选择；2015 年"12·20"深圳光明新区堆山滑坡事故，威胁挑战的不只是绿色城市，更动摇世人对深圳安全城市的认知，因此，要从综合减灾的安全绿色之城建构上予以分析才更全面。

深圳是国内城市改革的先行者，有一系列先进经验，但在垃圾和渣土管理上依然是极为原始粗放的填埋与堆积方式。事故直接原因系征地困难，淤泥受纳场建设滞后，海量渣土令现有受纳场不堪重负，加上缺少管理，导致惨剧发生，更深层原因是政府重视不够。据《中国建筑垃圾资源化产业发展报告》透露，近年中国每年产生的建筑垃圾总量超过 15 亿 t，占城市垃圾比例约 40%，可建筑废弃物资源化率则不足 5%。仅与韩国相比，韩国年产建筑垃圾六千多万吨，有 373 家建筑垃圾处理企业，其废弃物利用率高达

90%，欧盟诸国资源化率也在 90%。由联合国环境规划署制定的《国际绿色范例新城倡议标准》，为可持续的低碳城市提出了包括零废弃物在内的 12 项原则，可见中国发达城市与之实质的差距之大。深圳"12·20"滑坡事故再次暴露了人口密度和经济社会发展速度超越承载极限，与"北上广"相比，深圳的人口密度更大，也超过香港，各方面都造成涉及临极限值。万物有度，物极必反，不按城市发展规律建设必自食恶果。深圳"12·20"滑坡事故究其根本还是不可持续发展模式酿下的人祸，在诸多大城市的定位中发现除尚不宜居的北京持续坚守"和谐宜居"的内涵外，大多城市至今仍以经济目标为重，以发展高大为荣。而温哥华 2011 年确立了雄心勃勃的"2020 年最绿色城市"计划；哥本哈根实施了"2025 气候规划"，要在 2025 年实现全市碳中和；首尔 2014 年启动"首尔政厅 4 年规划"，愿景是"以人为本的首尔，市民幸福的首尔"，致力建设：安全的城市、生动的城市、温馨的城市、梦想的城市。2015 年乃世界迈向可持续的转折年，有两大里程碑式的成果：9 月通过《2030 年可持续发展议程》，其中专门为城市设定的目标是：建设包容、安全、有复原力和可持续的人居环境；12 月巴黎气候大会达成《巴黎协议》，为人类全面开启绿色低碳经济铺平道路。可见，国外的发达城市绝非不重视经济，而是更注重安全绿色的城市经济；不是不懂得发展，而是要按可持续城市指南实施安全绿色发展。在这方面对中国城市发展的最大启示是：构建安全绿色的可持续城市发展观，从小处做起，积极务实地培育尊重自然、适度节制、健康安全、悲天悯人的可持续文化方式与态度；在用安全环境容量确定城市综合承载力的同时，充分考虑海绵城市的"自然"构建。海绵城市是个形象比喻，国际上通用术语是"低影响开发雨水系统构建"，指城市如海绵一般，遇到降雨就地"吸收、存蓄、渗透、净化"径流雨水，补充地下水以调节水系统，而在干旱时又将蓄水"释放"出来等。虽然城市只占地球陆地面积的 3%，但大部分关键灾难风险集中在城市，所以构建安全绿色且有生态保障的城市环境是化解灾难的重要前提。安全绿色就是反对城市规模过大、扩张过快、占地过多，对保护耕地、防御灾害不利的规划设计与开发，重要的考量是给没给城市发展留存喘息的"空白"。

第五节　安全城市论及其建议

2. 安全城市八论

（1）安全城市应是一个全面且本质安全的城市，其自然灾害、人为灾害、公共卫生事件、社会事件四大类危机事件时刻处于顶层设计安全状态的监控之中；

（2）安全城市应是一个有综合应急管理能力的城市，要有综合减灾立法为保障的综合应急管理及处置能力，在这方面要有特殊的"属地管理"职能；

（3）安全城市对各类灾变应有综合"跨界"的控制力、指挥力，决策力，具有国内外灾害防御及协调救援的快速反应能力及认知水平；

（4）安全城市要求自身具备有一定抗力的生命线系统及高可靠指挥体系，不仅保障系统安全可靠，还应快速自修复，要有较充分的备灾容量以及快速疏导拓展能力；

（5）安全城市市民要有国际化水准，市民要具备安全文化养成的素质与技能，同时要求城市人口有80%以上接受过防灾教育且有达到世界卫生组织要求的安全社区标准的必要数量，让外国人在第一时间能获得救助；

（6）安全城市要具备极强的应对巨灾的抗毁能力，面对各类巨灾要能保障60%以上的市民安全且不恐慌，有能力参加自救互救，使城市重要设施能良好运行，尤其要有应对巨灾下处于良好的稳定应变的状态；

（7）安全城市要使政府公务员成为安全应急监管的"先行者"的同时，也要求项目建设者及管理者在公共安全建设理论与实践、文化与演练、工程与非工程策略上都要成为灵魂；

（8）安全城市更要具备当代城市与建筑之观念，要具备灾害区划及"警戒线"的保障能力，具备最大限度减少人为灾害及灾害扩大化的能力。

2.《城市安全设计大纲》编研建议

2011年12月，国务院颁布了《国家综合防灾减灾规划（2011—2015年）》，国家安监总局也发布了《安全生产科技"十二五"规划》，住房和城乡建设部《城乡建设防灾减灾"十二五"规划》，同时全国四大直辖市也相应发布了各自"十二五"期间城市综合应急管理规划，特别是国务院颁布《新型城镇化发展规划（2014—2020）》后使城镇化防灾减灾与提升城镇化发展质量密切结合，城市设计不仅需要城市总体的考量，更需要从综合减灾意义上关注城市安全布局。如果从固本培元的层面讲，这些规划已经依法为城市安全建设奠定了基础。从城市规划设计的可操作层面讲，不仅设计人员缺少安全减灾设计的规范与标准。也难真正落实安全责任，面对城市大建设的局面想不造成安全减灾设计的失控局面都难。为了真正赢得安全减灾的好局面，切实防止安全设计的走过场，在城市与建筑防灾设计规范很不齐全的现实下，编制《城市安全设计大纲》极有必要。

《城市安全设计大纲》的提出其核心即是强化城市的本质安全设计，它追求安全设计与城市设计的交互与再组合。《城市安全设计大纲》是一个有高度层面而务实的规划师、建筑师都可遵循的设计准则，是《城市总体规划》减灾篇之下的细则或称某些防灾、减灾技术标准的整合文本，所以它的规范化与可操作性体现了一种防灾设计"法规"总则的作用。其编制思路及要点有：1）本大纲立足城市总体防灾减灾规划的体系化，强调从大格局上把控住城市安全的用地结构与布局，最大限度地隔离城市的安全隐患；2）本大纲立足于城市的全灾种，并强调综合减灾的大安全观，强调城市在防灾减灾中加大对人为致灾规律的专门化研究与布控；3）本大纲在城市功能化安全设计的同时，加强避难应急场所设计与规划，调动防洪、消防、民防及地质灾害防护，安全生产诸领域的专业规划，提出综合防御的规划原则、标准及措施；4）本大纲在城市防灾与建筑整体安全设计的构造化建设上有突破，即如何构建安全可靠的城市生命线系统并与重点建筑相联系，如何使城市系统总体上不蚀化、建筑物可耐震化、建筑机电系统的可修复化等；5）本大纲全面安排城市防灾绿化系统，建设功能齐全的城市防灾公园，不仅要建设功能齐全的防灾公园以及防灾公共设施，使之与城市各主体建筑、构筑物（含全方位交通）相互连接、补充，同时要提供更多的城市可发展的柔性空间；6）本大纲全面布局弱势群体使用建筑安全的防灾减灾设计，一方面要对现有城市建筑物（尤其是老旧住区、学校与医院、养老院及妇幼场所等）进行多灾种防御的"补强设计"与安全评估；另一方面要加大到新建建筑，尤其是超高、地下空间、超大建筑的综合安全设计评估，克服仅消防建审、抗震设计的局限性；7）本大纲要求安全设计，一方面要与现有城市防灾法规相衔接，另一方面要调动市民的参与，因为城市空间的营造不仅仅是为了城市，本质上是为了广大公众，要真正为公众营造一个安心型、安全型、多样型、舒适型、文化型的社会；8）本大纲不仅仅是规划设计的安全措施，更是一个安全设计标准化指南和工具；它不仅仅是对技术人员的单一安全应急服务系统，更是对规划师、建筑师的公共安全空间上综合性的应急响应支持体系；因此，大纲有多学科重点危险源的判断，还有连锁灾难发生时风险区域的判定与分级管理的空间设计，无论从城市安全空间设计的分层分级看，城市安全管理的权限都要求所构建的空间设计要以明确的城市安全分区为前提；9）相关城市安全规划设计的政策建议等。

3. 相关综合减灾公共政策的建议

2013 年联合国国际减灾战略（UNISDR）发布报告，告诫城市与跨国企业，报告称"21 世纪灾难事件造成的损失累计已高达 2.5 万亿美元。在这个新的数万亿的资产损失面前，城市与跨国企业必须发挥作用。灾害会极大地破坏城市空间，它不会在企业门口止步，会通过城市极大地破坏全球供应链"。2016 年系中国"十三五"的开局之年，如何在城市防灾减灾上赢来跨越式发展，如何与世界互动，都是前所未有的机遇和挑战。无论是超大城市还是小城镇，至少必须在如下方面有明显改进：1）提升城市关于生命与安全的国家观念；2）提升城市防灾抗毁的生命线系统能力；3）提升城市综合减灾规划的本质能力与水平；4）提升城市规划师、建筑师层面的防灾减灾设计研究教育；5）提升城市管理者及公务员的应急管理能力与素质；6）提升城市公众、中小学生，弱势群体防灾自护能力教育等。具体还有如下建议：

其一，发展城市应急安全产业。现阶段我国城市居民的应急管理意识极其欠缺，城市灾害事件下真正有效的应急处置物资异常薄弱，城市应急预案、预警及处置很不成熟，屡屡让城市逢灾必乱，逢灾皆有难。因此，离不开与城市化发展相匹配的综合减灾能力的增强，离不开应急安全产业的大发展。若考虑到城市老龄产业、生态产业等发展，应急产业的需求更应成为城市现代化、国际化不可或缺的必要条件，如协同创新的集群发展、应用物联网的应急管理"生态圈"技术等。

其二，发展城市应对巨灾的基础性研究。无论是2005年卡特里娜飓风，还是2012年"桑迪"飓风，都警示美国及世界各国，要高度关注极端灾害条件下的城市综合应急管理。除管理思考外，科学研究对预测未来灾害风险十分有价值。与城市防灾的脆弱性相关，它更强调的是系统的抗逆力，它强调系统对外界冲击的应对，乃至受到灾害袭击后回到原有状态的过程。城市综合减灾的研究涉及面广，不仅要研究城市灾害学原理，还要研究城市综合减灾理念下有效的防灾减灾技术对策。如地下空间安全及其地铁运营的评估，越来越要求予以风险效率研究，不仅要研究地铁中人员合理疏散困境的高发性，也要研究地铁安全运营设施的可靠性，并努力使之纳入城市地下空间安全体系中，从而寻到城市安全投入的合理指标。

其三，发展城市的防灾立法为标志的规划能力建设。要针对城市应急管理区域协作能力待提高、城市基础设施防灾减灾能力滞后、突发事件的公众参与度低的情况，探讨与国家《突发事件应对法》相配套的《城市防灾法》的编研思路。重点要研究以综合减灾理念为标志的法律体系及功能，明确基本原则及法律的根本制度，从而创新性地给出《城市防灾法》的基本框架。鉴于我国城市化高速进程及事故灾害的严重局面，建议在"十三五"期间要全力推进城市防灾立法的程序及路径。笔者建议：要全面加强我国城市综合减灾应急管理能力建设，除立法研究要先行外，至少还要做到以下六点。

（1）加强城市灾害风险源及其隐患的普查、排查力度；

（2）加强城市重点领域监测网络与预测预报系统的综合构建；

（3）加强城市应急信息指挥与灾后恢复重建能力建设，严格限定重特大事件报告信息流程，强化灾后与灾前的常态化统一规划；

（4）加强城市跨部门、跨地域、跨行业的应急物资协同保障与复杂条件的应急物流建设；

（5）加强城市综合防灾标准化体系建设，创造条件为各种应急预案管理提供制度保障；

（6）加强城市适应防灾减灾管理新情况、新特点的综合政策研究，准确把控危机条件下社会心态及诉求的应急传播模式建设。

第二章　城市自然灾害

"风声雨声警钟声"，这是每到汛期，在危机如虎的形式下，全国数百城市及上千个城镇，由于布局不合理产生的"先天性"沥涝风险，再加上多种"后天性"风险留给世人的印象。2016年3月23日，世界气象日的主题是"直面更热、更旱、更涝的未来"，世界气象组织秘书长佩蒂瑞·塔拉斯说："现在，地球温度已比20世纪初高了1℃，国际社会已一致认识到需要采取大胆行动……2030年联合国议程和可持续发展目标呼吁使用清洁能源并建立防御型城市。"在全球气候变暖和极端天气事件频发下，超强的厄尔尼诺往往会给全球经济及城市发展带来巨大灾难，它让人联想到是否会再上演1998年长江大洪水的景象。此外地震与地质灾害也是威胁中国城市的主要自然灾害。

第一节　城市自然灾害概述

一、城市自然灾害的特点

城市自然灾害除具有一般自然灾害所具有的危害性、群发性、准周期性和扩散性等之外，还具有以下特点。

1. 城市承灾体的脆弱性

与以自然生态系统为主的乡村不同，城市是一个高度开放的复合人工生态系统。由于人口与建筑物高度密集，植物种类和数量都很少，食物链呈倒金字塔结构，必须从系统外大量输入食物和能源才能维持城市居民生存和城市功能运转。同时，城市生态系统还严重缺乏微生物的分解与转化作用，使得残渣废弃物只能通过搬运、迁移、填埋、焚烧等办法处理。城市系统一方面从外界输入大量物质、能量和信息，同时又向外输出各种物质、文化产品并提供各种服务。由于城市系统改变了乡村系统原有的物质循环与能量流动方式，需要一个复杂的人工支持系统来维持正常机能，因而对外界干扰十分敏感，表现出很大的脆弱性。自然灾害可以看成外界环境对于城市系统的强烈干扰。虽然城市系统具有远比乡村系统发达的物质生产、运输能力和灾害救援能力，但在发生重大自然灾害使城市系统与外界联系暂时中断时，城市居民的生活要比乡村居民更加困难。城市人口与建筑高度密集，发生危及人身安全的自然灾害时规避空间十分有限，也是城市对于自然灾害的脆弱性增大的一个重要原因。

2. 灾害的连锁性

现代城市发生重大自然灾害时，由于交通、供电、通信、给排水、燃气等生命线系统密布，一处受损可以影响一大片，特别是枢纽部位受损的后果更为严重。城市灾害具有明显连锁性的另一个原因是城市的辐射功能。城市灾害的后果会沿着产业链向下游产业和企业传递，使经济损失不断放大。通常重大自然灾害所造成的间接经济损失是灾区当时当地直接经济损失的数倍。

3. 成因的复杂性

虽然城市自然灾害主要由于自然变异造成，但现代城市绝大多数自然灾害的发生都带有一定的人为因素，主要是不合理人类活动对自然资源与生态环境的破坏并导致城市承灾体的脆弱性增大。如由于城市人口过度增加造成的干旱缺水，过度抽取地下水导致的地面沉降和塌陷，违规引种或不严格检疫导致的外来有害生物入侵等。

二、城市自然灾害的主要类型

城市自然灾害分类有多种方法，最常见的是按照致灾因子属性，此外还有按照灾害发生特征、承灾体类型、灾害规模与强度、发生区域性质等分类。

1. 按照致灾因子的分类

（1）城市气象水文灾害

由于大气圈是地球表面最活跃多变的圈层，气象灾害是发生最为频繁和种类最多的一大类自然灾害，在不发生特大地震、火山喷发、海啸等巨灾的年份，通常气象水文灾害造成的经济损失要占全部自然灾害经济损失的70%～80%，而且大多数生物灾害和部分地质灾害往往是由异常气象条件或气象灾害所诱发。由于陆地上的水文异常现象归根结底都是由于降水与蒸发的异常所造成，无法把气象灾害与水文灾害完全分离开来，因此统称气象水文灾害（表2-1）。

表 2-1   **城市气象水文灾害的分类**

致灾气象要素	异常特征	灾种
水分异常	偏少	干旱缺水
	偏多	洪水泛滥、山洪、内涝
	相变	冻雨、冰雪阻断交通、冻融、浓雾
气温异常	偏高	热浪中暑
	偏低	植物冻害、人与动物冻伤
		设施冻裂损坏、生产作业与社会活动受阻
光照异常	过强	城市园林日灼、强紫外辐射伤害
	过弱	阴害
气流异常	过强	大风、龙卷风
	过弱	静风（不利于园林植物授粉与光合作用）
空气成分	强对流	暴雨、雷电、冰雹、旋风等
	缺氧	高原病
复合灾害		台风、焚风、暴风雨、暴风雪、沙尘暴等

（2）城市地质灾害

地质灾害是由地球岩土圈的异常变化所引起的自然灾害，山区、平原和沿海城市的常发地质灾害类型有所不同（表2-2）。

表 2–2 城市地质灾害的分类

发生特征	致灾因子	灾种
突发型	板块构造运动异常	地震、火山喷发
	山地风化与外力驱动	滑坡、崩塌、泥石流、地面塌陷
缓变型	土壤侵蚀	风蚀沙漠化、水蚀沟壑化、石漠化、冻蚀、化学侵蚀
	平原地质变异	地面下沉、地陷、地裂缝
	化学元素性地方病	碘缺乏症、硒缺乏症（克山病、大骨节病等）、地方性中毒（氟中毒、砷中毒、硒中毒等）

（3）海洋灾害

海洋灾害是由海洋的异常运动或海水成分变化所引起的自然灾害，主要危害沿海城市（表 2–3）。

表 2–3 海洋灾害的分类

致灾因子	灾种
海水运动异常	风暴潮、灾害性海浪、海啸、海岸侵蚀、咸潮
海水状态和成分异常	海冰、赤潮、绿潮、海水酸化

（4）城市生物灾害

生物灾害指有害生物对人类生命、财产造成的损害，种类极多。其中对人体健康造成危害形成的突发事件一般纳入突发公共卫生事件管理，多数植物病虫害与动物疫病发生在乡村，表 2–4 只列出城市常发生的生物灾害类型。

表 2–4 生物灾害的分类

危害对象	致灾因子	灾种举例
城市园林植物与行道树	植物病害	桃流胶病、牡丹锈病、白粉病等
	植物虫害	杨树天牛、草地螟、蚜虫等
	植物草害	豚草、紫茎泽兰、马缨丹等
宠物动物	动物疫病	口蹄疫、狂犬病、禽流感等
	动物寄生虫病	绦虫、蛔虫、蜱螨等
建筑设施	虫害、微生物	白蚁、霉菌、仓虫等
家具衣物	虫、鼠	老鼠、蟑螂、苍蝇、螨虫等
生物入侵	植物和害虫	美国白蛾、福寿螺、紫茎泽兰等

2. 其他分类方法

（1）按照灾害链关系

灾害链是指孕灾环境中致灾因子与承灾体相互作用，诱发或酿成原生灾害及其同源灾害，并相继引发一系列次生或衍生灾害，以及灾害后果在时间和空间上链式传递的过程。按照灾害链关系可将彼此相互关联的灾害按照其因果关系和发生先后分为原生灾害、次生灾害和衍生灾害。

（2）按照灾害的发生特征

可分为突发型灾害和累积型（或缓变型）灾害，前者破坏力在短时间内集中爆发，通常难以预测，减灾关键在于做好预防和应急处置，如地震、冰雹、滑坡、泥石流等；后者是致灾因素长期作用累积下形成的严重后果，灾害孕育、发生、演变和衰退时间较长，较易监测和预报，但初期征兆不明显容易忽视，减灾关键是在初期采取防控措施，如干旱、地面下沉、水土流失和绝大多数植物病虫害。

（3）按照灾害发生的地貌

可分为平原城市灾害、沿海城市灾害、山地城市灾害、高原城市灾害等。

（4）按照灾害危害产业或行业

可分为工业自然灾害、矿业自然灾害、郊区农业自然灾害、园林自然灾害、交通自然灾害等。

（5）按照灾害发生地理范围的大小

可分为全球性灾害如地震、火山、荒漠化、太阳活动异常、海平面上升等，区域性灾害如水土流失、土地盐碱化、台风等，局地性灾害如滑坡、地面塌陷、冰雹等。

（6）按照灾害强度或损失程度

分为巨灾、大灾、中灾、小灾、微灾等。20 世纪 90 年代，我国专家曾提出过灾度等级的划分标准，随着社会经济的发展，灾害分级标准还会不断调整。

三、城市自然灾害的危害

1. 城市自然灾害的危害方式

自然灾害对城市系统造成的危害至少包括以下几个方面：

（1）生命和生活危害：造成人员伤亡和生活困难；

（2）财产和经济损失：对城市基础设施、建筑工程、各业生产与经营、交通运输和物流、家庭财产等造成的经济损失；

（3）资源环境破坏，如对土地资源、水资源、生态系统等造成的破坏；

（4）社会危害，包括影响社会稳定，导致秩序混乱、心理伤害等。

2. 城市自然灾害的严重性

虽然随着经济、社会的发展与进步，我国自然灾害死亡人数和经济损失占国内生产总值的比重不断下降，但随着城市化进程和经济总量的增加，城市人口与经济密集度不断加大，灾害造成的绝对经济损失仍呈增加趋势，气候变化也使极端天气、气候事件及其次生、衍生灾害的危害加重。有些地方注重城市表面光鲜，忽视城市基础设施的建设，城市自然灾害仍经常发生。

3. 城市自然灾害的区域性

沿海城市处于海陆交缓地带，经济发达，人口密集，自然灾害种类多，绝对经济损失大，相对经济损失较小，灾害救援与灾后恢复能力强。

东部城市经济相对发达，自然灾害种类较多，绝对经济损失和相对经济损失都比较大，灾害救援和灾后恢复能力较强。

中部城市经济欠发达，自然灾害种类较多，绝对经济损失较少，相对经济损失较大，灾害救援与灾后恢复能力较差。

西部城市经济发展相对滞后，灾害种类较少，地质灾害所占比重增大，绝对经济损失较小，相对经济损失很大，灾害救援和灾后恢复能力很差。

4. 城市自然灾害的发展趋势

一方面，随着减灾管理体制机制的健全和国家经济实力的增强，减灾管理水平明显提高，另一方面，由于快速城市化和全球变化带来的新问题，城市自然灾害风险仍在增大。

全球气候在变暖的同时，气候波动也在加剧，近年来多次发生旱涝急转，许多地方的旱季变得更旱，雨季更涝。在夏季热浪频繁发生的同时，低温灾害也并未减轻。有资料显示：百年来厄尔尼诺事件已三次"搅动"全球：1982—1983事件：1982年冬季，加拿大、美国异常偏暖，1983年初，中国南部洪水、夏季长江中下游严重洪水，北部干旱；1997—1998年事件：1998

年夏季，中国长江中下游地区、嫩江及松花江流域发生特大洪水；2015—2016 年事件：2015 年 11 月，中国广西、湖南和江西等地罕见"冬汛"，美国东部遭遇强寒流和暴风雨袭击，刚进入 2016 年 3 月下旬，最强的厄尔尼诺事件就使江南、华南多省遭暴雨。

第二节　城市自然巨灾的考量

北京减灾协会在 2011 年组织召开"首都圈巨灾应对与生态安全高峰论坛"，此论坛一直持续到现在。巨灾是一类大概念，至今国际上并未给出严格定义，但它的表现越来越频繁，造成的危害越来越巨大，不关注城市巨灾的大城市越来越体现出不安全性。应该说，巨灾源于自然灾害，它也并非完全是纯粹的自然灾害，这里的描述暂且归结在自然灾害的类别中。

城市巨灾的特点主要是：发生罕见，持续时间长；发生突然，演变快，受灾人口多；多种因素成灾变链式反应，直接与间接损失巨大；巨灾的发生往往是跨部门、跨行业、跨地域的，所以只有靠中央政府投入方可扭转局面。2008 年南方冰冻灾害、2008 年"5·12"汶川地震虽然并非完全发生在城市，但它们也是城市自然巨灾的典型。日本 2011 年发生"3·11"复合型巨震，尽管日本拥有世界上最先进的、最完备的都市巨灾应对准备体系，但仍造成近两万人死亡或失踪，所以首都圈已成为多灾之国必须考虑的第一安全保卫圈。以下是对北京巨灾做一历史演进的归纳与分析。

明清两朝的旱涝巨灾

顺天府全境或更大面积受灾；连续暴雨、河流多处决口（干旱持续半年以上）；田禾尽淹、无收，大批房屋倒塌、大量人畜淹毙（严重饥荒、夏秋粮无收）。

特大水灾：1428 年、1439 年、1470 年、1517 年、1553 年、1554 年、1587 年、1607 年、1611 年、1653 年、1668 年、1801 年、1890 年、1893 年。

清朝的两次地震巨灾

（1）1679 年 9 月 2 日，平谷—三河 8 级地震：平谷、三河和通州"城垣房屋存者无多、黑水涌出……"、"阖境人民，除墙屋压毙及地陷毙之外，其生者止存十之三、四"、"通州有三万多人压死"、"京城内倒房 12793 间，死 485 人"。

（2）1730 年 9 月 30 日，颐和园 6.5 级地震：紫禁城内各宫殿遭不同程度破坏，"安定门、宣武门等三处城墙裂缝 37 丈"，城内四城区"民房倒塌 14655 间、死 457 人"。西方教堂档案和"中国通史"等均有"压毙人口十万有余"记载。

20 世纪的北京巨灾

（1）1939 年海河大洪水 7 月 9 日—8 月 13 日连发三场特大暴雨

北京：10050 个村庄被淹，倒塌房屋 50.65 万间，死伤 15740 人。

天津：受灾 70 万人，倒塌房屋 1.5 万间，死伤人口不明（日伪政权隐瞒不报）。

海河流域受淹面积 4.94 万 km^2，被淹房屋 150 万户，灾民 900 万人，死伤 1.332 万人，冲毁京山、京汉、津浦等铁路 160km……

（2）1963 年京津冀大洪水

1963 年 8 月 8 日，城区普降暴雨，暴雨中心在朝阳区来广营，最大 24h 雨量达 464mm，市区平均雨量约 300mm。市区各河及温榆河普遍漫溢，造成严重的灾害。据不完全统计，城区及近郊区积水面积超过 200km²，积水地点共 398 处，其中水深 0.5m 以上的约 263 处，死亡 27 人，倒塌房屋 1 万余间。

交通瘫痪：西长安街、朝内大街、永内大街、新街口南大街、王府井等积水 0.5m 以上无轨电车 8—9 日全部停驶；56 条公共汽车线停驶 36 条；桥梁冲毁 29 座，漫水 88 座。铁道干线（京广、京包、京沙、京承等）中断 2109h。

河北省（含天津市）灾情：水淹 104 个县、市；冲断京广（75km）、津浦、石德、石太等铁路线；灾民 2000 万人；死亡近 6000 人；估计直接经济损失 60 亿元。

所以可总结北京巨灾风险的空间区划：古称"顺天府"现称"京津冀"或"首都圈"的北京，其酿灾潜势为：

同一地震带（燕山带）

同一气候区（暖温带半湿润半干旱季风气候）

同一水系（海河流域）

第三节　城市气象灾害

一、城市气象灾害的成因与特点

城市气象灾害是发生在城市地区的气象灾害，是大气环境与城市两大系统相互作用的产物。当大气环境不利于城市系统的正常运转和功能发挥并对其造成一定损害时，就形成了城市气象灾害。其中大气环境是产生城市气象灾害的源头与主导方面，城市系统是承灾的主体和被动受灾的一方。灾害程度不仅取决于气象要素的异常程度，也与城市系统的状态和承灾能力有关。另一方面，城市系统对于局地大气环境也产生了一定影响，形成所谓"城市气候"，使某些气象灾害在城市环境下有所减轻，而另一些气象灾害在城市环境下有所加剧。国内外资料表明，城市气象灾害的经济损失约占全部灾害损失的60%以上。

城市气象灾害除具有一般气象灾害的特征外（种类多，受灾范围广，发生频率高，具有一定季节性、周期性及重大气象灾害的群发性等），由于以城市系统为作用对象，还具有若干不同的特点：时空分布密集；与下垫面性质密切相关；连锁性，可引发多种次生灾害与衍生灾害；突发性强；承灾体敏感性与脆弱性突出；灾害损失严重并具有放大性；区域性明显；具有社会性，灾害的形成与演变与人的行为密切相关。

二、常见城市气象灾害的特征与危害

1. 水分相变引起的气象灾害

水分相变指水在液态与气态及液态与固态之间的相互转化。

（1）雪灾

冬季降雪过多可形成暴风雪、雪崩、雪害、雪障、雪盲等多种灾害。

暴风雪通常伴随强寒潮和能见度下降，可阻断交通。高山春季融雪过快时常发生雪崩，对道路交通和附近城镇威胁很大。雪害是指冬季降雪过多、积雪过厚造成的危害，如2008年11月上旬石家庄的一场超过80mm的暴雪压垮了许多危房、仓库和市场顶棚。

（2）冰凌

又叫雨凇、冻雨、积冰。指寒冷潮湿天气下，空中降落的过冷却雨滴落到地物立即凝结为冰晶的现象。在 2008 年 1 月中旬到 2 月上旬的南方低温冰雪灾害中，曾造成西南数省区大量高压线塔和通信塔倒塌及路面积冰，导致供电、通信和交通大范围中断，许多城市停水断电。

（3）冻融

冻融是指土层由于温度降到零度以下和升至零度以上而产生冻结和融化的一种物理地质作用的现象。冻融对高寒地区的建筑施工十分不利，路基浅的铁路和公路在早春常因冻土融化而不能通行。

（4）浓雾

雾是空气中的水汽凝结成细小水滴在低空悬浮并造成能见度显著下降的一种天气现象。浓雾对城市的危害首先表现在能见度下降对交通的影响，容易引发交通事故，以至一有浓雾出现，高速公路就不得不关闭。如 1996 年 10 月 10 日夜到 11 日晨，京津塘高速公路因大雾发生多起事故，造成八千多辆汽车拥堵长达 14km。因浓雾导致机场关闭和水上航运事故也并不鲜见。含污染物的大雾还可造成供电设备的"污闪"跳闸而导致严重的停电事故，并对人体健康造成直接危害。1990 年 2 月中旬，北京地区的一场大雾曾导致区域电网污闪和大范围停电，造成两百多家工厂停产和郊区大范围限电。在大气污染物排放量较大的情况下，雾往往成为污染物的载体。如空中水汽不足，悬浮颗粒物中的固体颗粒较多则形成霾，空气污染更为严重。

2. 温度异常引起的气象灾害

温度异常对城市的危害包括高温、低温和剧烈变温。由于不同承灾体对温度的要求不同，由温度异常引起的灾害具有相对性：同一温度对某些承灾体造成灾害，对另一些承灾体却有可能仍处于适宜状态。同样的极端高温或低温，发生在温度剧变的情况下，受害要比平稳升温或降温出现的极端温度危害更大。如城市园林冻害、霜冻、冻伤、寒潮降温、高温热浪等。

3. 气流异常导致的气象灾害

（1）大风

中央气象台规定风速大于等于 17m/s 即 8 级以上的风称为大风。大风的危害取决于风力强度和持续时间。我国大风的成因，沿海夏秋主要是台风造成，内陆夏季以雷雨大风居多，冬春季主要是天气系统和寒潮活动所造成。

大风除摧残城市园林植物外，还刮断电线，使电杆倒折，船只翻沉，刮倒行道树和大型广告牌，吹落阳台物品、瓦片，使路人受伤。在新疆北部的峡谷风区甚至多次吹翻火车。2015年6月，湖北省监利县长江大马洲段"东方之星"倾覆沉船，死亡400多人的特大事故的诱因之一就是由雷雨云中飑线的11级大风所造成。

（2）台风

台风是发生在热带或亚热带海洋上的气旋性漩涡，国外称为飓风。中心附近最大风力在6～7级的称热带低压，8～9级称热带风暴，10～11级称强热带风暴，12～13级称台风，14～15级称强台风，16级以上称超强台风。影响我国的台风多在西北太平洋或南海生成，全年各月都有发生，以7—10月最为集中，占总数约70%，冬季台风只影响南海诸岛。登陆频次最高的是广东，依次是台湾、福建、海南和浙江。其他沿海省、市、自治区登陆次数较少。

台风是一种复合灾害，包括风害、洪涝、海浪和风暴潮。台风云团的直径可达数百千米，中心附近最大风速常在30～50m/s，最强达100m/s。大风掀起巨浪对海上船只和设备的威胁极大；台风携带的暴雨在所经地区造成严重洪涝，沿海还可形成风暴潮冲击海岸，毁坏海堤，造成海水倒灌，顶托江河洪水而加重水灾，当登陆日期与天文大潮发生日期相吻合时风暴潮特别强烈。1983年9月9日，12级风速持续时间长达4h的"广州九号风灾"，造成的经济损失超过1亿元。

（3）龙卷风

龙卷风是大气中最强烈的涡旋现象，影响范围虽小但破坏力极大。其外形为漏斗状云柱，上大下小，从浓积云或积雨云中垂直伸向地面，由凝结的水滴和地面杂物及从水面卷上去的水分所组成。不及地的叫漏斗云，及陆的称陆龙卷，及海的称海龙卷。有时一块母云可产生多个龙卷风，地面直径一般只有几米到几百米，空中直径有几千米。移动距离几百米到近千米，个别的几千米，持续几到几十分钟。中心附近最大风速30～100m/s，风速越大破坏力越强。美国中部是世界上龙卷风发生最频繁的地区，我国则以华东的江淮一带发生较多。1956年9月24日，强龙卷风袭击上海，全市死亡和失踪69人，其中上海机器制造学校的教学楼倒塌，死亡37人，伤156人。

（4）冰雹

冰雹是在强对流天气下形成的一种固态降水物。强烈对流是形成冰雹云的基本条件，冷暖空气交锋或地形抬升都有利于冰雹云的形成。冰雹云边缘常发黄红色，带有推磨似的雷声，常伴随大风和暴雨天气。冰雹通常呈带状跳跃式分布，以山前居多，但有时也扩展到平原。冰雹的危害程度与其密度、体积和持续时间有关，常严重摧残农作物和城市植物，直径较大的可致人畜死伤。1969年8月29日，北京市降特大冰雹，砸毁王府井的橱窗和长安街65%的路灯。

（5）雷电

雷电是一种常见的城市气象灾害，我国有21个省会城市年最多雷暴日数在50天以上，最多的城市有134天。北京的故宫在历史上多次雷击起火，中山公园音乐堂也曾在1959年因雷击起火烧毁，后又重建。1989年青岛的黄岛油库因雷击引起爆炸和大火，伤亡100多人，损毁数万立方米原油，为20年来最大的一起雷击灾害。与农村不同，城市由于高层建筑多且大都已安装避雷针，现在很少发生直击雷致人死亡，但感应雷对电子仪器和通信设备的损害有增无减，已多次发生计算机系统、微波站和电视机被雷击损坏的事故。

（6）风沙和沙尘暴

风沙是大风造成的一种恶劣天气，除危害农作物与造成土地沙化外，对城市的危害也很大。沙尘暴是指强风把地面大量沙尘物质吹起并卷入空中，使空气特别浑浊，水平能见度小于1km的严重风沙天气现象，也叫黑风暴，是西北地区最严重的风沙灾害。1993年5月5—6日的特大沙尘暴席卷西北四省区，死亡85人，失踪31人，直接经济损失7.25亿元。

（7）干热风与焚风

干热风是一种复合灾害，包括高温、低湿和风三个因子，但主导因子是热，其次是干。焚风在气流越过山脉下沉时绝热增温降湿形成，可以发生在任何季节。干热风和焚风除危害农作物与林木外，还使人心情烦躁，身体不适，工作效率降低。1988 年 2 月，在加拿大卡尔加里举办的冬奥会就曾因焚风提前融雪，不得不到更高海拔山坡寻找新的滑雪场，蒙受了巨大的经济损失。

4. 光照异常引发的气象灾害

（1）日灼或日烧病

日灼是指夏季强烈太阳辐射使果实表皮灼伤形成斑痕而使品质下降。冬季日烧病是指林缘或孤立林木基部因向阳面在冬季早晨阳光直射急剧升温，与背阴面反复出现巨大温差而导致皮层裂开，出现类似日灼的症状直至坏死。

（2）紫外辐射增加产生的危害

人类向大气排放氯氟烃类等破坏臭氧层物质，导致臭氧层中臭氧含量下降，到达地面的紫外辐射增强，可诱发人和动物的皮肤癌增多。

三、城市气象灾害的减灾对策

1. "卡特里娜"飓风带来的启示

2015 年是"卡特里娜"飓风袭击美国十周年，2005 年 8 月 29 日，一场美国历史上最严重且罕见的"卡特里娜"飓风让新奥尔良市变成一片泽国，更让世界陷入震惊与哀伤，新奥尔良市这个爵士乐之都顷刻间成为恐怖之城。面对新奥尔良这座重伤的城市，作为中国城市管理者最多的思考是要从这场国际性灾难中总结归纳出对中国城市建设的警示，真能如此，那将是国人研究"卡特里娜"飓风的真正意义。

（1）"卡特里娜"飓风的发生与教训

美国是受飓风影响最为显著的国家。自 1851 年有记录以来，美国已遭受过三次 5 级飓风的袭击，2005 年 8 月末的飓风"卡特里娜"的最大风速历史排名第二。从气象学上划分，发生在大西洋及北太平洋西部的热带气旋称为飓风，当热带风暴的风速持续达到至少每小时 119km 时，即成为一级飓风；二级飓风的最小风速为每小时 154km；三级和四级飓风的最小风速为每小时 178km 和 210km，而超过每小时 249km 为五级飓风。

究竟是什么让新奥尔良市遭到如此厄运。概括地讲，新奥尔良在发展时没有为自然留下适宜空间，它在城市扩建和发展上没有遵循自然规律，这是它一旦遭遇突发事件无回旋之地的根本原因。其原因有六个方面：

第一，新奥尔良灾难曾被专家惊人预言，但被政府忽视了。乔治·华盛顿大学危机、灾难和风险关系研究学者克莱尔·鲁宾 2005 年 9 月 2 日说："大规模飓风袭击新奥尔良的情景早就被预料、预报和模拟演习过。"这些成果包括路易斯安那州立大学在内的四十多家美国科研机构，于 2004 年 7 月做出过预告。其假定的背景是：一场飓风摧毁了新奥尔良市的大批房屋，迫使数十万居民转移。演习结束后，美国联邦紧急措施署地区负责人宣布：应对飓风的准备工作取得巨大进展。正因为早有准备，所以飓风"卡特里娜"所造成的危害更让许多专家对政府的应对不力提出批评。美国总统布什认为，没有人能够预料到新奥尔良市的防洪堤会决口，可事实上，路易斯安那州立大学工程师约瑟夫·舒豪伊道近几年曾多次警告，新奥尔良市的防洪堤可能垮堤。《新奥尔良时代花絮报》2002 年就刊载长篇文章，甚至预测了防洪堤决口后的情景。

第二，正是由于对新奥尔良的飓风有侥幸心理，致使相当多的市民在飓风登陆后，仍不及时疏散而躲在家中。新奥尔良市三面环水，市内低于海平面，其安全依赖环绕城市约 560km 的防洪堤。但新奥尔良市的发展缺乏防灾规划。弗吉尼亚理工学院减灾项目主任克里姆戈尔德在美《商业周刊》上列举说，新奥尔良在城市建设上破坏了大片海外滩涂，使城市在海啸和洪水面前缺乏必要的缓冲。如为了促进旅游业和商业，该市将繁华商业区建在海边，并建设海边休闲观光区和住宅区。破坏了环境也加重了灾害。在新奥尔良市周边有大量自然湿地，其好比海绵，能够大量吸收海水，能减少洪水侵袭的强度，保护城市，但新奥尔良市在建设中排干了大部分湿地。此外，大量化工厂的建立不仅增加了危险源，更使洪水后的厂区处处充满污水和毒水。美国科学家约西亚·罗伊斯在对新奥尔良城规划和扩建之初曾作过一段描述：当他们兴建新城市和占有新土地时，首先焚毁树林、迫不及待地移平山坡，并且不论地形如何，都按照万变不离其宗的做法在该地区开辟笔直的街道和十字交叉路口，甚至以破坏原有自然景观为目的，来开发建设新居住区。

第三，从自然灾害的角度讲，"卡特里娜"确实与众不同。美联社曾报道，此次飓风从成因、规模到演变速度都与以往飓风有所不同。如"卡特里娜"在海上蓄势已久，一度达到 5 级飓风的风速，为 40 年所罕见，而当年"查理"

飓风只有 16km 宽，影响面小，可"卡特里娜"宽超过 320km，它几乎覆盖了从新奥尔良以西到佛罗里达州彭萨科拉的广大区域，席卷了美国四个州之多。此外，新奥尔良市的 17 号大堤决口更加剧了该市洪水的危害性。往往在建设中，将倡导城市美观及形象占到第一位，殊不知忽视了最不该忽视的安全防洪准则。意大利移民将新奥尔良按威尼斯风格作出设计，如在城市设计中作了一系列同心圆，数组古典柱廊构成罗马式广场的背景。然而，在这本来就危机四伏的地区，人们诗意建设越多，留给自然的备灾空间越少，对自然灾害的缓冲力就大大减弱。在此之前，环保与防灾专家一直建议将新奥尔良海岸之沼泽地重新填满。可自 1930 年以来，由于新奥尔良无极致地开发，约有 100 万 hm^2 的泥土消失在大海之中。

第四，之所以产生潜在的巨大伤亡和动乱，与人为因素有关。不少人不愿离开家园，就近躲在当地的大型建筑中，这并不安全。仅密西西比的比洛克斯已造成近百人死亡，更多的地方引发了人道危机。新奥尔良市有近 20% 的居民之所以无法撤离，是因为没有交通工具或支付不起租车的费用，而政府又没有立即提供充足的交通保障。《纽约时报》9 月 1 日曾发表一篇题为"风暴之后的风暴"的文章，回顾了美国历史上发生的几次最严重的自然灾害及骚乱，提醒人们自然风暴过后要更警惕"人为风暴"。

第五，被飓风击倒的新奥尔良，让人们感受到美国 2000 年拍摄的科幻灾难片《后天》的再现。灾害为何愈演愈烈，不仅因为其受灾范围大，几乎与英国国土面积相当，被认为是美国历史上损失最大的自然灾害之一，还在于灾后反应迟钝，救援缓慢。虽然，美国有完备的应急计划，但由于各方面对帮助市民撤离的运输工具准备不充分，使富人能自行早撤离，穷人却难以及时转移，从而导致灾害的扩大化。

第六，新奥尔良市的惨剧是历史与现实的混和：不断下沉的城区、逐渐遭到侵蚀的海岸湿地和防洪工程的折中，导致了飓风灾害下的风险越来越大。1718 年法国殖民者在密西西比河的出海口附近建立了新奥尔良。水给新奥尔良带来了财富，如北临庞恰特雷恩湖，南临即将入海的密西西比河。作为非常有特色的城市，法国和西班牙文化在此留下很深的烙印。但水也给新奥尔良带来了威胁：当初法国人选择在这里建城时，新奥尔良的地势还较有利，只要在城市周边筑不高的水坝就能防止洪水的侵袭。但新奥尔良以每世纪 1m 的速度在持续下沉。2001 年 10 期的《科学美国人》杂志，发表了"水淹新奥尔良"的文章，提出了这个危险性预判。2005 年 1 月，美国公共电视台的 NOVA 节目中曾涉及新奥尔良可能遭受的洪灾。节目中，新奥尔良市一位紧急情况管理官员用一根约 6.7m 高的标杆，展示了新奥尔良著名的法国区可能会遭到怎样的洪灾。不幸的是，这一重大假设发生了，飓风"卡特里娜"驱动的风暴潮将大量的水注入了庞恰特雷恩湖，造成几段堤坝决口。

（2）"卡特里娜"飓风给中国的警示

总体上看，中国 660 座城市中有 530 座城市有防洪任务，但这些城市防洪标准较低，多数城市防洪标准只有 10～50 年，与大江大河相关的三十多座城市，仅上海、北京、天津、哈尔滨等达到百年一遇，此种状况低于发达国家中等水平。同时中国的 8 万个水库中，病险库仍有 1/3 之多。此种情况如何防御像因"卡特里娜"飓风之类的大洪灾呢？有专家已将上海、深圳、广州、天津等作了灾害模拟，提出一旦"卡特里娜"之灾降临中国上述城市，我们的综合防御能力水准下的防洪减灾体系将被摧毁，城市死亡人数会高于新奥尔良市若干倍以上。以上海为例作现状分析：上海地面沉降作为一种广泛分布的城市地质灾害，其发生发展过程不易察觉，并常被忽视；但长期积累却能诱发或加剧其他城市灾害，给生产与生活带来严重影响。地面沉降的显著特征是与人类活动的紧密关联性，人为影响起着重要作用，而地下水资源的无序开采通常是最主要的诱因。随着城市化进程的加速，地质环境所具有的资源属性在被充分利用与挖掘之后，地质环境的灾害属性也便逐渐显现出来。地面沉降地质灾害具有易发性、缓变性、累进性及不可逆性等特点。同时，又具有与人类经济、工程活动的交互性及对洪涝潮汛等自然灾害的叠加性。地面沉降造成的地面高程永久性损失，加剧洪涝灾害，使自身潜伏性和隐性的灾害特点通过其他显性灾害的成灾风险与致灾频率的加大而体现，故具有催化及增效性。

上海地面沉降洼地的形成与发展，给社会及经济可持续发展带来多方面的影响，主要表现在要自觉增加城市防汛压力，要意识到排涝难度加大，会影响重大工程运营等。

城市防洪减灾既有非工程对策也有工程对策。这里集中介绍常用的工程对策。如针对不同城市的不同情况采取措施，如可利用湖泊、山区堰塘、洼地分洪、导洪或蓄洪，先分后蓄，避免洪峰集中减轻主河道及水库的负担，避免形成大的洪峰。一般情况下，处于河道上游、中游的城市多采用以蓄为主的防洪措施；而处于河道下游的城市，河道坡度较平缓，泥沙淤积，多采用以排为主的防洪措施。山区城市，一方面采取以蓄为主的防洪措施，同时还应根据具体情况在城区外围修建防洪沟，防治山洪。具体讲，依不同城市特点有不同做法：

在平原地区，当大、中河流贯穿城市或达市区一侧通过，市区地面高程低于洪水位时，一般采用修建防洪堤来防止洪水侵入城市，如武汉长江防洪堤即为此例。

当河流贯穿城市且河床较深，但由于洪水的冲刷易造成对河岸的侵蚀并引发塌方，或在沿岸需设置码头时，一般采用挡土墙护岸工程，如上海外滩沿岸，广州长堤路沿岸挡土墙护岸等。

位于山前区域的城市，地面坡度较大，山洪出山的沟口较多，这类城市一般采用排（截）洪沟。而当城市背靠山、面临水时，则采用防洪堤（或挡土墙护岸）和截洪沟的综合防洪措施。

而当城市上游近距离内有大、中型水库，而水库对城市构成潜在威胁时，应视城市范围和重要性来提高水库的安全设计标准，以增大拦洪蓄洪之能力。而对已建成的水库应加高加固大坝，有条件时更应开辟滞洪区。在城区的河段，尤其要修建防洪大堤。

对地处盆地的城市，市区本来低洼，由于现代城市化发展导致的径流系数的变化，暴雨时降雨易汇流，往往因排洪能力差，立交桥下积水等原因造成市区被淹，一般在城区外围修建围堰或防洪堤，在市区内应增大防洪排水标准（如增加排水泵站数量及级别等）。即防暴雨致灾已成为现代化城市的防洪难题。

对于位于沿海城市，如城市地势较低，常受海潮或台风袭击时，除修建海岸堤外，还可修建防洪堤。如果还需作为停泊码头及港口，则更要采用高水平的直立式挡土墙做法。

2. 共性减灾对策

减轻城市气象灾害，要从改变孕灾环境与灾害源、减小承灾体脆弱性、增强减灾能力方面入手。

从孕灾环境的角度，首先要科学规划城市发展，新城新区和重大工程选址要避开气象灾害高发地带。如乌鲁木齐地窝堡机场是浓雾多发区，目前正在考虑另址新建；兰新铁路三十里风区段位于山谷风廊，经常有狂风飞沙走石损坏列车甚至掀翻，正在兴建的新线将从天山以北绕过。加强生态环境建设是改变城市孕灾环境的根本措施，西北干旱区的城市都分布在绿洲，外围必须封沙造林。沿江城市防治洪涝首先要从上游水土保持入手。山区高压输电线塔要尽量避开山坡的迎风面以减轻冻雨危害。

从灾害源的角度，由于大气候难以控制，主要是从生态环境建设与防灾工程入手，如遏制风沙的三北防护林工程，防汛抗旱的水利工程，减轻热岛效应的城市绿化工程等。在有利天气下还可以实施人工影响天气作业，如人工增雨、人工消雹、人工消雾等。

减轻承灾体脆弱性是最主要的减灾措施，如提高建筑材料的隔热性能和改进建筑设计以减轻高温热浪和低温寒潮的危害，大风到来前加固设施以减轻风灾等。

加强减灾能力建设包括改进城市基础设施，提高气象灾害监测、预报水平和预警、响应能力，建立健全应急救援机制，建立救灾物资储备制度，对城市职工和居民进行防御气象灾害的知识与技能的培训等。

3. 北京市突发灾害天气预警与应急服务

突发灾害性气象事件预警是处置突发气象事件、做好应急服务、避免或减少气象灾害及次生灾害对社会及生命财产的威胁和损失的重要机制，已在世界范围许多发达国家和地区得到广泛运用。

2002 年初，北京市气象局开始气象灾害预警工作，至今共经历了起步、试运行和发展三个发展阶段。2002 年初至 2007 年 5 月为起步阶段。在 2001 年年底，北京市一场小雪造成交通大堵塞后，通过考察学习分析反思，境内外气象灾害预警工作的经验和做法，结合北京市实际情况，开始对暴雨、雷电、冰雹、大风等 13 种重大气象灾害制作与发布气象灾害预警信号，区县气象台站只负责转发市气象台的预警信息。2007年6月到2012年7月为试运行阶段。随着《北京市气象灾害预警信号与防御指南》和《北京市气象灾害预警信息制作发布业务暂行规定》等一系列预警信号制作标准和业务规定的出台，规范了预警信息的种类与内容、审批权限、发布流程、传播渠道以及任务分工等，从而进一步提高了气象灾害预警能力和效益。2012年"7·21"特大暴雨之后，北京市委、市政府出台了一系列加强突发事件预警信息发布的规定和办法。市气象部门也全面、系统地规范了气象灾害预警信息制作发布业务，优化和完善了市级气象灾害预警信号一体化制作与发布业务系统，推行了"分区域、分时段、分级别"预警应急服务新模式，很大程度地提高了预警信息发布的时效性和准确性。迄今，北京地区已发布有别于其他省市且有地方特色的暴雨、暴雪、寒潮、大风、沙尘暴、高温、干旱、雷电、冰雹、霜冻、大雾、霾、道路结冰、电线积冰以及持续低温16种气象灾害预警信息。气象灾害预警信息内容包括气象灾害的类别、预警级别、起始时间、可能影响范围、警示事项、应采取的措施和发布机构等。已发布的气象灾害预警信号由名称、图标、标准和防御指南组成，预警信号的级别依据气象灾害可能造成的危害程度、紧急程度和发展态势一般划分为四级：Ⅳ级（一般）、Ⅲ级（较重）、Ⅱ级（严重）、Ⅰ级（特别严重），依次用蓝色、黄色、橙色和红色表示，同时以中英文标示，如表2–5所示。

表2–5　　　　　　　　　　气象灾害预警信息分级表

等级	Ⅳ级	Ⅲ级	Ⅱ级	Ⅰ级
颜色	蓝色	黄色	橙色	红色
严重程度	一般	较重	严重	特别严重
图例	蓝 TYPHOON	黄 RAIN STORM	橙 GALE	红 SNOW STORM

北京地区气象预警的特点

● 预报准确提前，预警及时有效。以2012年11月3日的天气过程为例，当日北京出现暴雪天气，全市平均降水量56.1mm，城区平均62.0mm，最大降水量出现在海淀区凤凰岭，降水量为99.6mm。全市20个国家级气象站均突破了历史同期极值，为1951年有完整气象记录以来历史同期（11月）单日降水量最大值。针对此次降雪过程，市气象台提前5天预报，并开始关注强冷空气对城市供暖、供电和交通的影响，及时向市政府提出提前3日供暖的建议。市应急办、市防汛指挥部等部门根据气象部门的预报预警，决定提前12天供暖，并启动了相应应急预案，及时采取了有效的应对措施。

● 应急联动流畅有效，应急处置切实到位。2011年7月24日下午到夜间，北京遭遇大到暴雨，全市平均降雨量62mm，城区平均降雨量55mm，最大降雨量出现在密云北山下，为243mm。此次降雨是北京当年进入主汛期以来的最强降雨，也是2001年以来夏季（6—8月）出现的最为明显的降水过程。此次降水过程中，全市主要交通道路状态正常，其他道路有24处出现积水，也及时清理完毕。

问题1：预报偏差，预警或"漏"或"迟"或"不足"

预报失误，预警未发。2001年12月7日，北京迎来一次小雪天气，这次天气过程从中午13时开始出现降雪，至22时基本结束，全市平均降雪量仅为1.8mm，是华北地区常见的小雪天气过程。但由于气象部门没有提前预报出此次降雪过程，没有及时向相关部门和公众发布预警信息。降雪发生后地面很快结冰，而各部门没有采取相应的应对措施，导致数十万辆机动车几乎无法行驶，北京城区的交通近乎于瘫痪，下班高峰期间，近百万市民要么被困在汽车中长达数小时，要么在大街小巷里长途跋涉，直到凌晨三四点才回到家中。

预报量偏低，预警不及时。2014年6月10日11—17时，北京出现雷阵雨天气，降水分布不均，当天14时左右中心城区突降暴雨，1h降雨量达到63mm。市气象台对城区的降水预报量级不足，且15时05分才发布暴雨蓝色预警信号。由于预报不准确，预警不及时导致了天安门附近积水严重，对城市交通和公众出行造成了影响和危害。

预报不充分，预警级别不足。2012年7月21日，北京市遭遇历史罕见的特大暴雨，20h内全市平均降雨量170mm，城区平均雨量达215mm，城区最大降雨量达328.0mm；全市最大降雨量达541.0mm。对于此次灾害，市气象部门提前 48h 预报出大到暴雨过程，提前 1h 发布暴雨预警，且首次发布暴雨橙色预警。由于降雨强度大，大暴雨仍给城市运行和人民群众生命财产带来了严重影响与损失。全市共遇难 79 人，直接经济损失 118.35 亿元。

问题 2：预报基本准确，预警效用未发挥

预报成功，预警不全。2014 年 6 月 16 日晚间到 17 日早晨，北京出现雷阵雨天气，并伴有短时强降水、大风和冰雹。市气象台提前预报出此次降水天气，各区县气象局和市气象台也先后发布雷电和暴雨预警信号。虽然预报出冰雹的可能性，但没有发布冰雹预警。2014 年 6 月 16 日夜间到 17 日凌晨，平谷区大华山镇和山东庄镇、怀柔区桥梓镇和喇叭沟门满族乡遭遇大雨、冰雹等天气灾害。

预报分辨率较低，预警精细度不够。2013 年 6 月 24 日傍晚到夜间，北京出现雷阵雨天气，其中东南部地区雨量较大，最大降雨出现在大兴长子营，1h 降水量为 83.7mm，达到大暴雨的量级，造成较大的经济损失。针对此次过程，北京市气象台于 19 时 15 分针对房山、门头沟、顺义、平谷、怀柔南部、密云南部、延庆南部、海淀、朝阳北部发布暴雨蓝色预警信号。

问题 3：预警信息传输慢，手段落后且存在盲区

对"7·21"特大暴雨过程的进一步调研还发现，在预报员制作出预警信息后，由于信息出口较多，且都是通过传真、电话、短信等手段向外发布，发布途径分散，传输慢，时效性差，这些也是导致预警信息迟发，相关部门响应不及时的原因。

问题 4：应急响应不到位，应急管理力度不足

2011 年 6 月 23 日下午到夜间，北京出现大到暴雨天气，城区平均降雨量 73mm，局部地区出现 100mm 以上大暴雨，最大降雨量出现在石景山区模式口，达 214.9mm。此次暴雨造成全市多条环路及主干道积水拥堵，29 处桥区或重点道路出现积滞水，22 处交通中断，3 条地铁线路出现险情，城区西部多个地区出现了严重积水，导致断路，大量车辆聚集。强降雨还导致机场飞机延误，百余架次进出港航班被取消，数千名旅客滞留机场。

问题 5：对高风险区关注度不够、公众认知水平不高

"7·21"特大暴雨给人民的生活和城市安全运行造成了极大的危害。房

山区由于特殊的地形，是地质灾害的高发区。此次强降水的天气形势由于受地形的影响，在房山区降水量大，持续时间长，致使多处山体发生滑坡和泥石流险情，造成公路、堤坝损毁，农作物受损，房屋倒塌，通信中断。但灾害发生过程中，有关部门和媒体的注意力集中在城区的道路、桥区被淹等方面，而对灾害风险更高的房山区关注不够。同时，"7·21"特大暴雨中，发生了多起由于公众对降水形势、影响程度、预警信息含义及防御措施的不了解、不关注，过分自信而导致救援工作不及时的伤亡教训十分深刻。

第四节　城市洪涝与干旱

一、城市干旱缺水

1. 干旱的危害

《中华人民共和国抗旱条例》规定，干旱灾害是指由于降水减少、水工程供水不足引起的用水短缺，并对生活、生产和生态造成危害的事件。干旱是典型的累积性灾害，虽然洪涝之后不可能立即发生干旱，但久旱之后一场大暴雨就有可能导致旱涝急转。

我国是旱灾严重的国家，自公元前 206 年到 1949 年的 2155 年间，发生较大旱灾 1056 次。1490—1990 年间，黄淮海地区大旱以上的干旱重现率很高，其中黄河流域为 26.9%，淮河流域为 33.6%，海河流域为 30.3%。近 50 年来，华北、东北和黄土高原地区的降水量有持续递减的趋势，气候变化加上社会经济发展对水资源的需求量增大，使得我国北方的干旱缺水形势日益严峻。南方的季节性干旱也有加重的趋势。

北方城市在长期干旱缺水的情况下往往持续超采地下水，可导致地下水漏斗的形成和地面沉降，地表河流的径流枯竭，植被退化等生态后果。干旱往往导致南方城市水力发电减少和江河航运受阻。高温天气由于工业冷却用水和居民生活用水骤增，干旱缺水更加严重，许多城市不得不采取限水和分时停水措施。

由于干旱城市水体不能及时更新，还加重了水体污染和水质恶化。用水量迅速增长是我国城市干旱缺水日趋严重的重要原因。据统计，现有 660 个城市中有四百多个缺水，其中严重缺水有 114 个，包括几乎所有的省会城市和沿海发达城市。北京和天津的人均水资源量不足 100m³。水资源紧缺已经成为许多地区城市扩展和经济发展的瓶颈。南方缺水城市也不少，其中有些是季节性干旱所致，有些则是水体污染所造成的水质型缺水，本质上不属气象或水文意义上的干旱。

2. 干旱的类型

干旱可以从不同角度划分为不同的类型。根据干旱发生的原因可分为气象干旱、水文干旱、资源性干旱、工程性干旱等。气象干旱指某一时段由于蒸发量和降水量的收支不平衡，水分支出大于水分收入而造成的水分短缺现象，以一段时期的累计降水量与当地同期多年平均值的负距平为主要指标。水文干旱指河道径流量、水库蓄水量和地下水等可利用水资源的数量与常年相比明显短缺的现象，以一段时期江河径流量、水体蓄水量和地下水可利用量与当地同期多年平均值的差值为主要指标。资源性干旱指由于区域人均水资源短缺所导致的持续性缺水。工程性干旱指并非由于当地水资源数量不足，而是由于缺乏引水、提水设施导致可利用水量的不足。

3. 城市抗旱对策

（1）抗旱减灾气象服务

我国气象部门从 1958 年起就开始发布长期气候预报并逐步开展干旱监测、预报、预警和卫星遥感监测。气象部门还积极参与地方政府的抗旱救灾调查，做好灾情预测和评估。人工增雨是抗旱减灾的主动性措施，即在有形成降雨条件的云层中播撒催化剂以促进降雨，目前多数省（区、市）都已开展人工增雨作业。

（2）政府相关部门的防御对策

各级政府应组织专家编制城市抗旱应急预案，规定不同等级干旱情景下的应急水源调度、用水分配方案、限产停产措施和应急供水标准等。城市抗旱工作的社会性强，涉及面广，需要各级政府统一领导和组织协调，充分发挥各部门的作用，实行统一管理、统一调度，才能最大限度实现减轻城市干旱灾害损失的目标。要充分利用天然雨水资源和非传统水资源。开发利用雨洪资源以补充地下水，大力发展雨水拦截和蓄存工程，修建地下水库和大型蓄水池，利用城市中的高层建筑物建造屋顶纳雨池。开发污水处理回用、疏干水和微咸水等非传统性水资源。各大城市除现有饮用水源外都应建设后备应急水源。有条件的地区可实施跨流域调水工程。

（3）大力推进城市节水工作

城市发展和各业生产规模要量水而行，根据水资源的变化调整产业布局、结构和规模，坚持以水定规模、定发展。缺水城市要限期关停并转耗水量大的企业，严格限制高耗水工业项目建设和粗放型用水。推广节水型用水器具，淘汰不达标用水器具。居民住宅区实施中水回用，减少工业及居民生活污水排放量，全面提高水资源利用率。加快城市供水管网技术改造，降低漏失率。严格控制干旱缺水城市的景观用水量，北京市的城市水体更新和绿地灌溉基本上全部使用中水。建设节水型绿地灌溉系统，尽量栽植耐旱树种与草种。

二、洪涝

1. 洪涝的成因与类型

洪涝泛指水分过多造成的灾害。其中洪灾是指大量降水或积雪融化导致的山洪暴发或河流水位猛涨造成的决口和泛滥，为突发型灾害。涝害是指大雨、暴雨或持续降雨使低洼地区积水的现象。高寒地区如冬季积雪过多，早春迅速融化可形成地面严重积水，在东北称为春涝。涝害与湿害均属累积型灾害。由于洪灾与涝害总是伴随发生，往往合称洪涝灾害。北方由南向北的河流在早春常常因上游解冻流冰堆积形成冰坝而抬高水位，一旦漫溢或决堤形成凌汛，是一种特殊的洪灾，通常伴随洪涝而发生。

洪涝影响因素包括天气形势、地形、土壤质地和结构、技术及社会因素。发生洪涝的天气系统主要有台风、气旋、锋面、切变线等。山脉的迎风坡降水偏多，常发生暴雨；低洼地带排水不畅易形成涝害，江河沿岸易受洪峰冲击，山谷出口易受山洪袭击。黏土地由于水分难以下渗，涝害要重于沙土地。森林具有很强的水分拦蓄与调节功能，滥伐森林是许多地区洪涝灾害加重的主要原因。水库可以拦蓄径流，减轻洪涝。但如修建质量不高或调控不当，一旦溃决后果更加严重。

城市洪涝的影响因素与乡村有很大差异。城市下垫面多是不透水的沥青和水泥，雨后径流系数要比土壤增大数倍，加上立交桥、低槽路和高层建筑等立体地物的作用，一场暴雨过后短时间内就可形成局部地区的内涝，使得城市洪涝具有来势凶猛和迅速消退的特点。大城市形成的城市气候效应使对流增强，加上城市气团具有更多凝结核，经常发生比郊外更强的局地暴雨。

2. 洪涝的减灾对策

城市洪涝灾害的发生一般源于巨大的自然力，不以人们的意志为转移，但通过提高人们的防灾意识，采取相应的减灾措施，是可以减轻灾害损失的。选用防洪措施的优先次序依次是：保护生命安全、保护住宅和私人财产、保护商业和公共财产安全。

（1）防汛减灾气象水文技术服务

加强洪涝灾害的气象和水文监测，采用多种探测手段并对多种资料进行综合分析，对城市及相关区域暴雨、洪水的发生发展做出准确的预测，对海面潮位，江河、水库以及城市沟渠的水情进行自动测报，为做出正确防汛调度提供准确的科学依据。通过各种媒体把暴雨天气及洪涝灾害信息迅速公布于众。

（2）政府相关部门的防御对策

在编制城市建设总体规划的过程中要高度重视城市防洪，重要设施应避免建在低洼易涝区。组织指导企事业单位和基层社区编制暴雨洪涝灾害的应急预案，健全应急响应机制，统筹应急资源，明确救援行动方案与保障措施。

（3）城市敏感部位的防御对策

不同类型城市的洪涝灾害特点和敏感脆弱部位有很大不同。山区城市易受山洪及其次生地质灾害的威胁，沿江城市易受河流洪峰的威胁，沿海城市易受海潮袭击，内陆城市易受局地暴雨袭击。

1）地下设施。发达地区一些大城市修建了大量地下设施，地下活动城市人口日益增加。地下设施防御洪涝应采取以下措施：

入口应高于地面并设有挡水；

安装有效监视装置，能自动显示预警，标示洪水侵入地段与安全地段；

设置防水闸门、防渗排漏和通气设备，预留安全通道并确保紧急撤离时的畅通。地下建筑应有多条通道与地上相连。

2）确保交通安全

加强水灾期间的交通疏导和管制。陕西安康市在 1983 年 8 月洪水即将侵入城内时，由于交通阻塞秩序混乱，未能及时撤出居民，造成愈 800 人死亡。因此，要事先设计疏导路线与方案，并设立永久性路标，受到暴雨洪水威胁时要有专人疏导和维持交通秩序。

修建立交桥和深槽路要确保路面高于排水渠道。地势低的要专门配备特大容量水罐车，一旦积水可用大马力水泵迅速抽掉积水运走。

3）城市生命线系统安全保障

重点加固和防护城市电、气、水、通信和化工管网，防止被洪水冲击发生断裂或裸露。已停产或停止使用的线路应及时关闭，防止泄漏和损坏。尤其要防止电网被淹后的电击事故。

（4）城市防洪工程

北方缺水城市在防洪的同时要兼顾蓄水，尽可能保留天然湖泊或建设一批人工湖以增加城市对雨水的调蓄能力。运动场、花坛、草地等安排在较低处并修建一批地下蓄水池和地下河等，可减轻排水管网的负担。增加城市绿地和透水地面既减轻了城市涝灾，又可补给地下水。

第五节　海绵城市设计的理论与案例

距今四千多年前的黄河岸边，一个几十人的村落在一夜之间被掩埋在泥石流中，而就在那被掩埋的一刻，一位蜷缩于墙角的妇女怀中抱着幼子，仰天呼号，祈求神的降临——这就是考古学家告诉我们的喇家遗址的故事。4000 年过去了，我们的聚落更安全了吗？2015 年 12 月，深圳光明新区的一场滑坡，掩埋了近百居民！这是为什么？是我们的房子不够坚固？是我们的救援机器不够强悍？都不是！原因在于城市管理者对代表自然力的神灵缺乏敬畏！不懂得与自然和谐相处！

关于海绵城市的研究始于长期以来关于国土水安全和城市洪涝问题解决方法的一个巨大疑问：我们国家每年投入数以千亿计的资金进行"严防死守"式的防洪工程和水利工程以及城市中的水系硬化和渠化工程，到底为了什么？更大的防洪堤坝、更大的水泥排水管道、更光洁的河道侧壁使我们的城市和人的生命更安全了吗？事实恰恰相反：我们的灰色水利防洪和城市防涝工程使我们的城市更加脆弱、生命更受到威胁。而且，不仅仅如此，我们的整体生态系统也因此变得更加糟糕！

中国是个缺水国家，每年却把大量的雨水当作灾害因素排入大海，与此同时，却进行大规模的跨流域调水，将局地性的生态和水环境问题，转嫁给其他流域和地区，从而导致全面的水危机。当今中国正同时面临着洪涝灾害、水资源短缺、水质污染、水生物栖息地丧失等多种水问题。这些水问题综合症是系统的、综合的问题，我们亟需一个更为综合全面的解决方案。"海绵城市"理论与实践应运而生。海绵城市有别于传统的、以单一目标为导向的工程性的"灰色"基础设施，"海绵城市"以综合生态系统服务为导向、通过建立多尺度的生态基础设施、用生态学的原理、运用景观设计学的途径，通过"渗、蓄、净、用、排"等关键技术，来实现以缓解城市内涝和雨洪管理为主的，同时包括生态防洪、水质净化、地下水补给、棕地修复、生物栖息地恢复、公园绿地建设及城市微气候调节等综合目标。它是适应于中国独特的地理气候特征提出来的，以中国悠久的水适应文化遗产为基础，并融合了当代国际先进雨洪管理技术而形成的理论和技术系统；一个从国土和区域，到城区和场地的多尺度的"国土海绵系统"是美丽中国建设的关键和抓手，是生态文明建设的具体落脚点，也是未来城市可持续发展和具有综合效益的投资需求。

一、"海绵城市"理论提出的背景

"海绵城市"理论的提出正是立足于我国的水情特征和水问题。

1. 我国地理位置与季风气候决定了我国多水患，暴雨、洪涝、干旱等灾害同时并存。我国降水受东南季风和西南季风控制，年际变化大，年内季节分布不均，主要集中在6—9月，占到全年的60%～80%，北方甚至占到90%以上，同时，我国气候变化的不确定性带来了暴雨洪水频发、洪峰洪量加大等风险，导致每年夏季成为内涝多发时期。由于汛期洪水峰高量大，绝大部分未得到利用和下渗，导致河流断流与洪水泛滥交替出现，且风险愈来愈极端。

2. 快速城镇化过程伴随着水资源的过度开发和水质严重污染。我国对水资源的开发空前过度，特别是北方地区，黄河、塔里木河、黑河等河流下游出现断流局面，湿地和湖泊大面积消失。地下水严重超采的问题也日益加剧，全国地下水超采区面积已达到 19 万 km²，北方许多地下水降落漏斗区已面临地下水资源枯竭的严重危机。同时，我国的地表水水质污染状况不容乐观。

3. 不科学的工程性措施导致水系统功能整体退化。城市化和各项灰色基础设施建设导致植被破坏、水土流失、不透水面增加，河湖水体破碎化，地表水与地下水连通中断，极大改变了径流汇流等水文条件，总体趋势呈现汇流加速、洪峰值高。直至今日，我们依然热衷于通过单一目标的工程措施，构建"灰色"的基础设施来解决复杂、系统的水问题，结果却使问题日益严重，进入一个恶性循环。狭隘的、简单的工程思维，也体现在（或起源于）政府的小决策和部门分割、地区分割、功能分割的水资源管理方式。水本是地球上最不应该被分割的系统，可是我们目前的工程与管理体制中，却把水系统分解得支离破碎：水和土分离；水和生物分离；水和城市分离；排水和给水分离；防洪和抗旱分离。这些都是简单的工程思维和管理上的"小决策，"直接带来了上述综合性水问题的爆发。

二、"海绵"的哲学

以"海绵"来比喻一个富有弹性，具有自然积存、自然渗透、自然净化为特征的生态城市，其中包含深刻的哲理：强调将有化为无，将大化为小，将排他化为包容，将集中化为分散，将快化为慢，将刚硬化为柔和。诚如老子所言："道恒无为，而无不为"，这正是"海绵"哲学的精髓。这种"海绵"哲学包括以下五个方面：

（1）完全的生态系统价值观，而非功利主义的价值观。人们对待雨水的态度实际上是非常功利、非常自私的。砖瓦场的窑工，天天祈祷明天是个大晴天；而久旱之后的农人，则天天到龙王庙里烧香，祈求天降甘霖，城里人却又把农夫的甘霖当祸害。同类之间尚且如此，对诸如青蛙之类的其他物种，就更无关怀和体谅可言了。"海绵"的哲学是包容，对这种以人类个体利益为中心的雨水价值观提出了挑战，它宣告：天赐雨水都是有其价值的，不仅对某个人或某个物种有价值，对整个生态系统而言都具有天然的价值。人作为这个系统的有机组成部分，是整个生态系统的必然产物和天然的受惠者。所以，每一滴雨水都有它的含义和价值，"海绵"珍惜并试图留下每一滴雨水。

（2）就地解决水问题，而非将其转嫁给异地。把灾害转嫁给异地，是几乎一切现代水利工程的起点和终点，诸如防洪大堤和异地调水，都是把洪水排到下游或对岸，或把干旱和水短缺的祸害转嫁给无辜的弱势地区和群体。"海绵"的哲学是就地调节旱涝，而非转嫁异地。中国古代的生存智慧是将水作为财富，就地蓄留——无论是来自屋顶的雨水，还是来自山坡的径流。因此，有了农家天井中的蓄水缸和遍布中国广大土地的陂塘系统。这种"海绵"景观既是古代先民适应旱涝的智慧，更是地缘社会及邻里关系和谐共生的体现，是几千年来以生命为代价换来的经验和智慧在大地上的烙印。

（3）分散式的，而非集中式的。中国常规的水利工程往往是集国家或集体意志办大事的体现。在某些情况下这是有必要的。但集中式大工程，如大坝蓄水、跨流域调水、大江大河的防洪大堤、城市的集中排涝管道等，失败的案例多而又多。从当代的生态价值观来看，与自然过程相对抗的集中式工程并不明智，也往往不可持续。而民间的分散式或民主式的水利工程往往具有更好的可持续性。古老的民间微型水利工程，如陂塘和水堰，至今仍充满活力，受到乡民的悉心呵护。"海绵"的哲学是分散，由千万个细小的单元细胞构成一个完整的功能体，将外部力量分解吸纳，消化为无，构筑了能满足人类生存与发展所需的伟大的国土生态海绵系统。

（4）弹性应对，而非刚性对抗。当代工程治水忘掉了中国古典哲学的精髓——以柔克刚，却崇尚起"严防死守"的对抗哲学。中国大地已经几乎没有一条河流不被刚性的防洪堤坝所捆绑，原本蜿蜒柔和的水流形态，而今都变成刚硬直泄的排水渠。千百年来的防洪抗洪经验告诉我们，当人类用貌似坚不可摧的防线顽固抵御洪水之时，洪水的破堤反击便不远矣——那时的洪水便成为可摧毁一切的猛兽，势不可当。"海绵"的哲学是弹性，化对抗为和谐共生。如果我们崇尚"智者乐水"的哲学，那么，理水的最高智慧便是以柔克刚。

三、"海绵城市"规划建设的内涵

解决城乡水问题，必须把研究对象从水体本身扩展到水生态系统，通过生态途径，对水生态系统结构和功能进行调理，增强生态系统的整体服务功能：供给服务、调节服务、生命承载服务和文化精神服务，这四类生态系统服务构成水系统的一个完整的功能体系。因此，从生态系统服务出发，通过跨尺度构建水生态基础设施，并结合多类具体技术建设水生态基础设施，是"海绵城市"的核心。

1. "海绵"是以景观为载体的生态基础设施

完整的土地生命系统自身具备复杂而丰富的生态系统服务，每一寸土地都具备一定的雨洪调蓄、水源涵养，雨污净化等功能，这也是"海绵城市"构建的基础。对这些生态服务具有关键作用的土地及空间关系，构成一个水生态基础设施，即"海绵体"。有别于传统的工程性的、缺乏弹性的灰色基础设施，生态基础设施是一个生命的系统，它不是为单一功能目标而设计，而是综合的、系统地、可持续地来解决水问题，包括雨涝调蓄、水源保护和涵养、地下水回补、雨污净化、栖息地修复、土壤净化等。所以，"海绵"不是一个虚的概念，它对应着的是实实在在的景观格局；构建"海绵城市"即是建立相应的水生态基础设施，这也是最为高效和集约的途径。

2. "海绵城市"需要建立多尺度生态安全格局和生态设施来实现

"海绵城市"的构建需要在不同尺度上进行，与现行的不同尺度的国土和区域规划及城市规划体系相衔接，具体讲有以下几方面：

宏观的国土与区域海绵系统："海绵城市"的构建在这一尺度上重点是研究水系统在区域或流域中的空间格局，即进行水生态安全格局分析，并将水生态安全格局落实在土地利用总体规划和城市总体规划中，成为国土和区域的生态基础设施。

中观的城镇海绵系统：主要指城区、乡镇、村域尺度，或者城市新区和功能区块。重点研究如何有效利用规划区域内的河道、坑塘，并结合集水区、汇水节点分布，合理规划并形成实体的"城镇海绵系统"，最终落实到土地利用控制性规划甚至是城市设计，综合性解决规划区域内滨水栖息地恢复、水量平衡、雨污净化、文化游憩空间的规划设计和建设。

微观场地的"海绵体":"海绵城市"最后必须要落实到具体的"海绵体",包括公园、小区等区域和局域集水单元的建设,在这一尺度对应的则是一系列的水生态基础设施建设技术的集成,包括:保护自然的最小干预技术、与洪水为友的生态防洪技术、加强型人工湿地净化技术、城市雨洪管理绿色海绵技术、生态系统服务仿生修复技术等,这些技术重点研究如何通过具体的景观设计方法让水系统的生态功能发挥出来。

3."海绵城市"是古今中外多种技术的集成

可纳入到"海绵城市"体系下的技术应该包括以下三类:

第一,让自然做工的生态设计技术。自然生态系统生生不息,为维持人类生存和满足其需要提供各种条件和过程,生态设计就是要让自然做工,强调人与自然过程的共生和合作关系,从更深层的意义上说,生态设计是一种最大限度的借助于自然力的最少设计。

第二,古代水适应技术遗产。先民在长期的水资源管理及与旱涝灾害适应的过程中,积累了大量具有朴素生态价值的经验和智慧,增强了人类适应水环境的能力。在城市和区域尺度,古代城乡聚落适应水环境方面的已有研究散见于聚落地理方面的研究。同时,古代人民还创造了丰富的水利技术,例如我国有着 2500 年的陂塘系统,它同时提供水文调节、生态净化、水土保持、生物多样性保护、生产等多种生态系统服务。

第三,当代西方雨洪管理的先进技术。关于雨洪管理技术,包括 LID 技术、水敏感城市设计等,相关研究成为近年来城市水问题研究的热点,技术也比较成熟。如,在城市的低影响开发技术(LID)中,包括透水铺装、绿色屋顶、下凹式绿地、雨水收集灌、生物滞留设施、渗透池、渗井、湿塘、雨水湿地、蓄水池、调节塘、调节池、生态沟渗管和渗渠、植被缓冲带、初期雨水弃流设施,人工土壤渗滤等(见《海绵城市建设技术指南》,2015)。必须强调的是,这些技术不宜机械地搬用、更不宜盲目地套用,也没有必要斤斤计较地用各种复杂的数学公式来计算,使简单问题复杂化;更应该避免将绿色工程"灰色"化。

四、海绵城市设计实践及案例

在规划层面上，其关键技术在与确定海绵系统（即水生态安全格局及水生态基础设施）的边界，以作为城市总体规划、控制规划及修建性规划的前提和依据，即所谓"以水定城。"

1. 应用区域海绵系统界定城市生态边界：北京案例

在过去 30 年中，伴随人口的增长，北京城区面积已经拓展了 700%。蔓延式、摊大饼式的城市扩展使得城市没有为生物和水预留科学合理的空间，弹性的生态网络缺失。本案例从北京市水系的空间格局与水生态系统服务的关系入手，通过水文过程分析和模拟，判别和保护具有较高生态系统服务的用地，提出水源保护区、地下水补给区等地区的生态管控导则，并恢复城市水系自然形态、建立河流生物廊道系统，从而构建起北京市综合水生态基础设施：包括城市的地表及地下水源保护以及潜在的淹没区和蓄滞区。综合水生态基础设施将生态系统的各种服务功能，包括旱涝调节、水源保护、生物多样性保护、休憩与审美启智，以及遗产保护等整合在一个完整的景观格局中，并最终通过与相应尺度的城市总体规划（或土地利用总体规划）相结合落实在土地上，构成禁止建设区和限制建设区的核心网络，成为引导城市空间有序扩展的刚性骨架。

北京市水生态安全格局分为三个安全水平：底线安全格局、满意安全格局和理想安全格局。如果按照最理想化的安全格局来构建水生态基础设施，那么北京市洪涝灾害频率将大大降低，同时城市人口容量也将大大提高，人与水的用地之争可以轻松化解，因为水生态基础设施能完全消纳区域雨洪水，并有效回补地下水资源。2007 年完成的北京水生态基础设施规划研究，不幸在 2012 年得到了验证。北京"7·21"特大暴雨造成了 79 人死亡，而死亡事故的发生地点，正好与七年前做的雨洪安全格局吻合。

2. 基于海绵系统的城市设计：五里界案例

五里界生态城位于武汉东部，距离城市中心约 30km，占地面积为 10km^2。新城西面是武汉光谷高科技开发区，新城居民将达到 10 万人，其中 10% 是当地居民，90% 将是在光谷和辞呈工作的外来移民，五里界将会成为无数个中国快速城镇化过程中拔地而起的新城中的一个。千百年来，农民开垦土地，靠天吃饭，在大地上修建了无数陂塘，形成了一个与旱涝条件相适应的陂塘系统，五里界拥有着这份珍贵的水文化遗产。但是城镇化过程中，它们被传统的"三通一平"式建设方式填平、消失，替代的是排洪管道和泵站，一套灰色的基础设施取代了世代农民智慧的结晶。中国属于大陆性季风气候，一天的强降雨可以达到年内降雨的30%，需要多粗的管道才能瞬时排掉这么多的雨水呢？依靠管道来解决城市排涝是不经济，也是不可持续的。如果把场地原有的陂塘系统联通、保留，然后与公园绿地系统相结合，用陂塘的淹没范围确定公园以及绿地系统；与城市的步行道和自行车道相结合，发挥水的综合生态服务功能，构成城市的生态基础设施，决定城市的空间格局，建成一个没有集中排水管道的城市，可以省下数以亿计的管网投资。最终的城市规划格局中，城市本身是高密度的，但是拥有足够的空间可以滞留雨水，过滤净化后，完全可以作为水资源再利用，滋润土地。地表水亦可有生产功能，种植荷花、菱角、慈姑、荸荠等水生植物，再构建鱼类等高一营养级体系。

3. 通过城市海绵系统构建完善现有城市规划格局：广州天河智慧城

天河智慧城位于天河区北部，总体规划范围约 $63km^2$。智慧城核心区（即东南片总面积约为 $20km^2$。在核心区范围内，成果达到控制性详细规划的深度。天河智慧城案例涵盖了从总体规划、修建性详细规划到景观设计三个阶段城市绿色海绵系统的构建。运用景观安全格局理论和 GIS 技术，建立以水生态安全格局为核心的生态基础设施。

首先，根据自然水文和地形状况，建立理想的水安全格局。根据暴雨淹没深度确定车陂涌流域内的洪水淹没风险。沿着河道将其划分成不同的河段。根据一维洪水演进法和各个断面的流量水位关系分析各断面十年一遇、五十年一遇和百年一遇暴雨下的洪峰流量和水位，进行洪水淹没的模拟分析，确定淹没范围，划分洪水安全格局的低安全、中安全和高安全区域。通过调整现有城市格局和土地利用，构建保障生态服务功能的海绵系统；利用自然河流廊道和湿地等天然"海绵"，从源头逐级蓄滞雨洪。

其次，将理想水安全格局与现实的土地利用规划和建成状况进行空间博弈和协调。理想水安全格局用地与现状用地进行博弈的目的是利用尽可能少的水安全格局用地来达到保障区域水安全的目标。利用水系,沿河形成绿道,避让密集建成区,串联具有滞洪调蓄功能的农田和湿地,不增加绿地或其他城市建设用地指标。在此基础上形成海绵系统的基本框架。

最后,通过法定控规手段,落实城市海绵系统。上述绿色海绵系统的规划在中国的城市化体系中,没有任何法定地位,所以,必须结合中国当前规划法规体系实际,把城市海绵系统落实到控制性详细规划的刚性控制体系中,划定蓝绿线引导地块内海绵调蓄系统的实施,作为规划管理的依据;在此基础上,分期、分地块,通过景观设计,结合城市绿地及慢行系统建设,实施绿色海绵体。

4. 城市海绵系统规划:俄罗斯卡班湖群滨湖规划

喀山市是俄罗斯联邦境内鞑靼斯坦自治共和国的首府,卡班湖群是喀山市城市内部的核心水体之一。从苏维埃政权大力发展重工业时起,喀山市的城市扩张速率激增,工业需求与人口增长同时向卡班湖群索取多重自然资源,以致几十年来滨湖区域的生态系统不堪重负,几近崩溃。在多项生态系统问题与城市发展挑战之间,以水为核心的城市水系问题尤为明显,包括洪涝防治与水质恶化等,并牵制着其他城市与生态发展的潜力。

本案例通过多重尺度的综合策略协同探讨对上述问题的解决方案。在宏观上,利用综合生态安全格局分析确定该地区在城市中的生态与文化职责;在中观上,以水安全格局为核心,并综合考虑生物与文化游憩安全格局,制定了合理的综合生态网络;在微观的景观设计尺度上则通过对不同城市功能片区相应海绵城市设施系统的模式规划与设计,分类别、分区域地解决城市水问题。最终,本规划将综合的滨湖海绵城市廊道抽象化为建立一条"弹性飘带"的过程,即沿着卡班湖群岸线营造一套连绵的景观网络系统,以确保该地区城市与自然、历史与未来的协同可持续发展。

5. 生态海绵系统带动城市活力:美国明尼阿波利斯滨河带更新规划

在由明尼阿波利斯市公园与游憩委员会和公园基金会发起的设计竞赛中,土人设计和另外6个公司组成的团队为5.5英里的密西西比河沿岸滨水区再开发设计了该方案。该团队提议把景观作为生态基础设施和一种综合的工具来应对生态、社会、经济和文化的挑战，为目前被忽视的场地勾画出了21世纪新型景观和城市机理的蓝图（经未来数十年才能完成）。

自从明尼阿波利斯市建立以来，密西西比河就是它发展的动力。这个城市和它的滨水地区有非常丰厚的工业底蕴，从木材厂开始到后来的面粉厂。尽管该市的下游滨水区的发展取得巨大的成功，但上游滨水区却还有待再开发和设计。该地区所面临的挑战包括其工业基础逐渐衰退、原有大尺度基础设施将河流和周围的社区割裂开来等。设计面对生态修复、社会公平、激活经济和文化认同四个方面的挑战。

设计团队提出了三个应对挑战的策略。1）建立生态基础设施：一个生态海绵系统，来进行雨洪管理、水质净化、生物栖息地的生态修复，并在此基础上建立一个绿色的交通网络和游憩。2）使城市生活回归河流：随着生态基础设施的发展，将城市生活在河流等自然资源周围重新定位，将这些资源与学校和房屋、工作和研究、艺术和商业集中在一起。所有这些都会提高经济稳定性、促进社会公平和加强文化认同。3）在发展中调整蓝图：该市管理者已经认识到，城市土地用途和建筑会随着城市的发展而改变，但基本的景观元素却会持续不变地提供生态服务。我们的规划和设计方案基于以上要点对未来五十年理想的城市发展进行了探索。

正如依然传唱在三角洲地区的歌谣一般，密西西比河水滚滚向前。对于河流而言，我们的干预措施"从当地居民焚烧的草原，到泄洪道和水闸的建设"都只是暂时的修补。河流按其原有方式川流不息，涝则水涨，旱则水落。河流本身的适应力强，可自我恢复。经历了自我修复过程，密西西比河已从一条恶臭的水沟变成了海狸、狐狸、水獭、鲟鱼及贻贝的栖息地，再次融入城市之中！

五、城市海绵工程关键技术

在海绵体的具体工程实施上，通过一系列的工程技术来实现。在这里笔者通过案例来强调说明三个关键技术：源头消纳滞蓄，化有为无；过程减速消能，化刚为柔；末端弹性适应，以柔克刚。

1. 源头消纳滞蓄，化有为无

海绵的哲学也是中国古代的生存智慧，它将水作为财，就地蓄留、就地消化旱涝问题，遍布中国广袤土地上的陂塘系统，三角洲的三基鱼塘系统都是典型的大地海绵系统。这种"海绵"景观既是古代先民适应旱涝的智慧，更是地缘社会和邻里关系的和谐共生关系的体现，是几千年以生命为代价换来的经验和智慧在大地上的烙印。

哈尔滨群力雨洪公园案例

哈尔滨群力雨洪公园（哈尔滨群力国家湿地公园）吸取了中国农业文明中的基塘技术，用简单的填挖土方工程，营造了一处城市中心的绿色海绵体，用 10% 的城市用地，来解决城市的雨涝问题。该公园占地 34hm²，位于哈尔滨群力新区，新区占地 27km²，本地处于低洼平原地带，而当地的年降雨量近 600mm，集中在夏季，所以雨涝是一大问题。设计的核心策略是借鉴三角洲地带悠久的传统农业中的基塘技术：即，通过简单的挖方和填方，来解决低洼地的积水问题，形成了洼地与高岗地相结合的"海绵"系统。高地种植旱生果木，而洼地养鱼和种植湿生植被，从而形成丰产的三角洲农业景观。这一技术在群力雨洪公园中经过提炼，得到了应用。设计者沿场地通过挖填方的平衡技术，创造出一系列深浅不一的水坑和高低不一的土丘，成为一条蓝—绿相间的"海绵"带，收集城市雨水，使其经过滤、沉淀和净化后进入核心区的低洼湿地。水泡中为乡土水生和湿生植物群落，山丘上密植具有东北特色的白桦林，再通过高架栈桥连接山丘。在此整体格局基础上，建立步道网络，穿越于丘陵和泡状湿地之间。水泡中设临水平台，丘陵上有观光亭塔之类。创造丰富多样的体验空间。建成后的雨洪公园，不但为防止城市涝灾作出了贡献，同时为新区居民提供优美的游憩场所和多种生态体验。该吸收雨洪的城市绿色海绵体目前已被列为国家城市湿地，成为一个国际海绵城市的典范。

2. 过程减速消能，化刚为柔

将洪水、雨水快速排掉，是当代排洪排涝工程的基本哲学。这种以"快"为标准的水利工程罔顾水过程的系统性和水作为生态系统的主导因子的价值。结果，使洪水被聚集和加速，其破坏力被强化、上游的灾害被转嫁给了下游；硬化工程导致水与生物分离、将水与土地分离、地表水与地下水分离、水与人和城市分离；使地下水得不到补充、土地得不到滋润、生物的栖息地消失。海绵的哲学是将水流慢下来，让它变得心平气和而不再狂野可怖，让它有机会下渗和滋育生命万物，让它有时间净化自身，更让它有机会服务人类。

六盘水案例

六盘水市是中国的一个"三线"城市，有近60万的人口，集中分布在石灰岩谷地，水城河穿城而过，但已在20世纪80年代被渠化和硬化，完全失去自我调节能力；季节性的雨洪和干旱问题并存；水体污染严重，上游的栖息地消失和被毒化；与此同时，城市缺乏公共空间，步行和自行车系统缺乏。作为改善环境的重要举措之一，市政府委托景观设计师制订一个整体方案，建立一个完整的水生态基础设施，以应对城市所面临的多项挑战，包括：污染水体的净化，洪水和雨涝的管理，母亲河的修复，公共空间的创建以及周边土地的开发。关键策略是减缓来自山坡的水流，通过雨洪资源，构建一个以水过程为核心的生态基础设施，使水与土地、生物和城市及人有充分的接触机会，以重建生态健康的土地生命系统，为城市和居民提供综合的生态系统服务，包括改善雨水水质，恢复原生栖息地，提供游憩机会，最后促进整个城市的发展。

这个生态基础设施的首期示范工程是位于水城河上游的明湖湿地，其占地 $90hm^2$，原址为大量废弃的鱼池、被垃圾淤塞的湿地及管理不善的山坡地。项目设计的第一步，核心策略是让水流慢下来，工程的具体策略包括：

（1）拆除混凝土河堤：恢复滨河及河道内的植被，沿河建造曝气低堰，让河水慢下来，并增加水体含氧量，为各种挺水、浮水和沉水植物提供生境，促进富营养化的水体被生物所吸收。

（2）建立梯田式湿地：向山区农民学习，通过简单的填挖方，建立梯田，减缓山坡下来的地表径流，削减洪峰，调节季节性雨水。它们的方位、形式、深度都依据地质、地形因素和水流分析而设定。根据不同的水质和土壤环境种植了乡土植被（主要采用播种的方式）。这些梯田状栖息地减缓了水流，使水中的面源污染物和营养物质被微生物和植物所吸收。

（3）陂塘系统：与梯田相似，利用山谷，构筑低堰，形成一系列陂塘。

陂塘之间通过潜流湿地相勾连，起到减速和过滤作用。再沿陂塘四周播种乡土湿地植被。

3. 末端弹性适应，以柔克刚

千百年来的防洪抗洪经验告诉我们，当人类用坚固防线将洪水逼到墙角之时，洪水的破堤反击便指日可待，此时的洪水便成为能摧毁一切的猛兽，势不可当了。海绵应对外部冲力的哲学是弹性，化对抗为和谐共生，所谓退一步海阔天空。如果我们崇尚"智者乐水"的哲学，那么，水的最高智慧便是以柔克刚。

金华燕尾洲案例

浙江金华的燕尾洲是一个与洪水为友的实验性工程，重点探索了如何通过建立适应性防洪堤、适应性植被、适应性步行交通、适应性构筑物及适应性的土地使用，来实现与洪水相适应的弹性设计。

在隔江相望的城市包围下，燕尾洲已经成为金华这一具有 100 万人口的繁华都市中唯一的、尚有自然的兼葭和枫杨的芳洲。乌江和武义江在此交汇而成婺江（金华江）。洲的大部分土地已经被开发成为金华市的文化中心，现建有婺剧院，为曲线异形建筑。洲的两侧对岸分别是密集的城市居民区和滨江公园，但由于开阔的江面阻隔，市民难以到达和使用洲上的文化设施。留下的洲头共 26hm² 的河漫滩，其中部分因采砂留下坑凹和石堆，地形破碎。洲头另一部分土地尚存茂密植被和湿地，受季风性气候影响，每年受水淹没，形成了以枫杨为优势种的群落，是金华市中心唯一留存的河漫滩生境，为多种鸟类和生物提供庇护，包括当地具有标志意义的白鹭。

因此，设计所面临的主要挑战是如何在提供市民使用的同时，保护这城市中心仅有的河漫滩生境。这需要与洪水为友，建立一个与洪水相适应的水弹性景观。设计不但将尚没有被防洪高堤围合的洲头设计为可淹没区，同时，将公园范围内的防洪硬岸砸掉，将河岸改造为多级可淹没的梯田种植带，不但增加了河道的行洪断面，减缓了水流的速度，缓解了对岸城市一侧的防洪压力，提高了公园邻水界面的亲水性。梯田上广植适应于季节性洪涝的乡土植被，梯田挡墙为可进入的步行道网络，使滨江水岸成为生机勃勃、兼具休憩和防洪功能的美丽景观。每年的洪水为梯田上的多年生植被带来充足的沙土、水分和养分，使其能茂盛地繁衍和生长，不需要任何施肥和灌溉。梯田河岸同时将来自陆地的雨洪滞蓄和过滤，避免对河道造成污染。

建立在适应性地形、植被和适应性生态防洪堤上的步行网络也是一个与洪水相适应的系统。跨越两江四岸的"八咏桥"蜿蜒于两百年一遇的洪水位之上，其底下的栈桥和公园步道系统则分别可在五十年一遇、二十年一遇、十年一遇及一年一遇的洪水水位相适应，具有充分的使用弹性。构筑物的设计也是充分考虑不同强度的洪水风险，设计在二十年和两百年一遇的水位之上，且作了可淹没的设计，保证在淹没之后能保存完好并迅速恢复使用。

"海绵城市"既是一种城市形态的生动描述，也是一种雨洪管理和治水的哲学、理论和方法体系。"海绵城市"是建立在生态基础设施之上的生态型城市。这个生态基础设施有别于传统的、以单一目标为导向的工程性的"灰色"基础设施，而是以综合生态系统服务为导向、用生态学的原理、运用景观设计学的途径，通过"渗、蓄、净、用、排"等关键技术，以缓解城市内涝和雨洪管理为主，同时包括生态防洪、水质净化、地下水补给、棕地修复、生物栖息地保护和恢复、公园绿地建设及城市微气候调节等综合目标。它本质上是在践行弹性设计的重要方法之一，是生态安全设计的良策。

第六节　城市地质灾害

一、城市地质灾害概述

1. 地质灾害与城市地质灾害

地质灾害是指在自然或者人为因素的作用下形成，对人类生命财产、环境造成破坏和损失的地质作用和事件。狭义的地质灾害是指包括自然因素或者人为活动引发的危害人民生命和财产安全的山体崩塌、滑坡、泥石流、地面塌陷、地裂缝、地面沉降等与地质作用有关的灾害。广义的地质灾害还包括地震、土地冻融、水土流失、土地沙漠化及沼泽化、土壤盐碱化、地震、火山喷发、地热害以及由地质因素引起的地方病等。

地质灾害按照其发生特征可分为突发性与缓变型两大类。地震、火山喷发和山体崩塌、滑坡、泥石流等山地灾害以及绝大多数矿山灾难均属突发性地质灾害；地面塌陷、地裂缝、地面沉降、水土流失、土地荒漠化及沼泽化、土壤盐碱化、地热害以及由地质因素引起的地方病等均为缓变型地质灾害。

城市地质灾害是指发生在城市区域的地质灾害，除具有一般地质灾害的特征外，还具有由于城市特殊环境和城市经济功能所带来的某些灾害特点。由于城市人口、建筑、设施、财富相对集中，一旦受灾，人口伤亡和经济损失会大大高于农村地区。

2. 不同类型城市的地质灾害特点

中国地域辽阔，不同地区的地质背景和城市功能差异很大，决定了不同类型的城市地质灾害的类型和发生特点都有所不同。

（1）内陆平原城市。平原区是城市数量最多的地区，主要地质灾害类型有地震、地面沉降、地裂缝、岩溶塌陷等。

（2）山区城市。以滑坡、崩塌、泥石流等山地灾害为主，高寒山区还存在冻土不稳定导致的地质灾害。此外，我国西部山区为地震多发区。

（3）沿海城市。除平原城市具有的前述地质灾害外，还存在海岸侵蚀、港口淤积、盐渍化等与海洋异常有关的地质灾害。地面沉降和沙土液化等也比一般平原城市更为严重。

（4）矿山城市。采空塌陷是矿区最常见的地质灾害，矿渣堆积也容易引发滑坡、泥石流等山地灾害。有些矿区还存在由于盲目开采和缺乏善后处置导致某些元素缺乏或过多的地质性地方病。

3. 城市地质灾害的危害

中国是世界上地质灾害最为严重的国家之一，各类地质灾害平均每年造成一千多人死亡，经济损失上百亿元。

（1）影响城镇安全

据统计，全国县级以上城镇遭受泥石流威胁和危害的有 141 个，其中有省会城市或直辖市 6 个，地级城市 19 个。长江三峡大坝以上沿江城镇在水库蓄水增加，水位上升后的形势尤为严峻，有的城镇建在滑坡体上，不得不整体搬迁，有的几易其址仍不够安全。华北平原和长江三角洲是我国地面沉降严重的地区，如天津市累计沉降量超过 1000mm 的面积已达 4080.48km^2，自 1959 年至 1998 年,市区及塘沽区沉降中心最大累计沉降量分别为 2.814m 和 3.091m。随着全球气候变暖,海平面上升,对城市安全的威胁将越来越大。上海市自 1921 年发生地面沉降以来,至今沉降面积达 1000km²,沉降中心最大沉降量达 2.6m。根据对上海四十多年沉降历史的研究,地面沉降造成的经济损失已达千亿元。由于地面塌陷造成大量房屋毁坏的事件也发生多起,如安徽省淮南市的大通镇、就龙岗镇和淮北市的烈山镇。陕西省的西安、咸阳和山西省的大同、榆次、运城等城市因地裂缝给城市经济带来的损失也相当惊人。

（2）影响交通安全

铁路、公路等交通线路在经过山区穿越沟谷与河流时,容易受到崩塌、滑坡和泥石流等山地灾害的威胁,川藏公路就经常由于山地灾害而中断交通。气候变暖使青藏高原的冻土变薄,也将影响到公路的安全。地震更是使铁轨弯曲变形,桥梁坍塌。铁路和公路在经过西南岩溶山区也经常发生地面塌陷的事故。

（3）影响社会经济发展

地质灾害多发区的经济、社会发展受到极大制约,如三峡工程涉及多个县城的搬迁,其中奉节县城新城在 13 年中已三易其址。奉节新城中心地段是三峡库区迄今投资最大的滑坡治理工程,已建有 20 万 m² 房屋,常住人口五千多,流动人口 3 万。但开发之后发现竟是一个大型滑坡体,面积 12 万 m²,体积 450 万 m³,经耗时两年和 1.59 亿元资金投入,在 250m 高的山体上打进 38 排愈 130 根钢桩,才初步完成了治理。

广州城市发展早期,环境地质条件良好的土地资源丰富,土地开发成本很低。但目前城市发展空间已高度拥挤,人口高度密集。地质条件良好地块基本已开发完,限制了土地开发利用规模,增加了开发成本,而盲目开发又会造成土地工程地质条件更加恶化。1994—2004 年,广州市共发生崩塌、滑坡、泥石流近 30 宗,直接经济损失近 10 亿元。截至 2007 年的 10 年间,全市发生地面沉降 13 处,经济损失超 1700 万元,主要发生在市区集中抽排地下水的建筑场地。10 年中发生地面塌陷约 55 处,其中人为活动引起 51 处,自然引发 4 处。

4. 地质灾害的共性减灾对策

鉴于地质灾害对人民生命财产构成的巨大威胁，2003 年 1 月 24 日国务院公布了《地质灾害防治条例》，并在 2006 年 1 月 13 日发布了《国家突发地质灾害应急预案》，各地纷纷制订了相应的地方性法规和预案，建立了地质灾害速报、预警和应急响应的一系列制度，专业性和监测预测与群测群防相结合，地质灾害的预测、避让和防治工作都取得了很大进展。

对于地震、滑坡、崩塌、泥石流、地面塌陷等破坏力巨大的突发型地质灾害，通常人力不可抗拒或工程防治成本过高，应以预防和避让对策为主。在制定发展规划时尽量使重要设施和居民点避让危险区，已位于险区的居民尽可能组织搬迁到安全地带，企业要外迁，道路要改线。暂时不能搬或迁移成本过高的，要坚持专业性监测与群测群防相结合，编制应急预案，宣传普及安全避险知识。发现隐患和危险要及时发布预警，采取临时加固或避险措施。对于土地退化和荒漠化、地面沉降和水土流失等累积或缓变型地质灾害，要实施植树造林、防沙治沙、水土保持等生态工程并控制对地下水的超采，加强对国土资源的综合治理与保护（表 2–6）。

表 2–6　　　　　　十年来地质灾害预警技术方法的发展简表

对比方面	启动之初（2003 年）	十年后（2012 年）
预警理论	未归纳总结	地质灾害区域预警理论
预警模型	临界降雨判据法	临界降雨判据法（第一代）进一步发展完善 统计预警方法（第二代） 多方法并行运算
空间精度	1:400万比例尺	全国空间精度为10km 区域或局地易发区空间精度为5km
可用地质灾害样本及参数	愈700个灾害点 参数：灾害点个数	20万个灾害点 参数：灾害频次、规模、体积等
可用降雨检测站点及参数	愈25000个 24h实况雨量	3.3万个 逐小时实况雨量
示范区研究	2个 雅安、三峡库区	二十余个 四川雅安、三峡库区、云南新平、福建德化等
预警服务	汛期每日1次预警	汛期每日1次预警 局地逐3h、逐6h的短临预警 应急状态下随时预警

二、地震灾害及减灾对策

地震和火山喷发都是地球构造运动引起的地质巨灾，对人类生命财产的危害极大，但我国现存的活火山数量不多且相对沉寂，危害远不如地震。

1. 地震基本知识

地震是地壳的一种运动形式，是地球内部介质局部发生急剧破裂而产生的震波，在一定范围内引起地面振动的现象。地球表面板块与板块之间相互挤压碰撞，造成板块边沿及板块内部产生错动和破裂，是引起地面震动的主要原因。地震的空间结构包括震源、震中、震中距、地震波。根据地震的形成原因可分为构造地震、火山地震、陷落地震和诱发地震四种类型，绝大多数地震属构造地震。

我国地震活动主要分布在五个地区的 23 条地震带：台湾省及其附近海域地区；西南地区，主要是西藏、四川西部和云南中西部；西北地区，主要在甘肃河西走廊、青海、宁夏、天山南北麓；华北地区，主要在太行山两侧、汾渭河谷、阴山—燕山一带、山东中部和渤海湾；东南地震区，包括沿海的广东、福建等地。

2. 城市地震的特点与危害

中国位于环太平洋和地中海—喜马拉雅全球两大地震带的交汇部，是世界上地震灾害十分频繁和严重的国家。1900—2011 年累计死亡 70.4 万人，占全球同期死亡总数的 28.2%。其中伤亡最为惨重的是 1920 年 12 月 16 日海原 8.5 级地震（死亡 27 万人）、1976 年 7 月 28 日唐山 7.8 级地震（死亡 24.2 万人）和 2008 年汶川 8.0 级地震（死亡和失踪 87150 人）。

3. 城市地震的减灾对策

（1）做好预报和预警

虽然临震预报是一个世界难题，但地震发生前仍会有一些前兆，我国曾成功预报出几次破坏性地震，但准确的临震预报仍有待研究解决。地震的纵波与横波存在几十秒到一二分钟的间隔，灾区居民要果断决策，选择相对安全的场所或室内较坚固的角落应急避险。我国已建成的地震预警系统能在地震发生以后，抢在地震横波传播到来前，向设防地区提前几秒至数十秒发出警报。在 2014 年 5 月 30 日云南省盈江 6.1 级地震发生后，为震中附近的 12 所学校提供了 12 ～ 50s 的预警时间，使师生得以迅速疏散转移。

（2）科学规划，制定设防标准

地震多发区的建筑选址要注意避开地质断裂带和容易发生滑坡、泥石流和山洪等次生灾害的地方，已有建筑要按照国家地震烈度区划，严格执行国家有关建筑工程抗震设防标准，杜绝豆腐渣工程。新建工程必须进行地震安全性评价。尤其是做好供电、给排水、通信、供气等城市生命线工程的保护与维修，预防次生灾害和衍生灾害的发生。

（3）组织应急救援

我国已建成比较完善的地震救援系统和物资储备，各大城市都设有地震避难场所，一旦发生破坏性地震，专业紧急救援队伍会立即奔赴现场，同时动员军队、武警和社会力量展开救援。平时要进行防震和自救互救知识与技能的宣传普及，建立地震救灾志愿者队伍，编制应急预案并定期组织演练。震后还要做好灾民安置、灾区防疫、心理救援、恢复重建等工作。

4. 地震灾害值得关注的问题

中国地震局通过对"一带一路"的陆地部分（古丝绸之路）所经区域的自然灾害链的分析，指出穿越陆上丝绸之路的 40° 纬线地带是一个主要的地震带，因此"一带一路"的安全减灾是个应关注的大问题。著名的陆上丝绸之路由西安（长安）出发，经甘肃、青海、新疆，延伸到中亚和更远的意大利诸国家，沿路几乎多是地震活动区：1976 年唐山 7.8 级大地震（39.6°N，117.9°E）与在同一纬度上的乌兹别克的加兹里 1976 年 4 月 8 日的 7 级地震（40.3°N，63.8°E），5 月 17 日该地又发生 7.3 级地震（40.4°N，63.5°E）。1976 年唐山大地震后，11 月 24 日又在大致同纬度的土耳其东北部发生 7.2 级地震（39.1°N，44.0°E）。要看到，加兹里与土耳其都是丝路所经频发地震的国家，这些地震强度与唐山大地震同年同纬。有意义的观测还发现，在 1985 年 8 月 22 日新疆乌恰 7.1 级地震（39.53°N，75.32°E）前一年中，在大致同纬度的加兹里于 1984 年 3 月 19 日发生 7 级地震（40.4°N，63.5°E），虽然这两大地震相距约 1200km，但也应认为是相关的。研究发现，不仅 40° 纬线上的地震活动有相关性，这 40° 纬度带还易发生 8 级左右大震，如

1679 年河北三河—平谷 8 级地震，1739 年宁夏银川平罗地区 8 级地震，1902 年新疆阿图什地区 81/4 级地震等。在国外的 40° 纬度带上，1907 年在塔吉克发生 8 级地震（38°N，69°E）系该国的最强烈地震；土耳其最强地震为 1939 年的埃尔津詹 8 级地震（39.5°N，38.5°E），上述统计结果均告诫我们：在 40° 纬度带上如有活动的构造带或地震活动带相交或重合，则应注意这些点将是 8 级地震发生的可能区域，"一带一路"及其沿线城市发展要充分考虑这些地震危险性的自然规律。

事实上，人类也要特别关注人为活动诱发地震的情况。20 世纪 50 年代，中国有水库地震的报道，然而时至城镇化大发展的当下，人为"地震"也有新情况，对于这种恶性事故尤应关注并遏制。2016 年 3 月 27 日，山东临沂市平邑县太保镇发生 3.1 级坍塌地震，该"地震"系一关停石膏矿老采空区坍塌所致，道路裂了，拱起近半米高，59 户民居不同程度受损，31 户商铺出现墙裂缝；2015 年 12 月 25 日，据本次坍塌现场不远处也发生了 4.0 级地震，共有 29 人被埋井下，其中 15 人获救，14 人身亡，也为采空区坍塌所致。这是城市管理者在城市建设中尤应关注的，人为地震或称为城市"塌陷隐患"必须警示。

三、滑坡、崩塌、泥石流

滑坡、崩塌和泥石流为山区特有，又称山地灾害，属突发型地质灾害。

1. 滑坡、崩塌、泥石流的成因

（1）滑坡

滑坡是指斜坡上的土体或者岩体受河流冲刷、地下水活动、地震及人工切坡等因素的影响，在重力作用下沿着一定的软弱面或软弱带，整体或分散地顺坡向下滑动的现象。

（2）崩塌

崩塌又称崩落、垮塌或塌方，是较陡斜坡上的岩土体在重力作用下突然脱离山体崩落、滚动、堆积在坡脚（或沟谷）的地质现象。崩塌的物质称为崩塌体。崩塌体为土质者称土崩；崩塌体为岩质者称岩崩；大规模的岩崩称山崩。

（3）泥石流

泥石流是山区沟谷由暴雨、冰雪融水等水源激发，含有大量泥砂、石块的特殊洪流。典型的泥石流一般由以下三部分组成：形成区、沟通区、堆积区。

泥石流的形成必须同时具备三个条件：便于集水集物的陡峻地形地貌；丰富的松散物质；短时间内有大量水源。丰富的松散固体物质和一定的坡度是泥石流形成的内在因素，坡度太陡，风化物难以积累；坡度太小，下泄的重力小于摩擦力，也不易发生，通常发生泥石流的沟谷坡降在5%～40%之间。一定强度的降雨是激发泥石流的外在动力因素。地形和降雨均属自然因素，而丰富的松散固体物质除与地质、气候等自然因素有关外，还与人类活动有密切关系。地质条件及地形条件是缓变条件，而强降水是突变条件。

2. 滑坡、崩塌、泥石流的分布与危害

滑坡在我国每年造成数百至上千人死亡，摧毁滑坡体下的村庄、房屋、水利和交通设施，掩埋矿区和耕地，破坏植被，并造成严重的水土流失。沿江发生的大滑坡还可形成堰塞湖，一旦溃决下泄洪水还严重威胁下游人民的生命财产。

我国滑坡灾害频次最高的是四川省，约占全国同类灾害的25%，其次是陕西、云南、甘肃、青海、贵州等省，其中四川、陕西、云南三省的滑坡、崩塌灾害占全国同类灾害的55.4%。崩塌与滑坡常伴随发生。中国泥石流集中分布在两个带：一是青藏高原、次一级的高原和盆地之间的接触带；另一个是上述高原、盆地与东部低山丘陵或平原的过渡带。

泥石流的危害与滑坡相似，对山区村镇、交通设施、矿山、耕地和植被的危害极大。2010年8月8日，发生在甘肃舟曲的特大山洪和泥石流，死亡1467人，失踪298人，是新中国成立以来损失最惨重的一次。

3. 城市山地灾害的防治

城市地区的滑坡、崩塌、泥石流等地质灾害多发生在山区城市或平原城市的郊区山地，至少80%以上是不合理的工程、经济活动诱发形成的，在技术上大部分是可以防治的。首先要严格禁止人为破坏地质环境和引发地质灾害。其次，城市新建、改建和扩建规划都应经过地质环境的论证。一方面要弄清地质环境条件，尽量避开各类地质灾害体，另一方面要充分考虑建设工程对地质环境的适应性，对建设工程可能诱发的地址为灾害风险进行评估和分析。

城市居民在暴雨天气不要到地质灾害频发的山区旅游，已经进入山区的，要尽量避开地质不稳定的坡脚和易发生山洪或泥石流的沟谷。滑坡、崩塌、泥石流的高风险山区居民应有组织的分批转移安置到安全地带居住。存在一般风险的山区应建立预警系统和避险场所。北京市泥石流多发的北部山区在1991 年特大泥石流灾害之后进行了风险区划，已将高风险区的居民全部转移安置。其他山区村庄都已建立完善的预警系统，近二十多年来伤亡人数已明显减少。

四、地面塌陷、沉降与地裂缝

地面沉降和地裂缝属缓变型地质灾害，主要发生在平原。地面塌陷平原和山区都有，为突发型地质灾害。

1. 地面塌陷

地面塌陷指地表岩石和土体在自然或人为因素作用下向下陷落，并在地面形成塌陷坑洞的一种地质现象。大多呈圆形，直径几米到几十米，个别巨大的直径可达百米以上。深的达数十米，浅的只有几厘米到十几厘米。

地震、地下工程、晚期溶洞、采矿、人工重载或震动、过量抽取地下水等都有可能导致地面塌陷。持续干旱后突然发生强降水也往往能造成局部地面塌陷。

地面塌陷按照成因可分为自然塌陷和人为塌陷两大类。自然塌陷是自然因素引起的地表岩石或土体向下陷落，如地震、降雨下渗、地下潜蚀空等。人为塌陷是因人为作用所引起，如地下采矿、坑道排水、施工降水、过量开采地下水、水库蓄水压力、人工爆破、地面重物压力、违规地下施工等。

矿山城市预防地面塌陷，最重要的是避免盲目开采，采空区要采取适当的填补措施并禁止在其上方安排建筑工程。城市建设的重大工程要避开地质不稳定，易发生塌陷的区域，并严禁私挖地下工程。

2. 地面沉降

地面沉降是在自然和人为因素作用下，由于地壳表层土体压缩导致的区域性地面标高降低现象。地面沉降通常发生在现代冲积平原、三角洲平原和断陷盆地，成灾面积大且难以治理。我国有近 70 个城市因不合理开采地下水诱发了地面沉降，沉降范围 6.4 万 km^2，沉降中心最大沉降量超过 2m 的有上海、天津、太原、西安、苏州、无锡、常州等城市，天津塘沽的沉降量达到 3.1m。

3. 地裂缝

地裂缝是由于自然或人为因素引起的地面开裂现象，具有一定的长度、宽度和深度，可造成地面工程、地下工程、房屋和农田的损坏，给人民生命财产造成损失。地裂缝往往伴随地面沉降或塌陷产生，具有活动性和一定的位移形变性。过量开采地下水、地下采矿、地表雨水下渗对松软土层的潜蚀和冲刷、人工蓄水、排水都可能产生地裂缝。城市规划和重要工程设施都应避开地裂缝严重的地带。

第七节　城市生物灾害

一、有害生物与生物灾害类型

在自然界中，人类与各种生物是相互依存的关系。一旦失去这种生态平衡，某些有害生物就会对人体健康、生命和财产、农林植物和动物等产生危害，造成经济或生态的损失，就构成了生物灾害。其中由有害生物引发的突发公共事件将在第四章详述，本章不予讨论。

有害生物是指在一定条件下，对人类的生活、生产甚至生存产生危害的生物，包括动物、植物、微生物和病毒。有害生物和有益生物之间没有绝对的界限，在一定条件下可以相互转化。有益生物在生态失衡条件下也可能成为有害生物。

生物灾害有多种类型，其中直接危害人体健康的生物灾害有传染病、寄生虫病、毒草、毒虫、猛兽等；危害农业和林业生产的生物灾害包括植物病害、植物虫害、草害、鼠害等；危害动物的生物灾害主要是动物疫病和寄生虫病，其中有些是人兽共患病；危害设施和财产的生物灾害有白蚁、鼠害和霉菌等。

城市有害生物指发生在城市区域，危害人体健康和损坏居民财产与设施的各种生物。主要类别如下：

（1）病媒生物。这类生物携带致病因子并能在其体内增殖，传播给人使之患病，如蚊类、蚤类、鼠类等。

（2）骚扰、刺叮人体并可携带和传播病原体。如蝇类、蟑螂、臭虫等。

（3）危害建筑物和建筑材料的有害生物。如白蚁、木材甲虫等。

（4）仓储有害生物。如面粉甲虫、谷物蛀虫等。

（5）纺织品害虫。能蛀蚀地毯、棉制品、纸张等，如甲虫、蛀虫等。

（6）有些毒虫偶尔进入居住场所或侵犯人体。如蜈蚣、蝎子、马蜂等。

广义的城市有害生物还应包括危害城市园林植物的病虫害、可能造成财物损坏变质的细菌、霉菌和直接危害人体健康的狂犬等，导致传染病流行的细菌、病毒等。

二、有害生物在城市生态系统中的分布

现代人的生活方式和生活习惯给有害生物的繁殖提供更为有利的条件。

（1）有害生物防范至今没有被提到建筑设计师的议事日程。

（2）下水道无挡网、门窗缝隙过大、各种管线的出入孔使有害生物可以自由出入。

（3）水源充足：住宅任何积水处都可以成为蚊、蠓的滋生地，卫生间、水池、灶台等处的水渍是蟑螂存活所必需的水源。

（4）食物丰富：许多家庭的食物随意放置且不加盖密封，家中的垃圾成为老鼠、蟑螂、蚂蚁等的食源。

（5）藏匿方便：各种家具、用品的缝隙、死角、孔洞、底层和夹缝等都是有害生物的藏身之所。

（6）扩散便利：水管、燃气管、电线、电缆等纵横交错，四通八达，为老鼠、蟑螂等的流窜扩散提供了通道。

（7）室内的暖气、空调使得有害生物一年四季都可以繁殖，北方的严冬竟成了蟑螂繁殖的高峰。

（8）未经防虫处理的装饰木材带入室内，无异于引狼入室。

（9）迁入新居时容易将有害生物随家具带入。

（10）家门附近的垃圾道成为老鼠、蟑螂、蚂蚁、蜈蚣的大本营。

（11）除蚊蝇要在水中、垃圾、粪便中滋生外，绝大多数有害生物可以在室内完成整个生命周期。

三、城市有害生物的危害

城市有害生物的群落演替或种群消长快速多变，危害具有广泛性、隐蔽性、易于扩散，并具有季节性和连续性，温带地区住宅以春末和夏秋发生最多、危害较重。长江中下游因冬季室温低，很多害虫停止活动。但北方因冬季加温，定居型害虫均能正常活动，往往危害更重。城市害虫以多种方式危害居民健康。可以传播几十种疾病，如疟疾、登革热、痢疾、伤寒、肝炎、鼠疫、斑疹伤寒、乙脑、流行性出血热及钩端螺旋体病等。螨虫是继蚊、蝇、蚤之后最为猖獗的居室害虫，主要侵害皮肤和内脏器官，引起多种疾病，如毛囊炎、皮炎、过敏性哮喘等。蛔虫、绦虫、血吸虫等还能寄生在人体与动物体内，严重危害健康。

第八节　沿海城市的海洋灾害

一、海洋灾害概述

海洋灾害是由于海洋自然环境发生异常或激烈变化，导致在海洋上或海岸带发生的严重危害社会、经济和生命财产的事件。包括风暴潮、灾害性海浪、海冰、赤潮、海啸、海岸侵蚀、咸潮等。

我国海岸线漫长，所濒临的太平洋又是海洋灾害最严重和频繁的大洋。加之我国约有 70% 以上的大城市，一半以上的人口和近 60% 的国民经济都集中在最易遭受海洋灾害袭击的东部和沿海地区，海洋灾害在我国自然灾害总损失中占有很大比例，损失呈明显上升趋势。据统计，自 20 世纪 80 年代以来，海洋灾害经济损失年均增长率为 30%。影响我国沿海城市的重大海洋灾害依次为风暴潮灾害、赤潮、巨浪和海冰。

　　沿海城市是自然灾害易发和频发区域，也是人口集聚和经济、社会发展的重要区域，我国沿海城市承载着全国 25% 以上的人口，创造着 55% 以上的国内生产总值。全球沿海城市每年约有 4500 万人受到风暴潮灾害的影响。在全球变暖背景下，当海面上升 0.5m，将有约 9000 万人口受到风暴潮的影响；海面上升 1m，受影响人口将达到 1.2 亿。

二、风暴潮

　　风暴潮是由于台风和气压骤变等剧烈的大气扰动导致海水异常升降，使受影响海区的潮位大大地超过平常潮位的现象。按照诱发天气系统可分为台风风暴潮和温带气旋风暴潮两类。温带气旋风暴潮多发生于春秋季，夏季也时有发生，增水过程比较平缓，主要发生在中纬度沿海，以欧洲北海沿岸、美国东海岸及我国北方沿岸为多；台风风暴潮多见于夏秋季，来势猛、速度快、强度大、破坏力强。

　　风暴潮能否成灾，很大程度取决于其最大潮位是否与天文潮的高潮相叠，同时也取决于受灾地区的地理位置、海岸形状、岸上及海底地形，尤其是沿海城市的社会及经济情况。

　　中国是风暴潮灾发生频率最高、损失最严重的国家之一，温带风暴潮灾和台风风暴潮灾均十分严重。据统计，1949—2004 年共有 21 次特大风暴潮袭击我国沿海，其中死亡千人以上的有 3 次，损失严重的有 1956、1964、1969、1994、1996 等年，1997 年 11 号台风风暴潮横扫东部沿海，经济损失达 308 亿元，为新中国成立以来最严重的一次。

　　我国风暴潮预报能力已有很大提高。特大风暴潮发生前都会组织受影响沿海地区的居民及时转移躲避，死亡人口大大减少，但所造成的经济损失仍有增长趋势。随着全球气候变暖造成的海平面上升，风暴潮的危害还会加大，必须提高海岸防护的设防标准，并在风暴潮到来前采取必要的加固措施。

　　海啸的形成机制与风暴潮不同，一般是由强烈地震或海底火山喷发引起，破坏力要比风暴潮更大。由于我国大陆以东有一系列的岛链阻隔，除台湾省东部外，海啸从岛屿之间的海峡穿越时能量已大大衰减，但发生在岛链以内的地震仍有可能引发沿海地区一定强度的灾害性海啸。

三、海浪

能在海上引起灾害的海浪称灾害性海浪，多由台风、温带气旋、寒潮等天气系统引起，一般波高为几厘米至20m，巨浪波高可达30m。

灾害性海浪在沿海城市附近海域常掀翻船舶，摧毁海上工程，给海上航行、施工、军事活动和渔业捕捞等带来危害。风浪越大，船越小，危害越重。在岸边不仅冲击摧毁沿海的堤岸、海塘、码头和各类构筑物，还伴随风暴潮，沉损船只、席卷人畜，淹没大片农田和使各种水产养殖品受损。海浪所导致的泥沙运动使海港和航道淤塞。灾害性海浪到近海和岸边，对海岸的压力可达 $30 \sim 50t/m^2$。据记载，在一次大风暴中，巨浪曾把1370t的混凝土块移动了10m，20t的重物也被从4m深的海底抛到了岸上。巨浪冲击海岸能激起 $60 \sim 70m$ 高的水柱。

预报有灾害性海浪，中小船舶应回港避风。海上突遇风浪要保持冷静，船体应与海浪保持垂直，小心驾驶，尽快脱离巨浪区。同时向临近港口发出求救信号。

四、海冰

海冰是海水冻结而成的咸水冰，也包括大陆冰川断裂分离进入海洋的冰山和冰岛及流入海洋的河冰和湖冰。海冰是淡水冰晶、"卤水"和含有盐分的气泡混合体。海冰是极地和高纬度海域所特有的海洋灾害。海冰形成后能封锁港口和航道，阻断海上运输，毁坏海洋工程设施和船只。渤海和黄海北部是世界上冬季海冰发生纬度最低的海域，以海水盐度较低的黄河、海河、辽河及鸭绿江等河流的入海口附近冰情较重，1969年几乎整个渤海都被海冰覆盖，钻井平台被海冰推倒，支座钢筋被割断，58艘轮船损害。2010年初的渤海海冰灾害期间，数十个石油平台停止作业，近30个港口码头冰封，7000艘船只损毁，直接经济损失近64亿元。2012年和2016年隆冬也出现了比较严重的冰情。

减轻海冰灾害损失最重要的是做好预防。预报有强寒潮袭击时，要加强海冰的动态监测并对未来冰情做出预测。冰情严重的沿海城市要做好港口与沿岸设施防护，海上船只及时回港，钻井及时加固并采取破冰措施防止被海冰挤压倾倒。

五、赤潮

赤潮指海洋中的一些浮游生物暴发性繁殖引起水色异常并对其他海洋生物产生危害的现象。赤潮是一个历史沿用名，并不一定都是红色，因引发赤潮的生物种类和数量的不同，海水有时也呈现黄、绿、褐色等不同颜色。赤潮对海洋生物的危害表现在：大量赤潮生物集聚于鳃部，使鱼类缺氧窒息或因大量吞食有毒藻类而死亡；赤潮生物死亡后，藻体分解过程大量消耗溶解氧，导致鱼类及其他海洋生物缺氧死亡，同时释放出大量有害气体和毒素，使海洋生态系统严重破坏；赤潮发生后，海水 pH 值升高，黏稠度增大，导致浮游生物大量死亡或衰减。

赤潮的发生与海水温度、盐度等自然因素也密切相关。海洋学家发现 20～30℃是赤潮发生的适宜海温，一周内水温突升 2℃以上是赤潮发生的先兆。盐度在 26‰～37‰范围内均有发生赤潮可能，以 15‰～21.6‰最容易形成温跃层和盐跃层，使海底层营养盐上升到水上层而诱发赤潮。赤潮发生时，相关海域通常少雨闷热，水温偏高，风力较弱或潮流缓慢。

随着沿海地区的人口增多与经济发展，大量工农业废水和生活污水排入海洋，其中相当部分未经处理，导致近海和港湾富营养化程度日趋严重。沿海开发程度增高和养殖业扩大也带来了海洋生态环境恶化和养殖业自身污染；海运业发展导致外来有害赤潮种类的引入；全球气候的变化也导致了赤潮的频繁发生。目前，赤潮已成为一种世界性的公害，三十多个国家和地区赤潮发生都很频繁，其中日本是受害最严重的国家之一。近十几年来，由于海洋污染日益加剧，我国赤潮灾害也有加重的趋势。2016 年 3 月，在广东湛江东江岛仍有严重的赤潮现象，海水红色，海岸线处处恶臭。值得注意，由分散的少数海域发展到成片海域，一些养殖基地受害尤重。历史上如1998—2000 年连续三年在渤海和东海发生世界罕见、面积达几千平方公里的特大赤潮，每次造成的经济损失都达到数亿元。

从现有条件看，一旦大面积赤潮出现后还没有特别有效的方法制止。主要是利用化学药物（硫酸铜）杀灭赤潮生物，但效果欠佳，费用昂贵，经济效益和环境效益均不太好。从发展趋势看生物控制将是较好的选择。机械搅动底质促进有机污染物分解也是较实用的方法。利用黏土矿物对赤潮生物絮凝作用破坏赤潮生物细胞也取得了进展。对有迹象出现赤潮的海区进行连续跟踪监测，为预报赤潮发生提供信息；对已发生赤潮的海区则采取必要的防范措施。加强海洋环境保护，切实控制沿海废水废物入海量，特别要控制氮、磷和其他有机物的排放量，防治养殖废水进入沿海，避免海区富营养化，是防范赤潮发生的一项根本措施。

六、沿海城市海洋灾害的减灾对策

1. 加强海洋灾害预报预警体系建设

监测海洋灾害发生、发展动态及影响因素，进行诊断、分析、评估，准确发布灾害预报和预警。

2. 完善海洋自然灾害的应急管理体系

编制各类海洋灾害的应急预案。及时组织危险区域和海域的人群疏散避险，迅速主治对遇险区域、海域和人员的救援和对海岸、海港设施的抢修。

3. 建立减轻海洋灾害的法规体系，加强海洋执法队伍建设

4. 加强海洋环境保护

贯彻预防为主、防治结合，谁污染谁治理，强化监督管理的方针。做好海洋环境保护规划，加强海洋环境调查、监测，加强污染源治理，优先解决沿海城市近岸海域的环境污染加速扩展问题，保护近海生态系统。重点开展环渤海、长三角、珠三角、杭州湾等沿海城市群附近海域的污染治理和保护。

5. 加强对沿海居民、职工和干部的海洋灾害防御知识和技能的普及

第三章　城市人为灾害

城市发展史是社会文明的标志，问题是当代城市极易无序、紊乱并酿成事故。人工的城市越来越具备风险社会的所有特征，人化的风险在城市灾害中的比重在加大。实例说明，城市灾难是人类自身制造出来的风险，所以分类研究事故发生机制、发生机理和格局十分必要。无论是何种人为灾害，都要置于城市安全的环境中去审视，城市上有摩天高楼，下有地铁隧道；一边是生命线系统脆弱，另一边是城市拥堵得无法喘息，此种状况一旦危险品爆燃，后果更无法想象。城市该如何防范人为灾害风险，又该如何快速补上多年积累的欠账，城市管理者责任重大。

第一节　城市人为灾害概述

20 世纪 90 年代联合国"国际减灾十年"活动初期是以应对自然灾害为主，到 90 年代中期，各国发现几乎所有自然灾害的发生都带有一定的人为因素。1994 年的横滨世界减灾大会已经把属于人为灾害的技术灾害与环境灾害纳入"国际减灾十年活动"的范畴。在 2000 年"国际减灾日"上，联合国秘书长安南在灾难文告中说：人们已经越来越多地意识到，所谓自然灾害并不完全是自然产生的，事实上，导致灾害损失增加的主要原因是人类活动。

人为灾害是指由于人为因素造成对人类生命体、财产损失或生存条件的破坏。其中由人为因素酿成并表现为自然现象的称人为自然灾害。发生在城市区域的称城市人为灾害。

人为灾害又分为技术灾害（工业与交通事故灾难等）、社会事件、公共卫生事件等。大多数人为灾害并非故意制造，但肇事者具有渎职或技术失误等责任；也有一些人为灾害是非失误性的，如社会事件中的战争、恐怖袭击、政治动乱、刑事犯罪等，它们归结在社会事件灾害中研究。

一、台湾粉尘爆炸的启示

粉尘爆炸并非罕见事故，但发生在 2015 年 6 月 27 日晚台湾新北市八仙水上乐园的粉尘爆炸，并不是一般的工业企业粉尘，而是欢乐的"彩色派对"。彩色粉末是无辜的，但由于管理者不顾或称未考虑到安全，且使用不当，才造成了这次悲剧。截至 2015 年 7 月 20 日，死亡人数上升到 8 人，500 人受伤，100 多人重伤。

本来是欢快的"彩色派对"，为何成为乐极生悲的爆炸惨剧！有人形容灾难现场已成为"人间炼狱"。因爆炸而受伤的人数为何如此之多？事故背后有什么教训值得反思？如不思考出结论，我们将愧对那些逝去的生命。这种活动起步于美国，迄今全球已有五十多个国家和地区举办了三百多场"彩色跑"，2013 年"彩色跑"在中国南宁、苏州、长沙、北京、上海等 20 个城市陆续举办，参与者人气极高。彩色派对（Color Play Asia）与彩色跑类似，都要在活动中喷撒彩色粉末。台湾的事故是主办方为了增强舞台效果，工作人员使用二氧化碳钢瓶将粉末（指彩色粉雾）射向靠近舞台两侧的观众区，粉末遭遇热源即引发爆炸。此事故暴露出活动主办单位对粉尘的火灾爆炸危险性不了解，现场消防安全管理措施匮乏，消防设施不足、无应急处置预案、救助能力不强等问题。据悉，台湾八仙水上乐园的"彩色派对"娱乐空间本来就是由游泳池改造的，现场人流密集，通风条件极差，客观上非常容易造成粉尘的大量聚集，而密集空间内大量聚集的粉尘与热源火源碰到极容易引发爆炸，这是安全监管上的常识，但为何如此多人参加的活动，主办方对此危险或称隐患能全然不知呢？是否有批准活动主办的主管单位呢？此外，主办方和组织者对粉末喷射机的使用也表现出对热源火源管控不当。活动现场共有 12 台粉尘喷射机，左右两侧共 8 台喷向观众，主舞台 4 台喷向舞台前方上空，使得现场的粉尘浓度迅速提高，最终超过了爆炸的最低限度。从管理上讲，如果"彩色派对"活动现场有预先疏散的预案及应急规划，有简单但足以应急的医疗设施，在爆炸中就可能有较多的人能有目标、有指引的逃离现场，重要的是将会对更多的烧伤人员获得第一时间的救治。

面对这血的教训，面对一次爆炸就因噎废食"喊停"此类活动是近年来的一贯做法，应要让各级管理者明白，大量的群众死伤并不是活动项目本身酿下的，是管理者失职失责的后果。所以，如何通过建立有效常态与应急机制去预防并消除更多的"粉尘爆炸"灾难风险及隐患，才是当代城市管理者追问此类灾难教训的价值和意义。目前，各类城市已经开始注意大型户外活动多个部门管理的举措，综合治理好处很多，但要真正按照原权责分清、有效监管，避免因强调综合治理，出现"九龙治水"的疏漏与推责扯皮问题。

二、典型的城市人为灾害

纵观全球：从 30 年前的苏联切尔诺贝利核电站事故，到 15 年前美国"9·11"恐怖袭击事件，2003 年全球"非典"事件等，都属非传统安全的突发性挑战，更加具有不可预测性，传播速度更快，破坏力更强，应对难度更大。近年来，中国的城市化进程加速，"城市病"日益凸显，越来越表现出人为致灾的特点，如暴雨导致城市内涝与交通瘫痪，不合格设备投入运行、豆腐渣工程以及城市建筑过分向高层与地下空间发展都大大降低了城市安全度，劣质食品及药品充斥市场，核辐射与危险化学品泄漏，水、大气、重金属与持久性有机物污染等，形成城市新的环境风险。城市人口的急剧增加导致资源承载力与环境容量的下降，相伴而生的灾害隐患不断增多，人为因素致灾与成灾频率呈非线性增多。因此，全面认识城市人为灾害的发生规律与特点，分析研判各类人为灾害是正确评估城市灾害事故风险与采取正确减灾对策的关键。

三、城市人为灾害的特点与控制途径

1. 城市要有应对巨灾的准备

现代城市灾害的一个重要特点是显著的关联性。无论是重大自然灾害还是人为灾害在发生后，都有可能通过灾害链，特别是通过对生命线系统的破坏或人流、物流和信息流的传递而扩散和放大，迅速酿成巨灾。以北京为例,北京要实现建设世界城市的宏伟目标,就必须加强城市安全保障系统建设,具备应对一系列无法预知的大规模突发灾难的能力,尤其要使决策者懂得风险分析与管理。北京面临的主要人为灾害类型见表 3–1。

表 3–1 北京市面临的主要人为灾害类型

人为灾害序列	灾害类型	主要灾种
事故灾难	1.生命线系统事故 2.工业化事故 3.交通运输事故 4.旅游事故 5.大型集会及城市活动等 6.能源短缺事故 7.灾害与爆炸 8.建筑工程事故 9.环境与城市生态破坏事件 10.其他	自来水、电、燃气、通信电信及信号系统事故; 有毒有害物质泄漏、危险品及毒物、核辐射; 公路、铁路、地铁、航空、水运等; 野外、公园、游乐园等; 拥挤、骚乱、踩踏; 燃气中断、断电等; 工业火灾、住宅区火灾、商业及仓储火灾; 高空坠落、机械伤害、触电、坍塌、窒息等; 大气污染、水污染、有害物质渗入等
公共卫生事件	1.职业危害 2.食品安全 3.流行病	职业病; 食品中毒、劣质食品; 非典、禽流感、流感、狂犬病等
社会事件	1.刑事犯罪 2.社会政治事件 3.经济事件	偷盗、抢劫、凶杀、性犯罪、诈骗、拐卖妇女儿童; 动乱、战争、邪教、民族纠纷、宗教纠纷; 通货膨胀、股灾、金融诈骗、贪污、贿赂

2. 分析城市安全隐患,要兼顾人与物的不安全行为

在关注城市生产生活中存在的危险源及隐患点(物的不安全状态)的同时,更要关注人的不安全行为。城市安全度既取决于危险的发生,更取决于对危险的控制能力。但现实中城市系统的日益复杂化给人为减灾提供可靠决策带来更大困难。如城市系统更加智能及自动化,城市系统更加危险和复杂,城市系统为安全已经准备了更多的防御装置,城市系统越来越不透明等,这些都成为更复杂的人为失误影响因素,使人为决策的内在弱点及局限(生理的、心理的、复杂的、灵活的、难适应的)更加暴露。从提高人的可靠性出发,必须研究导致人为失误的因素。

(1)失误的认识论根源。英国哲学家休姆说:"人因失误是思想和印象相互映现的结果,如果错误的思想应用于正确的印象上或错误的印象与正确的

思想误联都会发生失误；

（2）失误的心理因素。在心理学上，人为失误被看作"意识的窗口"，由此有望建立关于人为失误的心智模型；

（3）失误的工程科学因素。在工程上，任何超出系统正常工作规定的标准都会出现失误，个体工程项目和整个工程组织系统都是如此。

3. 高度遏制生命线系统的事故高发态势

生命线系统是指维系城市物质、能量和信息流通的各类交通与市政公用设施，主要包括交通、通信、供电、供水、供气、供热、排水等子系统。完善的生命线系统是一个城市现代化水平与安全度的重要标志。广义的生命线系统包括城市的交通运输系统，狭义的城市生命线系统主要指各类地上和地下管线系统。

由于城市是一个复杂的人工生态系统，不具备自然生态系统的自我维持与自我修复功能，城市系统的运转和功能发挥完全依赖庞大的生命线系统从外界输入物质、能量和信息，同时城市的物质和精神产品及废弃物也要依靠生命线系统向外输出。城市生命线系统中的能源系统和给水系统类似血液循环系统和呼吸系统的吸气功能，不断给人体输送能量。通信系统类似人的中枢神经系统，废弃物排放系统类似泌尿系统和排泄系统及呼吸系统中的呼气功能。现代城市的高效运转要求系统内部及与外界的物质、能量、信息交换具有很强的连续性，一刻也不能停止，而这种交换完全依赖于生命线系统。生命线即使发生短暂的中断或阻塞，对于城市居民和各个产业与行业，都是一场巨大的灾害。许多城市人为灾害甚至自然灾害很大程度上是通过生命线系统扩散和放大的。生命线系统的工程防灾能力在一定程度上反映了城市系统的整体防灾能力。

城市生命线系统的大部分为地下管线，多种地下管线形成错综复杂的"蜘蛛网"。2008年北京地下管线长已达37333km，其中发现隐患的有上千处万余千米。2009—2013年我国地下管线发生典型事故75起，死亡117人，其中燃气事故占比逾半。我国城市燃气人口已达5亿，燃气管道总长度超过50万千米，部分管网年久失修，状态不明。2014年5月，在国务院安全生产委员会组织的油气输送管线及城市燃气安全专项调查中发现，城市燃气安全隐患达 3.6 万处，竟有 2.3 万处没有整改，一旦发生腐蚀、市政施工、第三方破坏（不可抗力等）等原因，会招致燃气泄漏，引发火灾及大爆炸，后果不可想象。另据 2014 年 7 月 16 日召开的全国油气输送管道安全隐患整治暨大连"6·30"中石油原油管道泄漏事故现场的信息：由于管道老化、规划欠合理、法规标准缺乏，我国油气管道系统已进入事故易发期，事故率平均为 3 次 /1000（km·a），远高于美国的 0.5 次及欧洲的 0.25 次。迄今全国共有陆上主油气管道 966 条，总里程近 12 万 km，排查中发现 29436 处隐患中，被占压的有 11972 处，安全距离不足的有 9171 处，交叉穿越的有 8293处，更严重的是，如此隐患整改率还不及 13%。从表面看，能源、质检、规划、建设、国土资源、交通、水利、公安、安监、环保等部门，都对管道及相关城市生命线有管理职能，但正是由于缺少综合管理，才造成多级多头管理形同虚设。正因如此，才使我国城市建筑如坐在"火山口"上，事故不断：2010 年 7 月 28 日，南京栖霞区某工厂拆除工地发生地下丙烯管道泄漏爆炸事故，致死 22 人，伤 120 人；2013 年 11 月 22 日，山东青岛中石化东皇输油管道泄漏，原油进入市政排水暗渠，油气发生爆炸，致 62 人死亡，136人受伤；2014 年 6 月 30 日，大连某施工企业在金州新区路安停车场进行水平定向钻施工中，将中石油某输油管线钻漏，不仅有原油溢出污染市政管网，在管网处还出现了明火等危险局面。

因此，无论从管理还是建设上，加强对生命线系统的风险预防管理，是切断事故链的关键。生命线系统防灾规划设计不仅涵盖各子系统的防灾准备与应急，还要考虑城市防洪标准、防震避难疏散、救援通道及场地、消防站救援中心、城市治安布局、重要城市人防设施布局等。城市生命线系统的防灾要强调规划为先，重在加强城市联动体系建设。生命线系统防灾规划一般从构建城市生命线系统综合管理模式入手，并与灾害应急管理能力相整合；再从灾害发生的全过程管理入手，实现灾前、灾中、灾后各个阶段的整合；特别从优化配置城市减灾资源入手，优化配置防灾备灾资源。

第二节　城市交通事故

一、城铁与轻轨事故

1. 轨道交通运营突发事件

指轨道交通运营线路上因自然灾害、人为因素或设施故障造成运营中断、人员伤亡、乘客被困等危及公共安全的紧急事件。主要有恐怖袭击、大客流冲击、火灾事故、运营系统故障、社会治安和地铁建筑设施损坏等，绝大部分属人为灾害。

2. 城市轨道交通的特点

（1）运营系统复杂、联动性强

轨道交通运营系统是城市公共交通的重要组成部分，旅客运输任务繁重，系统庞大、结构复杂，运行频率高且技术密集，任何一个关键节点的失效都可能危害到整个系统。城市轨道交通主要包括地下铁道及其延伸到郊区的地上轻轨，有些山地城市还有少量缆车。

（2）空间封闭

封闭的地铁空间系统相对独立，为城市轨道交通安全和高效运营创造了条件，但地下环境的通风和疏散受到限制，一旦出现事故，人员疏散十分困难。

（3）开放式运营

城市轨道交通的客流量大，一旦出现事故将造成极大的社会影响。开放式运营一方面需要企业提高服务水平，强化安全保障，同时也需要乘客自觉遵守运营规则。个别乘客的违规行为和过激行动也会直接影响城市轨道交通运营的安全。

（4）受外界影响大

外部电力故障、设备设施破坏、车站出入口被堵、洪水灌入、地面强烈震动或塌陷等也同样威胁轨道交通的安全。

3. 轨道交通敏感地区与时间

重要政治和文体活动中心、交通枢纽及重点换乘站、商业繁华地区附近的地铁车站乘客流量大，在上下班高峰期、节假日和重大政治、文化、体育、商业、旅游活动期间容易发生安全事故。

4. 事故案例分析

（1）上海地铁跳闸和相撞事故

2009 年 12 月 22 日 5 时 50 分，上海地铁 1 号线陕西南路至人民广场区间突发供电触网跳闸故障造成列车停驶。运营调整恢复中的 7 时左右，满载乘客的下行列车到达上海火车站时驶过了指示其停车的信号，与折返列车侧面碰撞。造成部分线路停运，大量乘客滞留。

（2）美国华盛顿轨道交通追尾事故

2009 年 6 月 22 日，美国华盛顿哥伦比亚特区与马里兰州交界处，两辆 6 节车厢的地铁列车发生追尾事故，7 人遇难，76 人受伤，为华盛顿 33 年来最严重的轨道交通事故。

二、公路交通事故

交通事故谱系中，航空最安全，依次为火车，道路交通因路况复杂，最易发生交通事故。据航空安全网的分析，全球航空安全在过去四十年间已有很大提升，若将 1973 年法国航空事故复制到 2013 年且考虑到当前的空中管理水平，发生一起致命空难风险几乎为零。尽管人们感到空难风险大，但统计发现平均每 440 万架航班才发生一起空难事故。西欧的空中航道十分拥挤，同北美航空公司一样，事故发生率在稳定下降。2014 年，欧洲航空事故率为每 100 万架航班有 0.15 架出事故（而 2009—2013 年，这个数据为 0.24）。

与公路相比，火车的安全系数也要高一个数量级，但管理与技术上的失当，火车也不会太平。仅 2015 年 11 月统计，美国、法国、巴基斯坦等国家铁路列车就运行不太平，发生了有较严重影响的脱轨事故：11 月 5 日，美国一列从佛蒙特州开往华盛顿特区的客运列车，机车与 4 节机箱脱轨，致 10 余人受伤；11 月 14 日，法国一列高速列车在东部城市斯特拉斯堡附近出轨，至少造成 10 人死亡；11 月 1 日，巴基斯坦一列火车在该国西南部俾路支那省脱轨，死伤百余人。

2011 年 12 月 6 日，国家安监总局通报 "7·23" 甬温线特别重大铁路交通事故调查进展，其留下的动车之恸是：高速铁路其运转轴心，应是安全等级的提高以及为了提高它而必须的高质量系统。铁道部失控的管理核心，其实是利润至上以及为了片面追求利益而表现出的种种弊端，于是才上演着种种匪夷所思的情景。一方面是专家们在大说"中国高铁安全至上"，另一方面则是事故频发；一方面是高票价必要的高承诺，另一方面则是多次晚点既不道歉整改、也未予任何赔偿。严重的是，"7·23"事故在远没有完成调查、认定、整改的情况下，便宣布"迅速恢复了通车与运营"，重商主义、急功近利的痼疾在蔓延。这里警示的真正该解决的则是作为公共服务的主体，是否将旅客安全放在一切工作的首位？高铁建设乃至运行中抢时间、争速度、一味赶超发达国家求政绩的后果，"7·23"温州动车组追尾、"9·29"上海地铁 10 号线追尾，都是在明知信号系统故障且改用人工调度情况下发生的重大交通事故。面对上海"9·27"10 号线地铁追尾事故致 271 人伤，可见大发展的中国轨道交通系统安全尚相当脆弱，尽管有学者一再指出轨道交通的技术原因，但人们明白再好的技术与硬件系统，也要人来操控，人的因素是事故之根，不对相关责任人（含领导者）进行实质性处罚，类似事故还会层出不穷。如果非要找技术层面原因，地铁乃至轨道交通已不属高科技，但为什么 2011 年 7 月 10 日出现京沪高铁触网因风振而导致两个多小时的停车事故？事实上，极端的触网风振会造成比停车更严重的事故，相比中国 2011 年成功发射的"天宫一号"和"神舟八号"控制系统，地铁及轨道控制是多么"小菜一碟"的事故。因为，面对高风险航天发射活动，"中国版"空间交会对接已经分设 200 多种故障预案，它似乎发问：动车与中国轨道交通就该事故高发，因为它还不是高技术；动车与高铁之殇的长歌当哭，因为我们尚缺乏事故责任意识与事故法制机制。

公路交通事故是类大问题，从事故地理区划看国内外都有交通事故"预警点"的研究，如伦敦交通管理部门在分析了 2015 年涉及伦敦市民的 1000 场车祸后，公布了 2015 年最容易发生事故的十个路口，其中某些路口也在 2014 年危险路口排行榜中。同样，我国公安部交管局也在 2015 年公布了 2014 年全国交通事故多发、死亡人数集中的十个路段。这十个路段的通车里程共计 153km，全年竟发生交通事故 1203 起，致 451 人死亡，平均每

10km 发生 78 起，死亡 30 人。排名前三的状况令人触目惊心：

● 国道 102 线天津河北交界 80 ～ 90km 路段，全年共发生交通事故 297 起，死亡 149 人，与 2013 年相比，该路段交通事故起数增加 71.2%。

● 国道 104 线山东境内 533 ～ 540km 路段，全年共发生交通事故 298 起，死亡 80 人，与 2013 年相比路段交通事故起数增加 230%。

● 国道 327 线山东境内 77 ～ 87km 路段，全年共发生交通事故 200 起，死亡 67 人，与 2013 年相比，该路段交通事故起数增加 280%。

道路交通事故中，伴随着高速公路的发展，高速公路交通安全管理任务艰巨。截至 2014 年年末，我国机动车驾驶人数突破 3 亿，机动车保有量 2.64 亿，公路总里程 446 万 km，其中高速公路 11 万 km。中国驾驶员数和高速公路里程居世界第一，汽车数量仅次于美国，居世界第二。高速公路交通事故总体经历了两个阶段，即自 1994 年至 2003 年，2003 年至今，虽高速公路交通事故占道路交通事故的比重在 5%，可高速公路交通死亡人数占道路交通总死亡人数比例徘徊在高位，如 2006 年我国高速公路交通死亡人数达到峰值，死亡 6647 人，占当年道路交通总死亡人数的 7.43%，至 2013 年虽高速公路交通事故死亡人数缓降为 5843 人，但与当年道路交通事故死亡人数比例则上升近 10%。从交通安全管理上说明，在高速公路这样的复杂动态系统上，人、车、路（环境）、管理各要素间的耦合作用，支撑着交通系统安全、有序畅通、高效运作，而道路交通事故发生时，与交通动态系统失调且管理还停滞在低水平上有关。

三、水上交通事故

2015 年 12 月 30 日，国务院批复的"东方之星"号客轮翻沉事件调查报告公布。经国务院调查组调查认定，"东方之星"号客轮翻沉事件是一起由突发罕见强对流天气——飑线伴有下击暴流带来的强风暴雨袭击导致的特别重大灾难性事件。2015 年 6 月 1 日 21 时 32 分，重庆东方轮船公司所属"东方之星"号由南京开往重庆，当船行至湖北省荆州市监利县长江大马洲水道时翻沉，致 442 人死亡。从目前公布的事故原因看，事件调查组历时 6 个月，针对"风"的问题，"船"的问题，"人"的问题得出了极端气象灾害是酿成悲剧的主因。当有人质疑，为何在同一水域其他船未翻沉？调查组的专家解释：6月1日21时至22时，上行的"长航江宁"轮、"东方之星"轮和下行的"翔渝9号"航经大马洲水道时，均突遇暴风雨袭击。由于"长航江宁"轮和"翔渝9号"轮抗风能力远远高于"东方之星"轮，所以这两艘船舶安全无恙，"东方之星"轮抗风压倾覆能力不足以抵抗所遭遇的极端恶劣天气。国务院调查组建议对检查出的在常态安全治理中负有责任的43名有关人员给予党纪、政纪处分，包括企业7人，行政管理部门、地方党政部门36人。其中，副省级干部1人，厅局级干部8人，县处级干部14人。在国务院调查组明确的七点防范措施中，涉及恶劣天气的警示就有两条：进一步严格恶劣天气条件下长江旅游客船禁限航措施；进一步加强长江航运恶劣天气风险预警能力建设。对此，城市管理者要思考并联想的是：长江航运的风险应急预案究竟是如何编制？如何评审的？为什么"东方之星"抗极端气象能力低的船只，非要在暴雨中坚持航行呢？长江航运已经百余年，此次极端气象灾害招致的后果，是气象预报研判不足，还是企业主体不顾旅客生命安危要冒风险……这一切问题均暴露了重庆城市安全管理上的漏洞及疏忽。

面对中国长江祭祀，除了震惊悲伤、扼腕叹息外，更要叩问并铭记。这里联想到1997年英国泰晤士河运沙船沉船事故的启示。19年前的1997年10月27日早7时，英国泰晤士河发生了运沙船沉没事故，英国环境交通与地区部海事船舶事故调查局于1999年4月发布《1997年10月27日风筝号运沙船碰撞泰晤士挡潮闸质询报告》，英国船舶事故调查局对伦敦港务局提出四点建议：1）修订挡潮闸控制区的调度规则，在能见度低的条件下，限制超船区域的范围；2）鼓励指挥中心更主动地保障河道安全，预制形势；3）安装可见度遥测装置，实时监控挡潮闸的能见度和过船流量；4）安装必要的灯塔装置，帮助船长和领航员辨识、识别正确航道。据此提出我国水上交通安全管理的启示：

其一，海事部门在恶劣天气下进行预警和管理。恶劣天气是船舶实施的主要客观原因之一，必须加快对大雾和暴风雨的预报预警机制建立。

其二，在风险较大的地区设置控制区极为重要。如英国风筝号事发挡潮闸控制区；韩国岁月号事发源于仁川—济州岛航线的暗礁区，水流速度8km/h，在此设置灯塔等警示极其必要。

其三，必须安装可靠的导航和报警系统。英国 1997 年便在内河运营的航船上安装了 GPS 导航系统，韩国岁月号也有相应装置，所以搜救工作可很快准确展开。而我国的"东方之星"未安装此系统，6 月 1 日晚 21 : 30 失事，到 6 月 2 日 1 : 00，长江干线水上搜救协调中心才得知信息，说明我国内河航运安全监控信息管理非常不到位。

其四，强化对船长安全风险管理。风筝号因一时冲动而超航，岁月号船长因船舶出发晚赶时间开快船，而"东方之星"船长反复超越同航向的"长江观光 6 号"旅游船等，都说明加强船长安全意识极其重要，但目前对这些人为因素反思很少，这是不争的"东方之星"翻船的潜在风险。

第三节　城市火灾事故

一、吉林"6·3"大火拷问的不应仅是救援力

2013 年 6 月 3 日晨 6 时 30 分，吉林德惠市宝源丰禽业公司发生特别重大火灾事故，截至 6 月 4 日早 7 时 30 分事故已致 120 人死亡，伤 77 人。据几天来多方信息披露，消防设备不"消防"、逃生通道难"逃生"、工人缺乏必要逃生技能等，都成为造成此次重大群死群伤事故的主要原因。尽管国务院吉林大火事故调查组强调，全国要借机加强社会面的火灾防控工作，不少媒体在灾难报道中也责怪车间火灾何以如此伤亡惨重在于车间内没有应急灯、没有灭火器，将事故之难归于国家的公共消防设施"欠账"太严重上。照此推算，这场悲剧即与管理部门、与企业没有了干系，企业之所以不能防火于未"燃"，完全是因为无消防设备所致，这是何等有害的逻辑！试问如此大型企业何止一次次"应付"或称"躲过"消防与安全大检查，是什么纵容了企业的不安全生产，助长了管理者的侥幸心理，又是什么剥夺了劳动者安全生产与生活的权力。逃生门被堵，暴露出的不仅仅是安全生命门设置与管理上的问题，更是我们国家整体的防灾减灾教育，特别是职业健康安全教育通道的堵塞。

何为强化安全、防灾减灾的决定性力量？2013 年初夏，短短四天东三省已燃三把大火，特大事故与灾难考验着平安中国：2013 年 5 月 31 日，中储粮黑龙江林甸直属库发生火灾；6 月 2 日，中石油辽宁大连石化分公司发生油渣罐爆炸事故；6 月 3 日，吉林宝源丰禽业有限公司大火。吉林"6·3"火灾拷问的不该仅仅是消防问题。面对令人心痛的"灾后重视"，我们有责任发问，但万不可以救援的名义掩饰灾难背后的责任，尤其要警惕度过眼前就"好了伤疤忘了痛"，事实上无数的灾事，都以难持久的"灾后重视"而告罢，每次血的教训，政府都必须拿出一次强于一次的举措，它必须要求各级公务员及其企业负起尊重并保护生命的责任。尽管眼前对吉林"6·3"大火惨剧的分析强调夺命的是"液氨"，但这种判断有失公允，是谁让"液氨"杀人？"液氨"怎会自己杀人？正如同大地震造成人员伤亡的分析一样，不是大地震致人死亡，而是因为房倒屋塌；同样"液氨"也是无罪的，应严惩的是长期以来安全防灾"走形式"、"摆样子"骗人的管理漏洞。

我国历史上的安全逃生门被堵的惨剧比比皆是：1994 年 12 月 8 日，克拉玛依友谊宫大火，8 个安全门，只有一个卷闸门开启，致 325 人遇难；2000 年 12 月 25 日，河南洛阳车都大厦，4 个疏散通道有三个被铁栅栏封堵，309 人丧生；2003 年，北京海淀蓝极速网吧大火，楼梯走廊狭长且呈反"L"形，唯一的逃生通道又被封闭，致 25 人死亡……如此长长的遇难者名单，仿佛都在倾诉，为什么每场火灾都是难打开的门加剧着灾难。同样，在美国也有惨痛的 1911 年纽约工厂火灾，事故中有 146 人丧生火海，但事后，这被锁住的门被称作 146 人生命代价的"死亡陷阱"，美国修改的《劳动法》就强行要求车间每层必须有至少两个出口，同时企业每 3 个月就必须真正展开一次消防演练，试问我国每年的 6 月安全生产月及每年的 11.9 消防日，何时活动不再"虚设"，何时真正有铁一般的制度来一次真正的员工演练？还要警示的是：吉林"6·3"大火后，全国正进行一次拉网式地毯式搜索，试问在正视火灾隐患时，是否真正观察到城市尚有甚于企业生产的安全隐患呢？在全国各大中城市，超过 9 层的高层住宅"楼龄"在 20 年的就有数万栋，但消防报警、消防控制设备及消防水泵的完好率已不足 20%，绝大多数楼宇的消防系统或被拆除，或被闲置，一旦高层住宅起火，新的"火烧连营"的事故就会发生，这是置于眼前，但目前尚未医治的"大隐患"。

教训认知与追问还有四方面建议：

（1）国家和地方、企业如何从此次事故中再一次汲取教训，树立"安全第一"理念。"安全第一"的观念由来已久，早在1922年中国共产党就提出"劳动保护"的口号，1960年，当我国第一艘万吨轮"跃进"号在航运中触礁沉没后，周恩来总理便再次强调要生产"安全第一"，迄今无论是《安全生产法》还是《突发事件应对法》都强化了事故灾难的监督问责，问题是此次特别重大事故该如何问责，不可简单用事后救援的成绩来弥补。"责任在哪"。它的按规处置不仅决定着公允，更决定着政府真正为民做主的形象与姿态。

（2）应从一系列火灾事故中联想到城市工业化灾难的抬头趋势。但2013年年初以来，各级安全主管部门在事故平稳期就宣称安全生产形势大好，一再明示无特大群死群伤事故，不少媒体也曾不负责地对此作了赞誉性报道，正是这种由上而下的远远超越侥幸危害的心态，助长了形式主义盛行，应急预案、尤其是安全生产大检查成为摆设，这是我们必须予以"最严"措施的改观之处，它发问天天强调的安全监督体系为什么还有空白。

（3）一次次大火告诫人们，城市人为灾害是必须加大力度研究的课题。如果说自然巨灾难以预防，但人为灾难是完全有希望减少并控制的，问题是城市安全发展与企业生产安全环境的建立，必须确立综合减灾即同时防御自然与人为灾害的准备。

（4）惊世火灾暴露出我国综合减灾管理上的诸多漏洞。生存与发展，尤其是生产与生活的安全已成为所有文明社会的底线，从事故风险层面看，火灾发生的概率恰如同在上班途中乘地铁竟遭遇事故一样不应该，并非高危行业的事故，它更让人不得不联想，如果该企业没有致命的生产安全保障上的缺陷，绝不会有如此惨重的硬伤，由此怎能断言我国安全生产不严峻？政府与社会仅靠"重视"是不够的，真正要借此事故强悍推进包括教训总结、告知公众、敬畏死者，特别要意识到中国城镇化进程这类事故"冰山"、"死角"并不在少数，如果放任并"原谅"了此次事故，可怕的是它将在美丽中国进程中引发更大的惊恐与不满，它将动摇中国城市安全减灾立法与执法中监管体系的可信度。

二、特殊场所的防火减灾

2015 年 5 月 25 日晚，河南省平顶山市鲁山县康乐园老年公寓发生火灾，火灾现场搜救出 44 人，其中 38 人死亡，6 人受伤。这么多位老人因何殒命火海，疑似火源自电工房而来，而且火灾发生在老人的不能自理区，过火区域有床位 51 个，火灾当晚有 44 人居住。勘查发现，着火的房子质量比较差，没有地基，也不只砖墙，就是铁塔架子，铁皮做的外墙。调研中可见，鲁山县地处河南省中西部，此次失火的康乐园老年公寓，占地面积 30 亩，建筑面积 600m²，可容纳 130 人入驻养老。老年公寓包括 2 个自理养老区，1 个个自理养老区，1 个不能自理养老区，此次火灾恰恰发生在不能自理区。此次恶性事故暴露出基层养老机构在建设、管理、服务诸方面的隐患，也折射出中国养老资源分布不均衡的现状。事实上，无论是养老院，还是日常生活，火灾爆炸隐患往往是身边不以为然的东西，它们是：1）超期服役的煤气罐；2）不常清洁的高压锅；3）高温条件下车里的打火机；4）过度加热清水的微波炉；5）比较老旧的热水袋；6）危险的电极式电暖袋；7）受到挤压的充电宝，内部短路易自燃或爆炸。

据此，从安全管理上要求养老院要具备如下的防火要求：其一，养老院不应设置在地下或半地下；其二，养老院采用三级耐火等级的建筑物时，不应超过二层；其三，采用四级耐火等级建筑物时，一定为平房；其四，设置在三层耐火等级的建筑内时，应将养老院布置在首层或二层中。综合讲，从管理上要把握住如下方面，即老年人或残障人的危险因素评估与弱点分析，其生理与心理上的弱点把握，对实施安全设计及管理十分重要。具体到养老院的安全隐患管理要注意：

电气线路是否存在安全隐患。由于维护不到位，电线老化、插座破损，使用过大负荷电器等均易造成线路老化，发生火灾的可能性很大。

消防设施维护配置不到位。由于配置不足、数量不够、系统欠压等原因，增加了火灾下失救的可能性，若房屋老旧且应急照明灯及疏散指示标志不明更增加了火灾后无法逃生的危险。

消防空间被占用。某些养老院将杂物堆放在已经很有限的疏散空间上，尤其是可燃物品,导致通道在火灾时烟雾弥漫,不仅令人窒息更会招致明火等。

养老院从业管理者要提高安全意识。对养老院的安全而言,至少管理者要有两重意识:其一,周边防御,即在养老院周围确定一种区域,防范各种外来的"侵袭",特别是室外大火对养老院的波及;其二,要了解有关养老建筑、火灾、生命安全的法规及法规执行的政策,逐步实施与老人的安全沟通,如与老人交流、对养老院安全调查、新旧居住者的体验、必要的养老院的安全教育演练及安全措施宣讲等。事实上,养老院对来自周边的外界灾难只是有能力减弱,唯有对养老院内部空间可以有充分的预防灾害计划、应对与恢复策略。要牢记"通过教育做好预防比从灾难中吸取教训要好得多"。

现代城市除诸如养老院、托幼机构、中小学校、医院等弱势群体集中的地方外,高层建筑防火与火灾同样必须高度重视。然而严峻的现实是,所有城市均以建设超高层建筑作为自己的标志,但大量高层建筑火灾事例说明其火灾危险性具有不可逆性,如 2007 年 12 月温州市 30 层的温富大厦火灾,致 21 人死亡;2010 年 11 月 15 日,上海静安区 28 层住宅因外立面装修,引燃周边易燃物,导致 58 人遇难,70 人受伤;1996 年 11 月 20 日,香港 15 层商业楼嘉利大厦发生火灾,至少 7 层楼被全部焚毁,致 40 人死亡,81 人受伤……据此必然有如下安全管理建议:

(1)要对我国各城市 1990 年以来的高层建筑予以逐一排查,消除用电、用火隐患,检查是否配备足够完好的消防设施与器材;

(2)除严格高层建筑消防审查外,将所有高层建筑纳入城市消防重点单位名单;

(3)严格执行各项高层建筑消防安全管理制度及操作规程;

(4)严格消防设施检查及维护制度,确保高层楼宇消防系统设备的完好率;

(5)尽早将新中国成立以来早期高层建筑消防设施维护保养,更换机制理顺,确保城市防火减灾措施的落地,尤其要关注居民高层住宅消防设备完好率的"空白"。

第四节　建设施工事故

一、20世纪十大工程技术灾难

20世纪人类对新技术的依赖呈过度膨胀态，但往往放松了对技术进步的正反两重性的认知，现实是墨菲法则往往导致事与愿违。以防洪为例，科技至少在三方面改变了洪泛区或热带风暴地区生活的危险性，其一，借在地图上标出非常可能受到灾害袭击的区域，限制城市或工程新的开发，以求合理地应对风险；其二，改进了控制风暴冲击和洪水泛滥的防灾设施；其三，通过交通工具如汽车、飞机等疏散手段，大幅度且便利很多。1900年迄今，美国因热带风暴造成的死亡人数已从每年六千人，降至仅数十人，但由于新建筑的原因，财产损失却不断上升。在防洪技术发展上得到的"报复"是：1）良好的预测预报技术会助长一种可怕的信赖倾向，如准点的列车，都可能对"熟悉"可靠行程的人们造成惨重损失；2）气象预报愈显准确，人们对它的依赖性就越强；3）防护措施虽会促进沿海地区更大的发展，却不会激励房屋买主要求更安全的建筑标准等。现实中，尽管真正的报复并不是人们有意造成的，从一定意义上看，事故乃至灾祸成为变革的有力杠杆，这是我们应正视的工程技术历史上既可悲又可喜的不争事实。以下归纳的20世纪十大工程技术灾难，并非全面，但确有典型意义，旨在告诉城市管理者，人类要从建设事故中汲取教训，无论过去还是现在，不恰当的安全设备及其安全设计，会助长冒险行动，会引发报复效应。

魁北克大桥灾难：魁北克大桥本应是美国著名设计师特奥多罗·库帕的一个有价值的杰作，库帕也称自己的设计是最佳、最省的，他异想天开地将大桥的长度由原来的500m增至600m，梦想造一座当时世界上最长的桥。1907年8月29日，正当投资兴建大桥的人士开始考虑如何为大桥的落成剪彩时，大桥的整个金属结构垮了，19000t钢材及86位建桥工人坠入水中，只有11人生还，这是由设计师盲目自信忽略了对桥梁承重的安全计算酿成的悲剧。

泰坦尼克号灾难。泰坦尼克号是一艘豪华的英国游轮，有 11 层楼高，相当于 3 个足球场长，系当时海上最大规模的豪华巨轮。船底是双层，分成 16 个水密舱，被认为是"永不会沉没之船"。1912 年 4 月 14 日午夜，该船以 41km 的时速行至纽芬兰大浅滩南 150km 处，因当时船长没有意识到正面临的危险而使船速过快，船与 46000t 重的巨大浮冰相撞，致 5 个水密舱破裂而全船沉没，1513 人丧生（当时船上有 2224 人，救生艇只可容纳 1178人）。

兴登堡气球灾难。兴登堡气球约 300m 长，是当时升向天空的最大球体，由德国人操纵，球内装有 30 万 m³ 氢气。1937 年 5 月 6 日，该气球在美国新泽西州降落时，突然发生爆炸，气球顿时变成一个巨大的火把，令人难以置信的是，在 97 名乘客中竟有 61 人死里逃生。调查表明，氢气球降落时，一个氢气垫可能破裂，随后由电火花或空中释放的电点燃了从裂缝中漏出的氢气。

"长尾鲨"号核潜艇灾害。该核潜艇长 85m，排水量 3750t，载有萨布罗克反潜导弹，也系当时最大的核弹。它是美国同级核动力攻击潜艇中的第一艘，于 1960 年 7 月 9 日下水。1963 年 4 月 10 日，在距好望角 408km 处做下潜 300m 的潜水试验时，神秘沉入 2300m 深的海底，夺去了 129 名船员的生命，成为潜艇史上最大的悲剧。

维昂特河拱坝灾难。横亘于意大利维昂特河的混凝土拱坝，位于两座陡峭的山坡之间。1963 年 10 月 9 日，一股水流自维昂特大坝上 100m 高处直泻而下，在仅仅几秒钟内就淹没了 5 个村庄，4000 人丧生，可奇怪的是大坝与水库如常。调查发现，由于连续四周的降雨，没过了大坝边的山坡，将 1.5 亿 t 的泥石自山坡滑入长 7km、深 300m 的水库中，使等量的水从库中挑出，这些水席卷了山谷中遇到的一切，对此大坝的设计者是有严重失误的。

DC-10 客机灾难。1974 年 3 月 3 日，土耳其航空公司一架美制 DC-10 客机从巴黎的奥利机场起飞，载有 335 名旅客，11 名机组人员飞往伦敦。8min 后，爆炸毁灭了这个庞然大物及全部机上人员，造成当时最大空难，问题也缘自飞机的行李舱的舱门设计有误。

哈里斯堡核反应堆灾难。1979 年 3 月，美国宾夕法尼亚州的哈里斯堡核反应堆发生一起事故，由于在场的工作人员迅速采取措施，及时排除了即将发生的悲剧。这一事故警示核安全系统的是，不仅要配备活性物质，还要配备纯性物质，以确保系统安全。

堪萨斯城饭店坍塌。1978年冬，美国霍华德市中心大厅因大雪压顶而倒塌，庆幸的是其中空无一人。1981年7月17日，堪萨斯城饭店发生坍塌事件，玻璃大厅内聚集1500人，造成113人死亡，200人受重伤。对这一惨案的分析结论是：空中通道和凉台的构造设计有缺陷，从墙壁至立柱空间距离太长等。

博帕尔化工厂灾难。1984年12月3日，印度博帕尔化工厂生产的农药成分的毒云笼罩了全城，人们在朦胧中就被毒气窒息，约有1万人丧生，另有10万人不同程度中毒。后来该公司宣布，造成此次事故的原因是，在甲烷储存罐中错误地倒入了100L的水，水使甲烷的温度升到200℃，压力挤开了储存罐中的阀门，毒气四散飘去。

切尔诺贝利核电站灾难。1986年4月26日凌晨，苏联基辅以北130km处的切尔诺贝利核电站4号反应堆发生剧烈爆炸，大量放射性物质外泄，7天后大火扑灭，150天后，已报废的4号反应堆被埋在巨大的"石棺"下。苏联当局承认，事故的原因属于人为失误的技术风险过失。

二、建筑安全的问题

建筑安全指在新建、改建、扩建、拆除等建设工程的设计与施工过程中发生的危及人员安全或导致人员伤亡，以及由于施工原因危及社会和公众安全，导致国家和人民财产遭受严重损失的事故。其主要事故类型有：

（1）高处坠落。国家标准规定，处在坠落高度2m以上位置的施工作业为高处作业。为有效利用建设用地，近年来，城市新建高层和超高层建筑日趋增多。施工过程中楼体四周围护结构和门窗玻璃尚未安装完善，楼内设备安装需要在地面和墙体上预留许多孔洞，大大增加了施工人员意外坠落的风险，如防护设施不全或存在缺陷，操作人员防范意识不够，都易发生事故。

（2）物体打击。指高空坠落或运动中物体击中人体造成的伤害事故。施工现场处和楼层内建筑材料如砌块、钢管、小钢模板，以及扣件、手持工具等小物件，由于码放不稳或受强风吹拂或人为原因从高处坠落。一些高大物体如大型钢模板、混凝土布料杆、大型加气块板材、平板玻璃等码放不平稳，受外界扰动倾倒砸中施工人员，也会造成物体打击事故。

（3）机械伤害。指使用建筑机械和手动工具如钢筋加工机械、木工机械和起重吊装等垂直运输机械时，外露运动部件防护设施不到位或缺失，或操作和检修维护违反操作规程，或注意力不集中碰到操作装置导致机械意外运转后身体意外接触而发生机械伤害事故。

（4）坍塌淹溺。建筑物结构基础施工阶段需要挖掘较深基坑，有的深达十几米到二十几米。基坑四周边坡需要按照规定设置护坡结构。如基坑四周土层性质存在差异，遇不明地下设施和突变地质条件，也会导致边坡失稳造成坍塌和淹溺事故。

（5）触电伤害。电力是施工现场主要动力，各种建筑机械、起重吊装机械和焊接加工机械，以至手持电动工具等都需要电力驱动，工程现场的办公室、宿舍和施工建筑物内阴暗场所都需要电力照明。但由于环境因素干扰和施工人员疏忽大意，仍有可能发生触电伤害事故。高空吊装作业碰到架空线路也容易造成高压触电事故。

（6）火灾火险。施工现场使用和存放的建筑材料有些是易燃可燃材料，如油漆和稀释剂、防水卷材和涂料、保温材料和绝缘材料、木制模板、防护绳网等。如使用保管不当，遇明火会酿成火灾。交叉作业在较高位置焊接作业，熔融焊渣也可能引燃。需要加温的防水作业、金属切割作业、材料烘烤作业以及施工用电线路如超负荷运行、现场违规吸烟等也都可能导致火灾。

2015年9月11日，位于沙特阿拉伯麦加的伊斯兰圣地麦加清真寺，发生塔吊倒塌事故，事故当场致107人死亡，230人受伤。该寺位于麦加城的中心，是伊斯兰教第一圣寺，由于该寺正在进行改扩建施工，数十座塔吊矗立内外，倒塌的塔吊为最高的。事故发生时，麦加城正遭狂风暴雨天气，风力达到每小时55km。事实上，塔吊倒塌事故在我国建设项目中也不罕见。2015年，国家安监总局的"市政工程等行业事故分析"报告中，研究了自2012年至2015年的城市建设中的事故，无论在事故起数还是死亡人数，市政工程与建筑施工都排在前列。发生在地下空间中的事故高发：地下有限空间事故 78 起，死亡 288 人；地上有限空间事故及密闭设备事故各 19 起，死亡 135 人。究其主要原因：缺少风险辨识和现场处置方案，有些事故不仅不按应急预案救援，甚至还违章乱指挥，如 2013 年青海西宁火车站改造工程发生的"5·24"窒息事故，就暴露出企业对现场地质结构、周边环境掌握不充分，对安全生产风险评估不足，因此未配备有毒、有害气体监测设备及专门人员；应急管理法规不健全，使有些不合格中介机构有机可乘，如某些项目安全评估搞"变通"；2015 年，山西晋城市瑞兴化工公司"5·16"中毒事故，暴露出企业设计存在先天缺陷，冷却池外墙高出地面 2m 多，致使地面人员难以了解其中险情，当通过楼梯爬上冷却池已身处险境等。可见，城市建设施工安全管理，重在展开必要的项目风险评估及应急能力认可，尤其要强化有限空间作业的安全管理及跟踪，要从源头上采取遏制措施。

第五节　城市工业化事故

一、从天津港"8·12"火灾爆炸事件处理谈起

2016 年 2 月 5 日，国务院批复了天津港"8·12"瑞海公司危化品仓库特别重大火灾爆炸事故调查报告。2015 年 8 月 12 日，位于天津市滨海新区天津港的瑞海国际物流有限公司危险品仓库发生火灾爆炸事故，造成 165 人遇难（其中参与救援处置的公安消防人员 110 人，事故企业、周边企业员工和周边居民 55 人）、8 人失踪（其中天津港消防人员 5 人，周边企业员工、天津港消防人员家属 3 人），798 人受伤（伤情重及较重的伤员 58 人、轻伤员 740 人）。公安、检察机关对 49 名企业人员和行政监察对象依法立案侦查并采取刑事强制措施。其中，公安机关对 24 名相关企业人员依法立案侦查并采取刑事强制措施（瑞海公司 13 人，中介和技术服务机构 11 人）；检察机关对 25 名行政监察对象依法立案侦查并采取刑事强制措施（正厅级 2 人，副厅级 7 人，处级 16 人），其中交通运输部门 9 人，海关系统 5 人，天津港（集团）有限公司 5 人，安全监管部门 4 人，规划部门 2 人。

根据事故原因调查和事故责任认定结果，调查组另对 123 名责任人员提

出了处理意见，建议对 74 名责任人员给予党纪政纪处分，其中省部级 5 人，厅局级 22 人，县处级 22 人，科级及以下 25 人；对其他 48 名责任人员，建议由天津市纪委及相关部门视情予以诫勉谈话或批评教育；1 名责任人员在事故调查处理期间病故，建议不再给予其处分。

依据《安全生产法》等法律法规，调查组建议吊销瑞海公司有关证照并处罚款，企业相关主要负责人终身不得担任本行业生产经营单位的负责人。针对事故暴露出的问题，调查组提出了十个方面的防范措施和建议。

坚持安全第一的方针，切实把安全生产工作摆在更加突出的位置；推动生产经营单位落实安全生产主体责任，任何企业均不得违法违规变更经营资质；进一步理顺港口安全管理体制，明确相关部门安全监管职责；完善规章制度，着力提高危险化学品安全监管法治化水平；建立健全危险化学品安全监管体制机制，完善法律法规和标准体系；建立全国统一的监管信息平台，加强危险化学品监控监管；严格执行城市总体规划，严格安全准入条件；大力加强应急救援力量建设和特殊器材装备配备，提升生产安全事故应急处置能力；严格安全评价、环境影响评价等中介机构的监管，规范其从业行为；集中开展危险化学品安全专项整治行动，消除各类安全隐患。

总括天津港 "8·12" 的主要教训是：1）事故企业严重违法违规经营；2）有关地方政府安全发展意识不强；3）有关地方和部门违反法定城市规划；4）有关职能部门有法不依、执法不严，有的人员甚至贪赃枉法；5）港口管理体制不顺，安全管理不到位；6）危险化学品安全监管体制不顺、机制不完善；7）危险化学品安全管理法律、法规、标准不健全；8）危险化学品事故应急处置能力不足等。

化工行业是一个基础工业门类，高度关注并确保化工安全至关重要。由天津港 "8·12" 爆炸事件，有人建议要思考天津 "去化工" 的发展策略，这是消极之举。天津近现代历史上就有化工的基础，重要的是如何建立起一个高效、安全的危化品物流系统，提升化工物流的安全度才是根本。重点在于，天津港爆炸事件又一次引发业内外对化工行业 "大跃进式" 发展的反思：许多企业曾不止一次搬迁，工业园区化成为趋势，重大风险源变来变去，如何排除？国内化工园区星罗棋布，但危化品库十分短缺，快速扩张埋下了多少隐患？增长速度过快，人才与管理难以适应，致使安全事故频发。如此全国化工布局使风险在集聚，使欠安全的局面在发展。由此联想到 2001 年"9·11"事件 10 天后，发生在法国西南部工业城市图卢兹化工厂的大爆炸事件，工厂顷刻间被炸成一个超过 50m 宽，15m 深的大坑，两座厂房夷为平地，致31 人死亡，2500 人受伤，爆炸的气浪炸毁了周边 6km 半径内近 3 万套住房及几百家企业（能量相当于 3.4 级地震）。爆炸后，时任法国总统希拉克赶到现场，曾怀疑这是一场恐怖袭击。事实是爆炸 15min 前，数公斤的二氯异氰钠乱放在 500kg 硝酸铵旁边，引发了 300t 硝酸铵（制造炸弹的原料）发生爆炸。这家化工厂原在 1924 年建成，后来伴随着图卢兹城市发展，工厂附近居民房增加，甚至有学校及商店，而环境和健康巡查员也未太过关注这个居民区的大隐患。法国有 1500 个危化品的工厂，欧盟早在 20 世纪 90 年代中期就做出规定，类似危险企业要严格监管，"塞韦索企业"成为危险企业代名词。此后图卢兹市长提议所有法国人对"任何处于居民区附近的化工厂是否必要"展开大讨论，他声称"法国人不应与炸弹共眠"、"我们不能再让市民在工作与生命间做出选择"。

二、天津港"8·12"爆炸事件该如何汲取教训

早在 2013 年联合国国际减灾战略提出的《以合作减少灾害风险》的报告，是基于调查雀巢、沃尔玛、通用电气、花旗集团和英国天然气集团的14 家全球领先企业的灾难风险管理办法后提出的，报告指出"所有企业都置身于一个当地、地区和全球背景，有各种利益相关者的环境。公司同所有这些利益相关者合作会在灾害风险的预防、应对和恢复方面发挥更大作用。"天津港事件不仅损失巨大，人员伤亡巨大，而且影响范围宽泛，它既是长远的生态问题，也有难以估量的社会后遗症。所以，且不能只从天津港暴露出的城市工业灾害出发去"检讨"，而必须使之上升到中国各个城市层面的非传统安全去考量，再反思天津港对危化品和易燃易爆品安全管理的问题时，更要给全国其他城市带来警醒。据全国危化品企业透明度民间调查表明，至今国家尚无法真正完成"危险地图"的绘制（因为国家都还不清楚）。具体讲：只有 6 个省级安监部门同时主动公开危化品生产和经营许可证信息；只有 9

个省级安监部门即公布了许可的生产危化品种类，也公布其产量；只有 11 个省级安监部门提供了危化品企业的精确地址及联系方式；只有 12 个省级安监部门能按季度及时公布危化品企业信息。

何为天津港"8·12"爆炸案的重大问题，迄今还有政府与媒体宣称，事故本身折射出公众风险防范意识薄弱，对此我们无法认同。任何事故的发生都难脱离管理者，此类事故，城市各级管理者应担主要责任。上海市应急办在对其危化品应对调研中提出了尚存的五大薄弱环节：1）专业队伍处置能力有待提高；2）专业装备和物资储备还需充实；3）针对复杂危化品事故的综合演练偏少；4）事发地区属地责任意识有待加强；5）危化品生产、存储、使用、经营和运输的安全管理仍有盲区。同时公布了上海对危化品事故应急救援和处置预案体系，即以市级专项应急预案《上海市处置危化品事故应急预案》为领衔，消防系统《危化品抢险救援应急预案》、《处置危化品和民用爆炸物品道路运输突发事故工作预案》为主体，化工区单元应急预案、区县配套应急预案为基础，企业各类工作预案和处置规程为支撑，《突发公共事件医疗卫生救援应急预案》、《突发事件人员疏散撤离和避难场所启动应急预案》、《突发事件信息发布应急预案》为补充，基本上涵盖了城市安全生产与安全生产可保障的各个环节。

作为一种危化品处置管理理念，这里还有一些个案：

2015 年 8 月 14 日，美国得克萨斯州休斯敦旁某市化学品供应公司发生一系列大爆炸，从下午 4 点 40 分一直燃烧到下午 6 点，指挥部见烧得差不多了才下令消防队进入浇泡沫灭火，到 6 点 51 分官方宣布灾害基本控制住了。他们的理念是，我们也需要时间以便确定使用何种阻燃剂。灭火时，消防队最好的行动也许就是先不行动，旨在减少盲目，决不让消防队员置于任何危险之中。比利时安特卫普港系欧洲第三大港，拥有全球最大的港区面积和欧洲最大的石化工业集群及危化品转运中心，世界十大化学品生产商及诸如道达尔、埃克森美孚等大型油气供应商，都在此设立工厂、仓库或物流设施。自建港以来，这里未曾发生过一起危化品重大安全事故，其六大安全管理措施实用且全面，即应急机制多层次、应急准备全天候、应急救援分工协调、险情判断准确及时、风险禁区划分科学合理、信息发布权威及时有信用。

天津港"8·12"爆炸案还进一步拷问试行的《危化品生产、储存个人可接受风险标准和社会可接受风险标准》的问题。可接受风险标准是针对人员安全而设定的,根据不同防护目标在人群的疏散难易将防护目标分为低密度、高密度和特殊密度三类,将老人、儿童、病人等自我保护能力较低的脆弱性人群视为敏感目标。个人可接受风险标准描述的是危化装置周边某一固定位置处单个人员对风险的可接受水平,而社会可接受风险标准是对个人可接受风险标准的补充,以避免个人风险满足标准时,因人群密集度高所导致的群死群伤事故的发生。如100年发生一次死亡100人事故和100年发生100次1人死亡的事故的个人风险相同,但我们从管理上必须采取措施进一步避免1次死亡100人的事故发生,所以要考虑危化品周边的人口密集度,特别需要权衡城市社会可接受风险标准的补充。

第六节　伦敦雾霾事件与治理

生态兴则城市兴,生态衰则文明衰。用演进之眼审视中外城市生态环境公害事件,对认知并找到城市生态安全建设的综合之路,不仅有技术价值,更有政策与管理意义。这里先从伦敦烟雾事件说起:

伦敦烟雾事件指发生于1952年12月5—8日的雾霾污染事件。主要首因是冬季燃煤取暖为主和燃煤火力发电站的普遍使用,造成煤炭燃烧产生的气体与污染物由于逆温层的作用在城市上空大量蓄积,引起连续数日的大雾天气,4天中伦敦市死亡人数达四千人,几个月内死亡达1.2万人。48岁以上的人群死亡率为平时的3倍,1岁以下人群死亡率为平时的2倍,患支气管炎、冠心病、心脏衰竭和结核病死亡率分别为前一周9.5倍、2.4倍、2.8倍和5.5倍。概括地说,伦敦自中世纪就开始出现城市大气污染问题,雾霾天气也越来越频繁。从19世纪末到20世纪70年代初,伦敦已是世界闻名的"雾都",其特点主要有五方面:1)特殊的自然气候,形成了伦敦浓浓的海雾与陆雾;2)伦敦煤炭燃烧产生的大量诱发雾霾的粉尘及SO_2,伴随汽车尾气中硫氧化物、氮氧化物在大气中氧化形成硫酸盐和硝酸盐气溶胶细微粒,并与扬尘共同组成伦敦雾霾的成分;3)由于城市化及高层建筑密度加剧,城市下垫面粗糙度逐年增加，城市零位移平面上升，城市静风现象增多；4）城市不断增加的人工硬质环境，导致辐射逆温现场增加，大气污染加重；5）城市大量人工高蓄热表面逐步代替原有自然环境，形成的立体城市下垫面近地层气温高于郊区，造成城市热岛及热岛环流现象。可见，伦敦严重的雾霾，不仅与特殊的气候条件相关，而且与伦敦城市发展有直接关系。由于英国政府与伦敦当局长达三十年的不懈努力，伦敦早已摘下"雾都"的帽子。伦敦的"毒雾"源于立法及执法的努力，源于对城市建设的科学规划及有序控制，它不是被"风"吹走的。

伦敦雾霾由来已久，到 18 世纪约每年 20 天，到 19 世纪末已为每年 60 天。事实上，针对雾霾立法早在 1273 年就有限制煤烟排放的法令，之后有《都市改善法》、《控制工厂排烟的规定》、《碱制造业控制法》、《环境卫生法》等，1875 年的《公共卫生法》体现了政府对未来街道设计的控制理念，但由于当时缺乏城乡规划的有效控制，并未能阻止雾霾现象。进入 20 世纪后，科学且系统的城市规划，使伦敦空气质量有所好转。如伦敦政府开始通过隔离城市工业区来控制城市大气污染，同时"封闭同心圆"的城市模式，并落实"城市绿带"，有序控制了城市无序扩张，优化了城市空间形态，减少了雾霾。其代表性法规有：1946 年《新城法》降低了城市中心建筑密度，为缓解城市静风现象创造条件；而 1956 年颁布的世界上第一部空气污染防治方案《清洁空气法》，强调城市里设无烟区，禁止烧煤，发电厂和重工业设施必须关闭等；1955 年还通过了"城市绿带"建设等一项重要城市规划控制手段；1974 年，英国颁布《污染控制法》，限制油品中硫的含量；1993 年，英国规定新车都必须加装消除尾气的催化剂；到 20 世纪中叶末期，伦敦的雾霾排放总量下降了 37%，同时伦敦年均雾霾天数也降至 30 天。特别指出，1980 年代至今，"绿色城市"建设宣告伦敦"雾都"不再，更说明这片固执的雾霾不是仅靠一阵风吹走的。具体讲，主要是落实了伦敦"绿色城市"的战略：

其一，在建设规模上，不断扩大城市绿地规模，提高城市自然表面覆盖率，如室内绿地及水体面积已占伦敦总土地面积的 2/3，城市外围绿地面积是城市面积的 2.82 倍，从而缓解了城市热岛效应。

其二，绿色城市的"绿链"及开放空间系统，提升了伦敦的环境质量。

1991 年，伦敦提出步行绿色道路网络、自行车绿色道路网络和生态绿色道路网络，大为优化了城市绿色道路系统。

其三，在空间形态上，伦敦在城市中顺应风向建设带状网络，如东风沿泰晤士河廊道将气态污染物吹散，西风则从市郊向市区内引入清新空气。这种有机结合风向配置的城市绿地形成了伦敦特有的绿色通风廊道。

其四，在政府生态管理的安全目标下，市内汽车流量得到控制，尾气排放也明显降低。在伦敦《交通 2025 年方案》中，计划到 2025 年，将伦敦的私车流量减少 9%，废气排放降低 12%。

从伦敦"雾都"演变与治理史，可见只有以政府为主的管理才彻底改变了城市形象。从 1970 年后，伦敦城市再没有发生过严重雾霾现象，如今再阴雨持续的伦敦也有极高的清晰度，人们可感受到更多的蓝天白云，伦敦的生态安全建设经验，为后世"治霾"积累了宝贵经验。

如果说，伦敦在生态安全建设上是一面镜子，那也不可忘却 20 世纪发生在全球诸国其他城市的环境公害事件：

（1）1930 年 12 月 1—15 日发生在比利时马斯河工业区的"烟雾事件"。该工业区全部位于狭窄的盆地中，特别地理位置和气候反常出现的持续逆温和大雾，导致污染物无法排出，仅一个星期有几千人发病，60 人死亡，是同期死亡人数的十多倍，这属于 20 世纪最早有记录的大气污染事件。

（2）1948 年 10 月 26—31 日，发生于美国宾夕法尼亚州多诺拉镇的多诺拉烟雾事件，短期内使 6000 人发病，20 人很快丧生。

（3）20 世纪 40 年代的美国洛杉矶烟雾事件，拥有 250 万辆汽车的洛杉矶形成固有的光化学烟雾，特别基于城市三面环山的地形使光化学烟雾扩散不开，令人呼吸憋闷、头昏，甚至在远离城市 100km 以外的 2000m 高山上的大片松林都枯死。

（4）1955—1961 年，日本四日市的哮喘事件。该市以石油冶炼和工业燃油污染最为严重，事件期间烟雾厚达 500m，产生了群体性哮喘病密集出现的情况。

（5）1953—1956 年，日本熊本县水俣湾的水俣病事件，其中甲基苯中毒人数为 283 人，很快有 66 人死亡。

（6）1955—1968 年，日本三井金属矿业公司神冈炼锌厂，将炼锌过程中未经处理精华的含镉废水长年累月地排泄到神通川中，致使服用居民体内蓄积而造成肾损害，引发"痛痛病"，在 258 例患者中，死亡 207 人。

（7）1968 年 3 月，日本九州市、爱知县一代的米糖油事件，造成九州、四国等地几十万只鸡突然死亡。

……

当然类似的生态环境公害事例还可列举许多，但它至少说明，要将环境生态安全的治理和青山绿色的营造作为重要的"民生"事件来对待，要实现从"盼温饱"向"盼环保"转化、从"求生存"向"求生态"的需求转化。近年来面对加剧的雾霾污染，我国治霾政策层层加码，从解决"民生之患，民心之痛"出发，亮出生态安全执法的"撒手锏"，严问责。

第七节　跨域水污染的城市警示

2005 年 11 月 13 日，中石油吉化 101 厂大爆炸及扑救过程将大量苯、硝基苯等污染物排放到松花江，形成长达百公里的污染团，由安全生产事故酿成的跨流域环境水公害事故。不管污染团是什么样的东西，所有人当时都很清楚问题的严重性，因为它已经随着江水往下游整整流了一个星期。对于水灾害，1998 年哈尔滨那场大洪水留给这个城市的经历，已经是一种防灾经验与教训。它至少说明，对于化工厂流域的安全事故，要环境保护应急一起应对。

污染团从事发的吉林市到哈尔滨市这段流域的运行时间是 8 天，算上冬季枯水期流速稍慢的原因，有可能向后推迟一点，所以预计是 12 天，但哈尔滨决策者宁愿更保守些。他们认为为了愈 400 万人的生命和水源，如果不及时关闭哈尔滨市供水管网的进水口，整个市政供水管网遭污染将是后患无穷的，为此哈尔滨并没有太多可支配的等待时间。污染团从吉林市出发，途径吉林松原市、黑龙江肇源市，到哈尔滨的整个流程是 700km，松花江江面会不会结冰？结冰后对流速影响有多大？上游的小丰满水库一会儿加大放水量一会儿减少放水量，都会造成决策时间的不准确。因此，哈尔滨城市的应急报告说明，跨域乃至跨国度的生态安全保障是应做出快速选择的管理之思。

对于此次跨域的水污染事件，停水四天，对当时拥有 455.79 万人口的哈尔滨市是史无前例的，它不能不说从现实乃至心理上威胁着这座城市的安危。其特点至少有两方面：其一，从爆炸到污染物进入松花江水域及随后次生危机波及吉林与黑龙江两省，之所以情况危急，是松花江最终汇入我国与俄罗斯的界河黑龙江（俄方称阿穆尔河），污水团沿江而下，注定会影响到俄罗斯境内的哈巴罗夫斯克。应对如此跨省市、跨国界的严重危机事件，考验着中国城市危机应对机制与协调度，今日针对"一带一路"的国家发展战略，更应研究此类减灾管理之策。其二，此次危机事件距重庆开县"12·23"井喷事故仅 691 天（2003 年 12 月 23 日，重庆开县高桥镇发生特大井喷事故，系新中国成立以来重庆历史上死亡人数最多、损失最重的事故，造成 243 人遇难，2142 人入院治疗，65000 人疏散）。两次事故，都祸起中国石油化工企业，它拷问我国是否需要建立一套稳定的、持续的、有效的城市危机管理体制。2005 年 11 月 27 日，虽污水团已经流过哈尔滨段，但哈尔滨水危机事件的影响远未消失，对其予以恢复是要有长久准备的。

跨域水污染的本质是一个水安全的事件，它深刻地阐释"条块分割"对中国城市综合减灾管理的缺陷：1）"条块分割"的模式决定了对灾害的测、报、防、救、抗等环节，要在灾害发生地域上实行属地管理，而传统的按地区、按不同行政区划的独自管理，不仅阻碍了信息交流，更容易导致地方保护主义与推责。耐人寻味的是，离哈尔滨 500km 以外的吉林松原市自 18 日起就停止从松花江取水，而直到 22 日，黑龙江省的松花江沿线一些市长才接到通知到省城开会，这说明从信息到决策远远落后于突发事件之后，其后果可想而知；2）"条块分割"模式决定了对引发事故的不同部门予以独立管理，尚缺乏统一协调机制，这种多中心的分散状态，势必造成资源重复配置。"12·23"开县井喷事件后，人们发现对于石油天然气开采这样高风险、高隐藏性行业，中石油居然没有事前的防范措施和事后的应急疏散方案，"12·23"事故明显不适应预防危险的城市灾害管理原则。事故 10 天后（11 月 22 日），哈尔滨市才发布政府停水公告，24 日早上 5:00 松花江受污染水体已到哈尔滨，可见灾害应对之策是多么滞后；3）"12·23"开县井喷事件应急组成立太慢，对在特定条件下集中资源，统一协调很不利，此外，应急小组属临时抽调，事先无研究，事后解散，专业性差且没有稳定性，是当下同类事故一发再发的症结。所以，由跨域水安全事件，呼唤城市要有稳定且统一的办事机构，它要有预防及处置能力、有统一协调所有单灾种的能力等。吉林、黑龙江跨域水危机事件给缺少综合减灾认知与实践的中国城市管理上了一课。

第八节　校园安全事故防范对策

一、校园安全事故及其类型

中小学生活泼好动，入学、放学或举办重大活动时由于人群密集，管理不慎易发生事故。由于社会经验不足，易受到外界不良影响或歹徒侵犯。一些经济欠发达地区，校舍建设标准低或选址不当，安全隐患更为严重。

学校和学生中常见的安全事故有交通事故、溺水事故、食物中毒、火灾、拥挤践踏、校园暴力、煤气中毒等，大多属人为灾害。

虽然国家制定的每年一度的"中小学安全教育日"已进行了十几届，虽然联合国减灾委员会也早已向世界各国告知中小学是灾难的重灾区，虽然我国教育部在 2009 年 10 月就宣布全国已开始为每一栋中小学校舍建起安全档案，但报章上来自中小学校园事故的新闻不断，其中震惊人们的是"血染校车"的事件一再发生：

● 2011 年 11 月 16 日，甘肃正宁县某幼儿园校车遭车祸，致 19 人死亡，43 人伤。

● 2011 年 12 月 12 日，江苏丰县发生校车侧翻事故，15 人死亡，同日广东顺德校车与货车相撞，致 37 人受伤。

● 2011 年 12 月 18 日，河南驻马店市、广东佛山市等均发生校车事故，多人死伤。

为此，2012 年 4 月 5 日，国务院公布了《校车安全管理条例》，对校车提供与配备、使用许可、驾驶人资格与行为准则、通行安全、乘车安全和小车事故的法律责任等做出了严格的规定。尽管有了相应法规，还需要采取多种措施，不放过任何事故灾难控制的细节，以促进安全减灾目标控制的实现。

校园事故岂止校车，校园安全是一项系统工程，要从校园周边的整个风险源分析入手。1999 年 8 月，广西科技出版社的《保护生命——中小学生平安自护百科》一书中，我们对校园风险与灾害的描述是：现代灾害常源自极端事件（自然的、人为的）；现代校园灾难就发生在中小学生集中的地方（如校园踩踏事件、实验室事故等）；现代校园灾害就发生在校园设施存在本质不安全的地方，如人们记忆犹新的是 1994 年 12 月 8 日 "克拉玛依" 火灾，源于拥挤踩踏，源于疏散道路的人为堵塞，源于安全文化的缺失及指挥的混乱，夺去了 325 个人的生命，其中有 288 名天真烂漫的少年儿童……

早在 2003 年 6 月，教育部的一份调查显示，困扰校园安全的因素表现在诸多方面：

（1）流感、甲肝、肺结核、伤寒、痢疾等传染病在学校的流行呈上升趋势。

（2）重大食物中毒事件屡有发生。仅 2003 年上半年较严重的集体食物中毒事件就有 23 起，中毒学生达 1249 人。

（3）意外伤害成为中小学生死亡首因。包括车祸、溺水、窒息、中毒、烧（烫）伤、跌落、动物咬伤等。我国每年有 20% ～ 40% 的儿童因意外伤害需要给予医学关注，其中 1/3 需要手术治疗、卧床、休学或 1 天以上活动受到限制。2002 年，我国超 1.6 万名中小学生因食物中毒、溺水、交通事故等原因非正常死亡，平均每天有五十多个学生因意外事故而过早离开了人世。如 2005 年 6 月 20 日，黑龙江宁安市沙兰镇中心小学在山洪中蒙难，117 人死亡，其中包括 105 名学生。

（4）校园火灾：1994 年 12 月 8 日，新疆克拉玛依市友谊馆小学生文艺演出时发生火灾，造成 325 人死亡，其中 288 人是学生，其余为教师。2008 年 11 月 14 日，上海商学院女生宿舍火灾，四名女生从 6 楼阳台跳下当场死亡。

（5）校园拥挤踩踏事故：学生在各类群体活动集中通过走廊或楼梯等狭窄通道时，由于秩序失控导致拥挤、踩踏、叠压致伤或窒息死亡。如 2002 年 9 月 23 日 19 时许，内蒙古乌兰察布盟丰镇市第二中学三层的教学楼发生学生拥挤踩踏事故，造成 21 名学生死亡，43 名学生受伤。

（6）校园恐怖袭击：某些极端分子以学校作为实施反社会恐怖袭击的对象，在国内外均有发生。2004年9月1—3日，俄罗斯别斯兰中学发生车臣武装恐怖分子人质事件，326人死亡，多数为中学生。2007年4月16日，美国弗吉尼亚理工大学发生枪击案，死亡33名大学生。2012年12月14日，康涅狄格小学校园枪击惨案造成28人死亡，包括20名儿童。同日，河南省光山县文殊乡陈棚村完全小学23名小学生被因受"世界末日"谣言影响的闵拥军持刀伤害。

早在1993年，联合国确定国际减灾日主题为"减轻自然灾害的损失，要特别注意学校和医院"。联合国教科文组织的分析报告《抗御自然灾害》强调，面对学生生命，杀人的不是地震，而是倒塌的建筑。自20世纪60年代，联合国教科文组织已将建筑安全纳入到成员国教育事业的计划中，要求建筑师向国家当局提出在灾难发生后学校重建费用和优先问题的建议。如越南在30年的孤立和战争后开始全面重建学校，到1985年，1500万入学儿童使用了10万个教室，但建筑设计未考虑安全问题，85%的校舍易被台风破坏。2006年6月5日，联合国教科文组织及国际减灾战略发起"减灾始于学校"的活动，以促进各国将减灾内容编入普通教育的教学大纲。联合国在2006年、2007年两年都将"减灾始于学校"作为国际减灾日的主题。

二、为校园生命诞生的新《中小学校设计规范》

2008年"5·12"大地震中损失最大的是校园及医院。截至2011年5月，四川省纳入国家灾后恢复重建总规的29692个项目已完工94%。完成投资7965亿元，占概算总投资的92%，当时需恢复重建的3001所学校已完工96.9%，1362个医疗卫生和康复机构已完工90.7%。汶川灾区流传："灾区最漂亮的是民居，最安全的是学校，最现代的是医院，最满意的是老百姓"。地震灾难让建筑师们反思：如何才叫为生命而设计？什么建筑是校园最需要的场所？建筑规范如何修订才能因地制宜保障校园安全；如何整合资源体现生存设计的当代观念等。

2008年10月29日，十一届全国人大常委会第五次会议正式审议了《防震减灾法》的修改草案，强调要提高学校等特殊建筑的设防水平；刚修订的《消防法》在明确新消防工作原则的同时，也增加了预防为先的消防安全布局要求，对指导中小学校园安全空间设计有显著效果。台湾地区 1999 年"9·21"大地震曾造成近千所学校严重受损，调查发现 95% 的校舍不合乎抗震要求。如今台湾地区重建的学校建筑抗震能力一般要比民居高至少 25%。作为一种借鉴和导引，世界经济合作及发展组织（OECD）2004 年发表的《在地震中保护学校》研究报告提出，要减少学龄孩子在地震中的风险主要有五个方面，即要提高对学校地震安全性的认识；定义并阐述学校地震安全性原则；评估学校和其他公共建筑的脆弱性及风险；鉴别提高学校地震安全的战略和项目；迈出提高地震中学校安全的关键一步。2005 年 7 月 21 日，OECD 再次发布新闻公告，指出其 30 个成员国采纳的学校安全建议，提出其成员国同意采取措施减少学龄儿童在地震中的风险。保护学校在地震等自然巨灾中的安全是保护孩子在学校中安全的一项重要内容，为了保护现在学校和新建学校在地震中的安全，应遵循如下七项安全建设原则：

（1）要根据灾害风险等级，建立清晰且可衡量的学校抗震安全目标；

（2）要确定地震的危险度水平，在可能的情况下分析并绘制地震灾难地图；

（3）提前制定出对学校建筑抗震要求的目标或期望，希望学校不仅具有抗震能力，而且损害要有限，这些学校能在地震发生后第一时间成为避难求助中心；

（4）新建学校的安全性必须首先考虑，尤其要及时纠正学校在抗震上的弱点；

（5）要持续建立学校安全的行动计划，并持续不断地丰富并调整；

（6）采取各种措施保护学校安全，既有缓解地震灾害的战略，也有针对其他灾害的措施；

（7）推进学校安全保障的多种政策的长期效用及投资的落实等。

面对以汶川"5·12"灾后重建为代表的新校园建设，为使再建设的校园安全（校址、建设标准、使用建材、施工水平等），因此，要上升到以对生命尊重的名义从事安全审视，这不仅涉及城市规划、建筑设计等相关技术领域，还要扩展到社会人文，尤其是心理救援及应急演练的文化训练过程。在日本及中国台湾地区，中小学校园同时强调硬件与软件一同建设的安全模式，校园硬件的安全重点是教室或实验室，而软件则在于自发地组织起以社区为单元的安全文化建设体系，如在日本神户市每人都发"自助包"，校园倡导的安全演练，不仅是规定时间的行为，而且是要求培育为先的从平时都要养成的逃生路线。

国家《中小学校设计规范》GB 50099—2011，已经由住房和城乡建设部于 2010 年 12 月 24 日批准，并于 2012 年 1 月 1 日实施，它结束了 1986 年版的《中小学校建筑设计规范》，为校园安全设计注入了与安全制度和应急机制相联系的内容。重要的是，在《中小学校设计规范》条文说明中已有了"安全第一"的含义，即学校建设必须执行的基本原则。校园建筑设计不仅要考虑地震灾害，还要考虑洪水、火灾、拥挤践踏、恐怖袭击等灾害事故中的安全。校园安全设计必须认真细致地处理每个细节，应特别关注普通教室与各种专用教室之间、教室与厕所及开水间之间、教室内从座位到门口、到楼梯口、楼梯间及到楼门口的通道通畅。其中四个方面的安全设计体现了本质化的系统化思路。

（1）清晰界定安全设计的概念与内容。安全设计是指在满足国家规范涉及的场地设计、无障碍设计、疏散空间设计、消防设计、抗震设计、防雷设计等具体内容的基础上，对校园教学及生活方面的安全保障和对易发生灾害事故的防范所进行的综合防御设计。

（2）强化校园本质安全的内涵。以建筑环境中物质基本性质为基础，在与人群密切联系的有关特征方面，校园环境及学校建筑应对师生实现安全保障。本质安全设计是从根源上避免可能发生的潜在危险，这是与传统安全最重要的区别，不仅内在系统不易发生事故，还具有在灾害中自主调节、自我保护的能力。

（3）第一次用设计规范明确校园作为避难场所的属性。学校建筑属重点抗震设防类建筑，教室和操场空间较大，可作为城乡固定避震疏散和集中救援场所。日本阪神地震生还者有 80% 受益于学校避难设施。学校用作疏散避险场所必须具备有保障的生命线系统，包括应急照明、应急水源、应急厕所、食品备用库、应急通信系统及通风换气系统等。

（4）校园安全疏散通道设计。如教学用房的门均应向疏散方向开启，梯段宽度必须达到人流宽度的整数倍。

三、校园安全管理

校园安全设计是一项系统工程，不仅要有硬设计，更要依赖安全文化等软设计。只有从系统设计和综合减灾入手，校园安全才会获得理想保障。

首先，要提高广大师生的安全意识，学校领导和教师都要把校园安全作为一件大事常抓不懈。其次，要根据学校的情况制定合理可行的安全管理制度，并出台相应的考核评价办法，各项制度要注意细节，不留死角，消灭盲区。定期不定期对安全隐患进行检查，限期整改，让学生在安全的校园环境中快乐地健康成长。再次，要大力宣传，安全知识要进课堂，让学生懂得常见自然灾害和人为事故的预防措施和自救互救知识，遵守交通规则，养成卫生习惯，培养学生遵纪守法，团结友爱和助人为乐的精神。最后，在校园建立风险管理顾问制度，在保障校园安全环境建设基础上，提升学校师生合法权益的风险管理意识。

第九节　密集场所的防踩踏安全控制

一、大型活动拥挤踩踏事故的成因

大型活动是指主办者租用、借用或者以其他形式临时占用场所、场地，面向社会公众举办的文艺演出、体育比赛、展览展销、招聘会、庙会、灯会、游园会等有目的、有计划、有步骤的群体性活动。具有人、财、物相对集中、数量大等特点。如果大型社会活动组织和监管不力，就会产生各种事故隐患，引发事故。

（1）密集人群中如有人摔倒，后面人未留意没有止步，极易出现像"多米诺骨牌"一样连锁倒地的拥挤踩踏现象。

（2）受到惊吓产生恐慌，如听到爆炸声、枪声、摔倒者的惊叫声，易出现惊慌失措的失控局面，在无组织无目的的逃生中相互拥挤踩踏。

（3）人群因过于激动（兴奋、愤怒等）而出现骚乱，易发生踩踏，在足球比赛中经常发生。

（4）好奇心驱使，专门找人多拥挤处去探索究竟，造成不必要的人员集中而踩踏。如商场展销和促销活动，大型展览和露天演出等。

举办大型社会活动的场地一般都是在体育场馆、礼堂或特定的公共聚集场所，集中汇聚大量人群，一旦有事故出现，由于恐慌心理和从众行为，极易造成连锁反应，出现常态下不可想象的后果，拥挤是事故扩大化的最主要原因。大型社会活动中拥挤踩踏事故的特点：人群密集性、突发性和不确定性、社会影响性、非程序化决策。

2015 年 5 月 1 日施行的《广东省大型群众性活动安全管理办法》对人员安全容量有了量化规定，即：在设固定座位的场所举办活动，按照固定座位的有效座位比例核准人员安全容量；在无固定座位的场所举办活动，按照场所有效使用面积人均不少于 $1m^2$ 核准人员安全容量；大型群众性活动承办方当发现参加人员达到核准容量时，应立即停止人员进场，并采取疏导应急措施。不仅广东，在重庆、安徽、北京、天津都作出了节假日限流的规定。它不仅是上海"12·31"事件的教训，更符合面向风险社会的应急管理学的思想，即在风险社会中，有序的常态现象减少失序的非常态现象增多，且有序与失序之间相互转换，密集人群的安全防护要成为常态，必须从遏制失序的非常态开始。以下先列举国外发生踩踏事件的个案：

1990 年 7 月 2 日,沙特阿拉伯麦加圣地附近的地下人行道发生踩踏事故，1426 人窒息死亡；

1994 年 5 月 24 日，麦加投石驱邪桥附近发生拥挤踩踏，270 名朝觐者死亡；

1998 年 4 月 9 日，沙特米纳地区米纳桥发生踩踏事故，119 人死亡；

2004 年 2 月 1 日，麦加投石驱邪桥附近发生踩踏事故，251 人死亡；

2006 年 1 月 12 日，麦加投石驱邪桥附近发生踩踏事故，364 人死亡；

2015 年 9 月 24 日，沙特麦加穆斯林朝觐由于高温发生踩踏，至少死717 人，800 人受伤。

同样，在印度 2015 年 7 月 14 日，当为期 12 天的印度教传统节日"浴河节"在安德拉邦拉开帷幕时，数十人因节日混乱的踩踏事件，惨死于圣河沐浴中。历史上，印度的重大踩踏事故还有：2005 年 1 月 25 日，印度马哈拉神庙举行宗教集会，发生踩踏，死亡愈 300 人，均是妇女、老人和儿童；2015 年 12 月 18 日，印度灾民在救助中心领取食品券时，发生踩踏，百余人死伤。在菲律宾 2006 年 2 月 4 日，正排队等候进入首都马尼拉体育馆看电视娱乐节目现场秀的观众发生踩踏悲剧，致 88 人丧生，280 人受伤。纵观发达国家城市对大型群众活动防控体系，主要有四个做法可以借鉴：

其一，用权威的协调机构和法律规范作保障。如英国伦敦举办大型庆典活动，由市长办公室统一决策和协调，并限量发售门票以控制客流量；日本在 2001 年发生兵库县夏季烟火大会踩踏事件后，在《国家公安委员会规则》中，增加了"踩踏警备"的内容，动用专业的防踩踏警备队伍，以确保安全。

其二，编制有针对性的防范预案。美国从调查研究入手，基本上做到"一活动、一方案"，将防范任务细化管理；德国柏林的大型活动主办方要提交量身定制的应急方案，为警方提供方向性指导。

其三，强化现场安全风险监控及快速处置。德国柏林每逢跨年夜和欧洲杯、世界杯等大型赛事，即在市中心主干道划出大约 2km 的封闭性活动区域，且严格控制人数。同样，美国纽约将时代广场及附近街道也分割成可控的方块。

其四，重视日常宣传教育和信息及时传播。纽约从每年 12 月中旬起，市政府便利用一切传媒手段发告示，要求前往时代广场的游客只能乘坐公共交通工具等。

然而，我国在此方面做得尚不够，有不少教训：2004 年，北京市密云县灯会彩虹桥发生踩踏事故。2004 年 2 月 5 日 19 时 45 分，北京市密云县密虹公园举办第二届迎春灯展，因一游人在公园桥上跌倒，引起身后游人拥挤，造成踩死、挤伤游人的特大恶性事故，37 人死亡、15 人受伤。接到报告后，中央领导立即做出重要批示，要求采取一切措施，尽最大努力抢救受伤人员，妥善处理死亡人员的善后事宜，查明事故发生原因。经查，导致事故发生的直接原因是：主办和承办单位的安全保卫方案没有落实，负责彩虹桥安全保卫的值勤人员被擅自压缩，没有到岗；现场缺乏对人流的疏导控制。调查认定是一起责任事故。北京市于 2004 年 4 月 15 日发出通报，要求认真吸取教训，严格落实安全责任制。共 14 名有关责任人被处理，包括密云县长引咎辞职，

2 人因涉嫌玩忽职守罪移交司法机关。

二、上海踩踏事件的教训与分析

唯愿平安是国人的社会心态，然而 2014 年的最后时刻，上海外滩陈毅广场的踩踏事件，让跨年喜悦跌入全民悲伤，继而政府、学界、公众一再反思。上海方面经过 21 天的调查于 2015 年 1 月 21 日发布"12·31"外滩拥挤踩踏事件调查报告，归纳出五大原因导致事件的发生，主要内容：对新年倒计时活动变更风险未作评估；新年倒计时活动变更信息宣传严重不到位；预防准备严重缺失；对人员流量变化未及时研制、预警、未发布提示；应对处置不当。调查报告建议，对属地的黄浦区 11 名党政干部以不同处分。这里虽难全面剖析该报告的质量并论及处置结果的深刻性，只是认为这是一份必须再一次引发反思的上海外滩踩踏事件的"后评估"，它至少说明在上海外滩跨年狂欢这个全市性活动（不论是有组织还是自发的）中，对"懈怠"的反思与处理还欠整个城市层面上思考，否则会找不到上海市公共安全第一责任人。谁该最知晓上海节庆最易发生公共安全事件的隐患？谁最不应该将安全不再视为口号，带头杜绝可怕的自我陶醉呢？无疑要第一考量的是城市的管理者。

1. 外滩踩踏事件暴露出的管理缺陷

（1）信息发布不及时且缺少反馈机制。2014 年跨年外滩取消 4D 灯光秀，政府在信息发布上有纰漏，据查只在 2014 年 12 月 25 日《新闻晨报》及上海轨道交通俱乐部官方微博上登出"外滩 4D 灯光秀今年或停办"的信息，问题在于有多少人会从《新闻晨报》上看到此信息，为什么不通过手机运营商向所有人推送此信息呢？至少信息内容也令人混淆不清，如文中竟出现模糊用语"市、区有关部门还在商议是否最终取消外滩灯光秀"。一般决定信息传播效果要有三方面因素，即信息传递渠道、信息本身属性、信息传播的环境。当传播者越能够减少信息源抵达公众的中间环节，传播效果越好，而此次"上海外滩灯光秀转场易地"未能取得预期效果，完全是因为发布主体未能有意识地设计和推动这一信息的传播，这是重大失误。

（2）政府未能与公众良好的沟通及舆论疏导。事实上，2014 年 12 月 31

日 10 点 30 分后，外滩已拥堵的不能动弹，而绝大多数到外滩现场的人也应该获取没有 4D 灯光秀的信息，尽管晚 11 时，上海轨道交通俱乐部发布警示微博，并用标题称"外滩现场人多拥挤，无倒计时，请谨慎前往"。可事实上，有太多的公众愿忍受一个多小时极度拥挤所带来的负效用，只为零点跨年时刻的几秒钟倒计时的欢呼，其实这种跨年的狂欢心情，政府管理者应理解。而对这一点政府是严重估计不足，想当然认为大家是去外滩跨年看灯光秀，灯光秀没有了，人自然会少，可降低安保等级，因此便没有任何针对性的应急考虑。不仅如此，当事故发生后，政府非但没有站出来担责，及时通报最新情况，而是选择集体式"沉默"和"低调"，更缺少在短时间内相关事件发生原因的深度报告，恰恰由于政府的"失声"和"低调"，不仅会让各种谣言蔓延，同时也大大降低政府的公信力。

（3）"12·31"踩踏事件反思公共交通的脆弱性。通过"12·31"事件，有必要反思公共交通的脆弱性，轨道交通脆弱性表明，在高峰时轨道交通承载量不能完全满足出行要求，一旦意外发生，影响严重。一些换乘站由于人员密集，若引导不利，加上人为复杂因素作用，易引发公共安全事件；公共交通的脆弱性，公交车辆在运营中对乘客携带物品无安检，公交车乘人员对多种灾害的应急处置能力也待提高；长途及旅游客运的脆弱性，多起重大事故发生在监管盲区，交通运输企业的管理及企业交通安全管理经营主体责任欠落实；城市各类复杂因素也对交通安全带来负面影响。总之，城市已无法应对警力、人潮、台阶与无法抗拒的力量。在一份"人群密度对人群拥挤事故的影响"报告中说：人群拥挤事故发生在超出人群最大忍受密度的区域，由于各民族的人体生理尺寸不同，可忍受的最大密度不同，中国的人群最大忍受密度标准为每平方米 9 人。为此，监控、预警、救援等均成为无法挽回生命的对策。从这些方面看，外滩踩踏事故不同于一场偶然事故，有政府管理的失当。反之，2014 年，跨年的伦敦烟花晚会，有近百万人参加，分散在泰晤士河多地，人虽多但疏散时井然，全市夜间各种交通都持续到清晨，同时有训练有素的警力。

2.《上海外滩拥挤踩踏事件调查报告》再析

为什么因发生了踩踏事件就取消 2014 年最具民族传统且公众喜爱的节

庆活动？2015年跨年夜，上海活动有序，但参与人太少，效果差，因保障安全，没有了人气。因噎废食不仅不对，更真实地表明了面对公共安全的灾祸事件，管理者并未真的汲取教训，为了在"风头"上要有所姿态，宁愿不做事，也不能出事；宁可"懒政"，也不能"渎职"；宁可让过年失去"年味"，也不可丢失了自己的"乌纱帽"，这简直是另一种层面上的"不作为"与不负责任。事实上，国外迎新烟花一年又一年，德国、英国均发生过因踩踏事件造成的群体惨剧，重要的是惨剧过后要真的引发变革，真的在防控做法上要有新举措，这方面国外有很成功的经验，如控制住密集人流、控制住人员总数且多留通道、控制住所有可提供应急信息的网络环节、控制住所有可突发意外的隐患环节等，这里既有出入方向严格分开的对策，又有情绪疏导的方式，安全防控应急预案真的落实到现场及所有环节上，不应存在"未曾想到"的空白点。至少上海联合调查组给公众的结论是：预防准备不足、现场管理不力、应对处置不当，这"不足"、"不力"、"不当"三个词如果放在2003年北京"非典"那年还可原谅，如果上海未曾召开过世界博览会那也还能讲通，问题是上海的口号"城市，让生活更美好"已喊了多年，上海是全球瞩目的国际化大都市，2014年10月31日又成为联合国的首届"世界城市日"举办城市，如此踩踏事件怎能面对中国与世界呢？既然调查组一再明示踩踏事件"完全可以避免"，那为何知错不改呢？

2015年1月9日，享有国家非物质文化遗产已办20届的沪豫园民俗灯会宣布取消，面对上海这个最有"年味"场所的被停办，人们的质疑是：全国各地已出现了一系列为了保障安全为前提的节庆停办的"禁令"，若真是因重视安全，查一查隐患是好事，但如为此停办春节的一系列历史文化名城的重头"大戏"，行"禁"字令，无实际安全行动那是更加有害的，因为安全隐患未除；相反，大量的公共安全事故与灾祸的发生根源是"人为失误"，所以，强化安全责任及科学对策，完全能在短期内调整、应对、改进并提升安全等级的。2010年，上海世博会积累了丰富的应对大人流的安全经验，上海不该以牺牲百姓的节日乐趣为代价来换取形式上的安全稳定，但为什么"世博经验"不见了？为什么城市不再让生活更美好了，自2014年"12·31"至2015年2月18日除夕，可实施安全治理的时间有近50天，何不有作为地面对城市公众，何不以安全顺畅祥和的新节庆活动告慰世界，经重视的上海的节庆活动可以很安全。

第二个质疑点是上海何必立即斥资大兴土木新建公共安全实训基地。对2015年1月22日自上海教委发出信息，2015年年底将开工，2017年6月投入试运行的上海公共安全实训基地，将以"识险、避险、自救、互救"为主线，以"真学、真练、真懂、真会"为目标。对此项目的质疑是：既然调查报告揭示的血的教训是管理者的"懈怠"为主因，形成了城市公共安全管理的盲区，那么我们首先应强化的是管理者为什么在安全减灾应急管理上失职呢？将原因与对策用在"硬件"建设上，到头来仍解决不了问题，这是当下中国城市应急管理最大的毛病。上海早已是中国数一数二的智慧型城市吗？为什么面对突发事件如此信息不畅，酿成如此惨剧？事件发生了将原因归于公众自护自救能力低下，但事实证明用应急预案式的强制教育无法真正奏效。人们在上海市委提交的建"中心"的新闻中看不到要开展"安全文化"的字眼，看不到公众安全教育要遵从养成化的字眼，充斥的都是建成项目、动漫电脑软件及实训模块。问题在于，上海外滩踩踏事件并非偶然，它是突发事件下的警力、人潮、台阶交织在一起的无法抗拒的无秩序力的恶果，它透视出的是监控、预警、救援的软弱无力。不能不承认，由于中国城镇化的高速发展，城市安全生产与安全生活问题迭出，人们在安全的绝望中只能及时听到政府的应急要求，今日在城市中躲火灾，明日躲地陷、躲滑坡，无论是对中小学生乃至城市公众都没有规划地进行安全文化教育。

近十年，上海同北京、天津、重庆、广州等大城市一样，建成地震、消防、防汛、抗旱等不同种类灾种的防灾教育中心，现在的问题不是建新中心的时候，而是要真正静下心来研究城市安全文化教育的真正缺陷在哪里？非但不该斥巨资建新中心，还要评估"旧有"中心是如何履职的。据此，自然让人联想到2014年年末国家核安全局等单位发布的《核安全文化政策声明》，它对认知上海外滩"12·31"事件的益处是：它特别强调对事故及隐患要有质疑精神，要形成全社会的安全文化自觉。《声明》虽以推进"理性、协调、并进"的核安全观为主线，但其发展和安全、权利与义务、自主与协作、治标与治本的"四个并重"，对构建中国公众的公共安全文化教育体系极有帮助。通过上海外滩踩踏事件我们明显发现，在践行城市公共安全的岗位职责上，管理者的表率作用发挥得很不好。由于中国尚没有国民安全文化教育纲要与计划，在国外已推进近三十年的安全预防文化，迄今在国内仅当作安全知识来对待，从而使安全防灾文化建设上的逐项行动难以生根。

借鉴核安全文化的培育思路，至少应有以下三方面要借鉴。

（1）在城市决策层的安全承诺下，必须强调管理者的主动为安全服务的表率作用，不可有任何懈怠。

（2）当代城市无论有多少目标，要教育公众全员参与共建的安全防灾责任是关键，要求人人（含中小学生）都做安全文化的创造者和维护者。

（3）构建全面有效的城市大安全的综合应急管理体系，在安全体制、机制、法制的基础上，突出对城市各类安全问题的质疑、报告及运作能力的反馈机制，形成从小我到大我的安全尊崇与敬畏，每个人要力求避免主观因素对可持续安全文化建设的影响。如果说文化是行动的引领，那上海外滩"12·31"踩踏事件引发的"后事件"反思是，政府再不要指责"事件"的原因是非政府行为，可恰恰这一点说明政府的预见力差及管理失职与失控，反之我们更要问为什么以服务型管理推进"节庆"这样非常态工作的政府，偏偏未想到会出现危机事件呢？试问一个如此缺少应急管理主动性的城市，又何以真正帮助市民养成日常的安全减灾行为呢？

第四章　城市公共卫生事件

世界未来的灾难是什么？越来越多的研究表明，在不远的将来，瘟疫的复活与人类生存是不可避免的一场大战。这不仅仅是因为全球升温的环境灾变，更因为变异频发的各类"超级病毒"正卷土重来，这不仅包括失效、致命的疫苗之殇的不安全药物，更包括粮食安全、药品安全等大问题。正如世界卫生组织（WHO）官员在2016年元月指出，埃博拉疫情催生人类的教训：全球卫生的力量之均衡正在改变，日益增加的城市化改变了流行病和其他新型传染病的动力学，全世界在应对流行病方面的能力比前两年任何人意识到的都更显脆弱。

第一节　"非典"留下的安康启示

相信对于绝大多数国人而言，都难忘记自2003年4月20日至6月下旬，震惊中国及世界的"非典"事件，按今日的国家《突发事件应对法》，"非典"已属中国防灾减灾需应对的四大类灾害的公共卫生事件。不过灾难已过十多年，人类如何痛定思痛，亡羊补牢，是不是有好了伤疤忘了痛的现象呢？是不是"抗非"十多年来所建立的一整套应对公共卫生灾难的对策有弱化的趋势呢？是不是在有些人眼中，"非典"已成历史，并非真的要"举一反百"呢？截至目前，国内报刊、网络已有不少回望"非典"的文字，但反思历程、思考教训、联系当下，尤其是从安全应急文化视角思考的文章并不多。事实上，自2002年年底至2003年年初，在中国广东即出现不明原因的肺病感染症病例，4月16日，世界卫生组织宣布SARS的致病源为新的冠状病毒，从此

"非典"诞生。2003 年 4 月 20 日，是标志北京开始正式向国内外发布"非典"疫情的时刻，同时也是"非典"最为猖獗之时。对此，香港在 2004 年拿出了三份调查报告，1755 和 299 是香港"非典"期间受感染和死亡的人数。截至 2003 年 6 月 26 日，中国内地累计报告非典患者 5327 名，死亡 348 人。回眸中国的"非典"十多年的两大进步是：其一，一系列公共卫生事件的防御法规得到"刷新"的修订，如果说"非典"能突然袭击全社会，与它本身诡秘莫测，从一开始就占据"天时地利"有关，但更重要的是我们公共卫生领域"漏洞"太多，乘虚而入的空间太大所致。"非典"变迁，中国在公共卫生上已经拥有了应对危机的基本预案；其二，"非典"的伤痛与重生，让公共卫生步入快车道，它也潜移默化地影响着中国防灾减灾的各个系统。难怪有人联想，如何像防"非典"一样防雾霾、防御 H7N9 禽流感事件等，是不是形势会更好？面对"非典"以来中国的防灾进步，有专家坦言，不少北京综合性三甲医院在疫情之初是城市人群最集中的传播源，但又是可挽救重症病人的骨干，但十多年过后，要真的杜绝"非典"这样的公共卫生事件也并非易事。如果说，"非典"之灾是一种外在的、强制性的力量，它确实比 2001 年"9·11"事件更能撼动防灾意识薄弱的中国，让中国在高速发展中放慢脚步去思考为什么欠缺这么多公共安全政策及防灾法规，那么"非典"后的今天，我们所应作的还必须是总结经验，悟出存在的新问题，从文化层面上更多地发现其中的管理缺陷。

（1）如何像防"非典"一样防雾霾、防 H7N9 禽流感。中国工程院院士钟南山曾说："大气污染比'非典'可怕得多，因为谁也躲不开、跑不掉。"当下的北京能坚持呼吸一二天新鲜空气已是一种奢求，这太不正常了。2013 年 1—3 月，北京生活在十面"霾伏"中，钟南山院士列举了一个惊人的数据，近 30 年来中国公众吸烟率下降，但肺癌患病率上升了 4 倍多，这与人为的雾霾天气难脱干系。要警醒的是，整个社会并未如同应对"非典"那般行动起来，社会与政府也太欠防控措施，无奈地等待一场大雨、一阵狂风；如果说 2013 年 1—3 月全国热议并深度承受雾霾之苦，那么自 3 月末至 4 月 10 日华东四省已确诊 33 人感染 H7N9 禽流感，死亡 9 人，尽管专家一再声称不可盲目且过量服用板蓝根，但也难挡人们蜂拥至药店；尽管世界卫生组织不建议旅游设限，但无法阻挠人们的徘徊心态；尽管上海禽流感定点收治医院备足药品物资，但也难挽救重症病人。这里要特别强调的是，虽然找不到证据证明 H7N9 禽流感在人之间传染源，但这确有绕不过去、难以回答的一系列疑问，有大量需及时向公众解读的文化思考。

（2）如何透过雾霾诘问中国发展方式。事实上，雾霾的影响伤害的不仅仅是人本身的健康，国内一系列报刊大胆坦言：雾霾使高速公路关闭、航班取消、污染企业停工……已形成了乱哄哄的图景；持续的雾霾已发出警示，中国经济已到必须转型的时候；细究雾霾是不合理的能源消费结构所致，是产业结构和生活方式所致，人未必胜天，但人定可纠偏；雾霾不仅伤害居住其中的人们，还在扩大着环境污染的经济成本，政府的抉择不是"暂时停产"，而是要痛下决心，制定以治理环境公害之灾的综合安全规则，建构起如伦敦那样分阶段的走出雾都、泽及后世的刚性制度。这是因为，不仅城市布局失当易产生雾霾，同时雾霾更可能间接诱发更多种类的自然之灾。

（3）如何考量"非典"后让中国增强减灾抗体。如上所述，"非典"后是中国公共卫生事业大发展的十几年，不仅流言倒逼信息公开，拓展开来的中国防灾减灾抗体已承担起庇护国民的重任，更催生了国家应急体系建设。"非典"过后，国家已建立起"一案三制"为核心的应急管理系统，可问题是在成为防灾减灾"利器"的同时，也有慌乱和不从容，仍有不应有的重复投入，仍有城市发展相悖的后果，仍有难走进公众日常生活的阻碍。其中，最大问题是公众安全文化素质的真正提升。要看到在所有脆弱性上最大的问题是防灾减灾常态机制未建立，从而造成欲强化的应急体系中必然有先天漏洞，总结可归纳三大缺陷：1）应急预案的"空化"与"泛化"。2003 年"非典"过后，按照质量服从速度的想法，不得已在短时内从上至下要求编制大量应急预案，并坚持"一案"（应急预案）带"三制"（应急体制、机制、法制）的思路，由于违背了防灾减灾建设规律，很多预案定位发生错位，形成了一大批宣言式的大而全、大而空的泛泛而谈的方案，基本上无操作性，已被一系列"灾事"证明是无效的；2）应急预案的僵硬化。在过去的十多年间，由于急躁，中国推进了统一模板的标准化模式，从而造成"依葫芦画瓢"，在短时间内国家自上而下编制了数百万件应急预案，相互复制，照搬照抄，内容高度雷同，造成了屡屡遇"灾事"无法奏效的后果；3）应急预案"闭门造车"走过场。"评估走形式，常年不修订"是我国现状应急预案的症结。如今不少大中城市对应急预案持机密原则，尽管一味在城市中宣传防灾应急文化，但对本质有效的公众理解预案的"入耳、入脑、入心"的环节缺乏社区关照，更没有真正务实的预案演练，因此，形式化的预案高于实效化、质量化，虽夸耀公众安全文化觉悟有大提高，但事实上，十多年的"非典"启示及评估仍需慎重，不如此我们就会模糊未来中国防灾减灾的方向、问题与路径。这是在"非典"后有益的减灾文化思考，因此，我们要跳出"非典"看国家安全与安全城市建设的大问题。

第二节　重大急性传染病

一、埃博拉病毒与寨卡"新灾"

埃博拉（Ebolavirus）又译作伊波拉病毒，是一种十分罕见的病毒，1976年在苏丹南部和刚果（金）（旧称扎伊尔）的埃博拉河地区发现它的存在后，引起医学界的广泛关注和重视，"埃博拉"由此而得名，是一种能引起人类和灵长类动物产生埃博拉出血热的烈性传染病病毒，有很高的死亡率，在50%～90%，致死原因主要为中风、心肌梗塞、低血容量休克或多发性器官衰竭。据英国路透社2015年1月18日报道，马里卫生部长奥斯曼·科内（Ousmane Koné）于当日宣布，在持续42天的观察中，马里未新增一例埃博拉病毒感染案例，马里埃博拉疫情已经终止。据报道，马里最后一名埃博拉感染者已于2014年12月出院，有6名人士因感染埃博拉死亡。

世界卫生组织2014年11月7日发表声明宣布，埃博拉病毒的传播在塞拉利昂已经终止。继利比里亚之后，塞拉利昂成为第二个结束疫情的西非埃博拉主要疫情国。根据世界卫生组织规定，超过42天（两个埃博拉病毒隔离期）没有新增埃博拉病例即可宣告疫情结束。声明称，自塞拉利昂最后一名埃博拉确诊患者第二次血检呈阴性后已过去42天，埃博拉病毒传播在塞拉利昂已经终止。自2014年5月该国报告首个埃博拉病例以来，塞拉利昂累计发现 8704 人感染埃博拉病毒，死亡 3589 人，其中医护人员死亡 221 人。世界卫生组织对该国政府及人民在对抗埃博拉进程中取得的这一重要里程碑式成果表示称赞。

世界卫生组织 2016 年 1 月 25 日发出警告，以蚊子为传播媒介的寨卡病毒，很可能扩散到美洲除加拿大、智利之外的所有国家。紧随埃博拉病毒疫情的寨卡病毒的爆发再次说明：一种人类尚不明白的疾病会以十分迅猛的态势传播，成为全球性的新威胁，这是公共卫生事件的世界动态。寨卡病毒 1947 年首次在一只来自乌干达维多利亚湖附近森林的猴子身上被发现，但如今关于寨卡病毒的科学数据甚少。伦敦卫生和热带医学学院的劳拉·罗德里格斯说，这可能是一种能够进化的病毒。1954 年尼日利亚首先证实 3 例人类寨卡病毒病例，2007 年 4—7 月位于西太平洋岛上的 185 例患者有症状，但没有导致住院和死亡的病重患者；2013—2014 年法属波利尼西亚发生寨卡流行病，当地 11% 的居民被感染；2015 年 11 月 11 日，世界卫生组织通报苏里南共和国证实的 4 例寨卡病例。自 2015 年由埃及伊蚊传播的寨卡病毒在拉美肆虐，已有二十多个拉美国家出现且感染病例，其中巴西已有 150 万人受到感染。2016 年 8 月，巴西将在里约热内卢举办第三届夏季奥运会，引发了无数的担忧，为此，巴西动员全国 22 万士兵走上街头，对公众进行病毒防护的宣传。

鉴于寨卡病毒有从南美扩散至全球的危险，世界卫生组织专家将商议是否将该病毒列为全球卫生危机。有医学专家表示，寨卡病毒的威胁比 2014 年在西非大爆发的埃博拉病毒更大。美国和英国的专家更建议，应喷洒因为会破坏环境而被禁用的农药 DDT 灭蚊，尽快消除致病源。惠康基金会传染及免疫生物学负责人特纳则指出，寨卡病毒疫苗尚未成功研发，且临床测试须用在孕妇身上，"无论实务上及道德上都是噩梦"。只有用极端方法，如使用危害环境的高毒性农药 DDT，才能有望尽快消灭埃及伊蚊。除疫苗和灭蚊外，医疗机构也正在研究其他阻止寨卡病毒蔓延的方法。英国生物科技公司 Oxitec 通过改造不会叮咬人类的雄蚊的基因，并将它们释放至繁殖地区，令其交配后所生的后代在成年前死亡。测试证实此法能让蚊子数量减少82%，但有人担心基因改造蚊会影响生态。

二、传染病及其流行

传染病是由病原微生物(细菌、病毒、立克次体、螺旋体等)和寄生虫(原虫或蠕虫)感染后引起的、有传染性(人传人、动物传人或相继传播)的疾病。如流行性感冒、水痘、麻疹、甲型和戊型病毒性肝炎、感染性腹泻、细菌性痢疾及经体液传染的疾病等。

各种传染病都有其特异的病原体,如肝炎的病原体是肝炎病毒,细菌性痢疾的病原体是痢疾杆菌等。传染病有流行性、季节性的特点,在人群中可以个别发生,也可以短期内出现很多患同类疾病的病人,形成传染病的流行。不少传染病的发病率在每年的特定季节升高,如冬春季多流行呼吸道传染病,夏秋季易患肠道传染病。

传染病传播流行必须具备传染源、传播途径和易感人群三个环节,缺一不可。

1. 传染源

指体内带有病原体并不断向体外排出病原体的人或动物。

(1)大多数传染病,病人是重要的传染源。但处于不同病期时,传染性的强弱有所不同,通常在发病期传染性最强。

(2)虽然携带病原体但不出现症状,这类人群不易被发现,传染性也较强。

(3)动物作为传染源传播的疾病称为动物性传染病,如猫、狗可以携带狂犬病病毒,羊、牛和猪可能带来布鲁氏菌病,鸽子能传播隐球菌脑炎等;以野生动物为传染源的,称自然疫源性传染病,如老鼠传播鼠疫、流行性出血热等。

2. 传播途径

指病原体从传染源排出体外,经过一定的传播方式,到达与侵入新的易感者体内的过程,有四种方式:

(1)水与食物传播。病原体随粪便排出体外,污染水和食物,易感者通过饮用被污染的水或进食被污染食物而受到感染。菌痢、伤寒、霍乱、甲肝等疾病通过此方式传播。

(2)空气飞沫传播。病原体通过病人咳嗽、打喷嚏、谈话排出的分泌物和飞沫使易感者吸入而感染。流脑、猩红热、百日咳、流感、麻疹等疾病通过此方式传播。

（3）虫媒传播。如蚊子传播疟疾、丝虫病、乙型脑炎，蜱传播回归热，虱传播斑疹伤寒，蚤传播鼠疫，恙虫传播恙虫病等。

（4）接触传播。有直接接触与间接接触两种传播方式。如皮肤炭疽、狂犬病，乙型肝炎的注射受染，血吸虫病、钩端螺旋体病通过接触疫水传染，这些均为直接接触传播。多种肠道传染病通过被污染的手将病原菌带入口中而被传染，称为间接传播。

3. 易感人群

指对某种传染病病原体容易感染或免疫水平较低的人群。新生人口增加、易感者的集中或进入疫区，部队新兵入伍，都易引起传染病流行。接种疫苗可以使人受到保护。

第三节　重大流感疫情

一、流感的危害与传播

流感是由流感病毒引起的急性呼吸道传染病，主要经空气飞沫传播，人群普遍易感。流感病毒可分甲、乙、丙三型，同型病毒又可分为若干个亚型。甲型病毒易发生变异，常引起流行，乙型病毒变型缓慢，流行比较局限，丙型病毒很少变异，多呈散发，各型之间无交叉免疫。每年在全球流行的流感病毒主要为甲1、甲3和乙型等。

流感病人是主要的传染源，自潜伏期即有传染性。发病3天内传染性最强。主要通过空气飞沫和接触传播。流感病毒存在于患者或隐性感染者呼吸道分泌物中，通过说话、咳嗽和打喷嚏等喷出飞沫散布空气中，被易感人群吸入到呼吸道侵入上皮细胞使其坏死、脱落，引起发病。还可以通过被病毒污染的手帕或衣物传播。由于流感病毒容易变异，接种疫苗后保护性抗体又在人体内持续时间短，故人群对流感病毒没有很强的抵抗力。成人发病前一天和发病后一周左右都可以传染，儿童流感传染性更强。流感潜伏期一般为

1～4天，平均2天。

人感染高致病性禽流感是由禽甲型流感病毒某些亚型的毒株引起的急性呼吸道传染病。感染人的禽流感病毒亚型主要为H5N1、H9N2、H7N7，其中感染H5N1的患者病情重，病死率高。自1997年在香港发现人类也会感染禽流感之后，引起世界卫生部门的高度关注。其后，一直呈零星散发，但2003年12月开始在东亚多个国家，主要是越南、泰国严重暴发，造成多人死亡。近几年东欧多国与我国也有多个病例报告，不仅严重危害人体健康，导致超高病死率，也给养禽业造成巨大经济损失。人感染禽流感主要的危险因素包括：直接接触禽类，尤其是病死禽，如暴露于禽流感病毒污染环境和活禽宰杀市场等。目前为止，禽流感病毒只能通过禽传染给人，不能通过人传染给人。

据世界卫生组织文献报告，在全球范围内，每年季节性流感可导致300万～500万例严重病例发生，25万～50万人死亡，可影响多达15%的人口。历史上多次流感大流行让全世界付出沉重代价。2009年，甲型H1N1大流行流感病毒的出现表明流感能对世界各国的公共卫生体系造成影响。2009年4月初，在墨西哥和美国发现甲型H1N1流感病毒之后，在全世界迅速传播，不到一年已导致18000例确诊病例的死亡。随着流感病毒在自然界中不断传播和重组，还进一步对人类造成新的公共卫生威胁。自1997年在香港首次出现人感染高致病性禽流感病例以来，已造成15个国家和地区近400人感染，中国从2003年至今也超过30人感染，北京市2009年初发生首例人接触家禽后感染高致病性禽流感病例。由于病死率高，给多个国家和地区的人民健康、家禽养殖，乃至国民经济造成了严重损失。

如何降低流感大流行对公众健康、卫生费用和社会经济造成的损失，并尽可能减少对流感大流行的恐慌，已使决策者不得不面对。同时对新出现的流感病毒以及禽流感病毒可能导致的流感大流行，使人们更加注重公共卫生安全培训以及流感大流行的正确应对。

为了准确地掌握各类突发公共卫生事件的相关信息，有效开展预测、预报、预警并及时采取有效的公共卫生措施，2006年，国务院下发了《国家突发公共卫生事件应急预案》、卫生部下发了《国家突发公共卫生事件相关信息报告管理工作规范（试行）》，规定 1 周内，在同一学校、幼儿园或其他集体单位发生 30 例及以上流感样病例，或 5 例及以上因流感样症状住院病例，或发生 1 例及以上流感样病例死亡，发现 1 例及以上人感染高致病性禽流感病例，均达到突发公共卫生事件报告标准，应采取相应的防控措施。世界卫生组织按照新亚型流感病毒疫情发生和流行的性质、危害程度和波及范围，把流感大流行划分为多个阶段，为帮助各国制订大流行防范和应对计划提供了一个全球性的框架（表 4–1）。

表 4–1   世界卫生组织关于流感大流行警戒级别的描述

级别	描述
第 1 级	没有报告在动物中传播的流感病毒导致人类感染的病例
第 2 级	已知家养或野生动物中流行的动物流感病毒导致了人类感染，因此认为存在潜在的大流行威胁
第 3 级	动物或人—动物流感重组病毒在人群中造成了零星病例或小规模传染，但并未造成足以维持社区层面暴发的人际传播
第 4 级	确认动物或人—动物流感重组病毒的人际传播已能够导致社区层面暴发
第 5 级	同一种确认病毒的人际传播发生在一个世界卫生组织区域内的至少两个国家中
第 6 级	除了第 5 级确定的标准外，在世界卫生组织的不同区域内至少又一个国家发生了社区层面的暴发
高峰后期间	在进行适当监测的大多数国家，大流行流感的水平已降低到高峰水平之下
可能发生新一波大流行	在进行适当监测的大多数国家，大流行流感的活动水平再次上升
大流行后期间	在进行适当监测的大多数国家，流感的活动已恢复到常态季节性流感水平

二、主要案例

流感大流行具有发病率和病死率高、传播迅速和波及范围广的特点。随着科学的发展和交通日益发达，当前如有一个地区发生流感，流感病毒会在几小时内随飞机、火车、汽车携带到另一个地区，从而迅速传播、广泛流行，对整个人群造成威胁。尽管已有疫苗保护，但由于流感病毒的抗原极易变异，一旦有新型病毒侵入，就会有大批人群感染发病，造成工厂停产、学校停课，甚至引起社会混乱，给国民经济造成重大损失。得了流感后，往往可使原来潜在的疾病（如心肺疾患）加重或引起继发细菌性肺炎或原发流感病毒性肺炎，特别是老年人及患有各种慢性病或者体质虚弱者更容易出现严重并发症，导致高病死率。

1. 流感疫情案例

2009 年 4 月初，在墨西哥和美国发现甲型 H1N1 流感病毒后在全世界迅速传播，2009 年 5 月 16 日，北京确诊第一例输入性甲型 H1N1 流感病例。随后北京市采取"外堵输入，内防扩散"，落实好"四方责任"，并进一步加强对入境人员筛查和检疫监测，对来自疫病流行国家和地区的入境人员实行严格的医学排查。突出强化社区、学校、医疗机构的防控工作，严防疫情暴发流行，取得了良好的防控效果。截至 2010 年 4 月 4 日 24 时，北京累计报告甲型 H1N1 流感实验室确诊病例 11087 例，死亡 82 人例。通过模型估算，北京市 2009 年甲型 H1N1 流感病例实际感染水平为 146 万～ 230 万人，报告确诊病例数远远小于估算感染人数。

20 世纪全球曾发生过 4 次流感大流行，即 1918—1919 年的"西班牙流感"、1957—1958 年的"亚洲流感"、1968—1969 年的"香港流感"和 1977 年的"俄罗斯流感"。每次大流行都给人类生命财产和社会经济带来灾难性打击。仅 1918 年"西班牙"流感的大流行就导致至少 2000 万人死亡，超过第一次世界大战的死亡人数，形成超额死亡率。流感流行带来了巨大的疾病负担，造成了较严重的社会影响。据 2002 年世界卫生组织公布的数据，估计全球每年流感病例达 6 亿～ 12 亿。

2. 禽流感疫情案例

2009 年 1 月 6 日，北京市卫生局通报本市确诊一例人感染高致病性禽流感病例，患者已于 1 月 5 日死亡，发病前清洗并食用过购自河北廊坊燕郊行宫活禽市场的鸭子。1 月 7 日，北京市卫生局召开新闻通气会，宣布北京市已启动突发公共卫生事件应急 II 级响应。其后一周内，北京市开展了流感样病例主动和被动监测、流行病学调查、标本采集与检测等一系列工作，由于防控措施有力，未出现续发和新发病例，于 1 月 12 日解除突发公共卫生事件应急 II 级响应。本次疫情是通过与病禽密切接触，可能与病毒直接吸入或者进入黏膜等原因造成人感染发病的案例，也是北京市首次报告的禽流感病例，造成了一定的社会和经济损失。

1997年，香港1名3岁儿童发生流感样症状并发综合征，死于多器官功能衰竭，后经证实为禽流感病毒感染。这是全球首宗人类感染H5N1个案。共导致18人发病，6人死亡。由于较高的病死率，以及发病初期病因不明，引起社会公众的高度关注和恐慌，为控制疫情蔓延，香港政府下令宰杀了150万只家禽，这也是世界上最严重的禽流感疫情之一。

近年发生的重大流感疫情具有以下特点：疫情发生在人口稠密地区，波及范围较大。具有较大偶然性、突发性和较高的病死率，难以有效控制。疫情初期往往病因不明，社会公众广泛关注，疫情流行期间及流行后常伴有一定程度的恐慌。除需要了解和掌握上述特点外，需要做好以下工作：

1）编制突发传染病疫情应急预案，建立更加高效的应急组织与预警机制，提高疫情管理水平。各级政府、各级卫生部门要建立重大疫情沟通渠道与机制；2）建立重大紧急疫情通报制度，掌握疫情信息，合理引导舆论导向，防止工作被动。目前，北京市已建立较为完善的流感监测体系。流感样病例监测点覆盖18个区县421家一级以上医院，还拥有7个国家级流感网络实验室和11家哨点医院，承担国家流感监测工作，采用日报或周报形式对流感样病例数、就诊人数进行统计分析，对流感样病例标本进行检测和病毒分离鉴定，动态监测流感样病例变化趋势；3）做好常用预防药物、疫苗等应急物资的储备，重大疫情发生初期可以有效防止疫情扩散。要广泛开展健康教育，提高广大市民的防病知识，重大疫情流行期间开展有针对性的健康教育等。

第四节　食品安全事件

食品安全事件指食物中毒、食源性疾病、食品污染等源于食品，对人体健康有危害或可能有危害的事故。其中食物中毒通常分散发生，与事故发生所在企业、事业单位或家庭的食品加工过程有关。批量或广泛销售的食品发生危害人体健康的事件还将影响公众对整个食品行业和地方政府信任感，甚至引发社会危机。以下从城市公共卫生安全管理上分析几类问题。

1. 封堵保健品违法添加安全漏洞

在国家监管部门近期公布的 69 种保健酒中，均发现违法添加化学物质，引发公众对食品问题的高度关注。保健食品违法添加主要表现在三方面，即保健食品中添加药品成分；普通食品冒充保健食品宣传或保健食品自身的夸大宣传，仅 2014 年一季度被国家食药监总局披露的违法保健食品广告就高达 5632 次；用非食用物质加工或冒充名贵药材，在保健品中添加多种违禁成分等。之所以保健品违法添加成难治安全漏洞，首先在于保健品缺少行业标准体系，再加上影视广告洗脑式营销宣传，在"养生"、"包治百病"等虚假信息下导致公众上当，危害人民生命健康。

2. 出口食品安全危机事件管理

出口食品从农田到餐桌的过程复杂，出口食品安全危机的产生受国内外多方面因素的影响。当然出口食品安全危机也有某些人为炒作、影响范围广、扩散效应显著、易被政治化等特征，因此要严格对待。资料表明，近十年来，我国出口食品被进口国家或地区通报过农兽药残留、微生物、生物毒素、重金属、添加剂、非食用添加物以及化学物污染物等不合格问题，也发生过出口欧盟的动物源性食品因氯霉素等问题被封关、出口韩国泡菜寄生虫卵风波和烟台北海青刀豆引发日本食客中毒等事件，这均成为一定程度上的食品安全危机。综合分析出口食品安全问题对城市发展安全食品产业十分必要，这里的管理要点应引发关注：其一，国内农业生产环境的严重污染和人为过量使用或违禁使用农业化学投入品；其二，食品生产加工过程执行标准不严格与质量安全管理技术落后；其三，生产经营者诚信意识差与社会责任感不强，尤其未认识到"病从口入"的公共安全卫生准则，未意识到出口食品不安全最终会上升为严重的国家间食品安全危机事件。据此，从城市安全管理入手至少要抓住四方面问题，即：

- 加强食品安全风险管理，从危机预防转向风险预防；
- 加快国外食品安全法规跟踪研究，全力跟进管理水平提升；
- 加强进口食品监测与风险评估，制定相应的反制措施；
- 加强国家食品安全管理，并利用国际媒体平台，靠正面宣传化危为机。

3. 学习借鉴发达国家食品安全管理经验

民以食为天，食以安为先。食品行业是良心行业，发达国家纷纷完善信用记录及细化诚信评价准则，让在食品安全上"失信者寸步难行"，致使有些国家甚至出现食品安全责任人自杀的极端事件，这至少表明在食品安全上不容解释，"一票否决"的力度。如2006年9月12日，德国布鲁纳肉品批发公司老板乔治·卡尔·布鲁纳，因涉嫌贩卖120t过期腐肉，竟在家中畏罪自杀，这确从一个侧面反映发达国家食品企业对尚德守法的社会责任的重视。此外，政府要求全社会积极参与共同治理国家食品质量。如加拿大消费者养成了每天关注食品安全信息的习惯，该国一些电视广告词所言"不看食品安全新闻，就是不爱惜生命"。在美国消费者食品安全基本知识通晓率高达80%，含有众多食品安全警示的《消费者报告》是该国家最为畅销的出版物。在美国最经典的消费者食品安全维权案例是：1992年，美国老太太斯黛拉因为一杯存在包装缺陷的咖啡烫伤大腿而起诉麦当劳公司，法院对后者作出240万美元的惩罚性赔偿判决。在发达国家尽管食品安全管理不是仅仅依靠政府监管，同时有效的市场竞争会形成优胜劣汰的良心质量发展机制，但政府"管理的大棒"依然很有效、很负责。在美国食品和药品管理局内设犯罪侦查办公室，即通常讲的"食品警察"，其有权对违法生产经营者处以刑事罚金甚至争取人身强制措施，实现行政处罚和刑事追责的有机衔接。只有如此，才能体现通过食品安全管理保障住公民的食品安全"源头活水"，这是最为实在的殷实的"小康"社会。

第五章　城市社会事件

西班牙哲学家乔治·桑塔亚那说："那些记不住过去教训的人还会受到同样事件的惩罚。"美国建筑界与联邦政府在总结"9·11"事件教训时强调：建筑安全并不意味着就是建造一个"大箱子"，或是将城市或国家的历史文物放到四周由混凝土包围起来的建筑内。相反世界应高度关注恐怖主义的上升苗头，迄今没有哪个国家可以获得单独的安全。在巴黎，2015 年 1 月 7 日，《查理周刊》遭袭，11 月 13 日，巴黎多地再现恐怖袭击阴霾，同时有黎巴嫩贝鲁特自杀爆炸案；2016 年 3 月，先是布鲁塞尔机场、地铁站爆炸，再是巴基斯坦公园的自杀式爆炸，它们都再次告诫人类作为城市社会事件的恐怖袭击需要全球合作反恐，人类不仅要保护生命，也要从恐怖分子手中夺回被毁的文化遗存。

第一节　社会安全事件概述

社会安全事件指由人为因素引起的，对社会造成重大危害与严重影响社会安全的事件，一般包括重大刑事案件、恐怖袭击事件、涉外突发事件、金融安全事件、规模较大的群体性事件、民族与宗教突发群体事件、学校安全事件以及其他社会影响严重的事件等，其特征如下。

（1）突发性。绝大多数社会安全事件具有突发性，常在瞬间或意想不到的时间和地点发生，爆发时间、地点、方式、种类及影响程度往往超出人们的常规思维，处置者没有充足的时间策划应对。与绝大多数自然灾害相比，预测的难度更大。

（2）危害性。社会突发性安全事件不但危害人的生命财产，而且造成广泛的社会影响，有些事件甚至能够影响到整个社会的稳定。

（3）广泛性。社会突发性安全事件主要通过人与人的关系传播和扩散，往往涉及人员多，地域广，一旦处置不当，可以迅速通过有形、无形的传导机制迅速蔓延到更多的地区和人群，导致更大的危机发生，造成更大的损失。

中国社会目前处于快速工业化、城市化和由传统的计划经济向社会主义市场经济体制的转型期中，由于市场经济体制不完善和社会、政治体制改革的滞后，在一定时期内，行业之间、地区之间、城乡之间，收入差距有拉大的趋势，不同阶层和不同集团形成各自的利益诉求，存在某些社会不公现象，加上有些地区反腐与执法不力，导致社会矛盾比较尖锐。在世界历史上，处于工业化和城市化中期发展阶段，一般也是社会矛盾比较尖锐，不稳定因素较多的时期，存在所谓"中等发展陷阱"。突发社会安全事件管理就是通过一系列有效管理行为来预防和处理突发社会安全事件，以使公共组织及其成员摆脱危机状态的行为过程，有效减少和处理突发社会安全事件。

从全球看，恐怖主义正处于上升期，无论是世界还是中国，确实没有哪个国家或地区可以单独的高枕无忧。2015 年 11 月 13 日，法国巴黎发生重大恐怖袭击事件，至少造成 129 人遇难，352 人受伤。从组织水平和伤亡规模看，在法国乃至欧洲历史上都无先例，属"9·11"级别的恐怖事件，分析恐怖事件背景，对安全管理有意义：其一，中东局势持续紧张，给中东各国和民众带来沉重的压力，由精神扭曲到会选择铤而走险，尤其是伊拉克、叙利亚等处于恐怖暴力的一线国家；其二，世界恐怖主义处于上升期，全球仅死于恐怖袭击人数在成倍增加，从 2012 年的 1.1 万人，增加到 2013 年的 1.8 万人，到 2014 年的 3.7 万人。结合 2015 年 11 月 13 日黑色星期五的法国人心理创伤，法国中东问题专家弗朗索瓦·热雷说，法国人曾经历过 1961 年火车炸弹案、1994 年马赛劫机案、1995 年巴黎地铁爆炸案，这三起案件遇难人数为 28 人、3 人、4 人，其中 1961 年的案件曾是法国本土恐怖遇难人数最多的，距今天已经 54 年，而 13 日案件遇难人数是 1961 年的 4 倍多，恐怖形式更是令人难以想象的灾难之殇。

从应对恐怖安全管理说来，欧美国家的经验是分成风险控制和风险融资两个方面。风险的识别即要识别出潜在的危险人物及危险组织的活动并不容易,据法国情报部门的数据,在欧洲列为危险人物的人数在 1 万～ 2 万人之间,这意味着欧洲至少要投入 12 万～ 50 万情报人员予以跟踪监测,这是难以做到的。可在应对恐怖主义风险的融资新措施上,保险继美国"9·11"事件后发挥了作用。2002 年 11 月 26 日,美国国会通过了恐怖风险保险法案(简称TRIA),由政府承担超出保险公司自留比例的部分损失,试图通过避免市场崩溃,保证保险广泛的可获得性和支持性,以保护消费者的利益,同时也为私人保险市场提供过渡期。法国的 GAREAT 也是具有恐怖袭击风险管理职能的机构,它成立于 2002 年 1 月 1 日,由承保了法国恐怖主义事件风险的财险公司组成。应该说,恐怖主义风险比巨灾风险来得复杂,更难以识别和分析,保险公司承担恐怖主义风险的管理,是一种责任,中国也不例外,建立恐怖主义风险管理体系可提供一定的帮助与借鉴。

第二节　社会安全事件始于恐怖灾例

2016 年 1 月 4 日,连续十余年公布全球风险报告的政治风险咨询公司欧亚集团(Eurasia Group)发布了 2016 全球十大风险报告。报告除揭示全球最大的风险是欧盟和美国战略同盟的弱化等议题外,特别提及"伊斯兰国"及其盟友已成为世界上最强的恐怖组织。2015 年,"伊斯兰国"策划了一系列恐怖袭击,2016 年,其恐怖组织还要大行其道。如来自"伊斯兰国"、"基地组织"、"博科圣地"和新恐怖组织的威胁将继续。有消息称:法国、俄罗斯、土耳其、沙特阿拉伯和美国,特别是美国在中东地区的资产将受到威胁。据巴基斯坦媒体报道,2016 年 1 月 20 日,该国家西北部贾尔瑟达地区帕夏汉大学当天发生恐怖事件,已造成 20 人死亡,逾 50 人受伤,巴基斯坦塔利班宣称实施了此次恐怖袭击。

在恐怖主义已成为公害的世界,带来的伤害已无国界,政府部门、军方乃至平民遭遇暴力恐怖袭击的个案越来越多。

(1)慕尼黑奥运会恐怖事件:1972 年德国慕尼黑第 20 届奥运会上,发生了武装劫持事件,主谋为阿布·尼达尔"恐怖公司"的前身"黑九月",导致 11 名以色列运动员和 2 名警察的死亡。

（2）贝鲁特美国使馆爆炸事件：1983 年 4 月 18 日，贝鲁特美国驻黎巴嫩大使馆受到一枚自杀性卡车炸弹袭击，63 人死亡，120 人受伤，"伊斯兰圣战组织"声称对此负责。

（3）印度航空公司公司爆炸事件：1985 年 6 月 23 日，印度航空公司一架客机在大西洋上空被一枚炸弹炸毁，机上 329 人全部遇难，怀疑是锡克教和克什米尔恐怖分子所为。

（4）以色列驻阿根廷大使馆被炸事件：1992 年 3 月 17 日，以色列驻阿根廷布宜诺斯艾利斯大使馆发生爆炸，致 29 人死亡，242 人受伤，"真主党"声称对此负责。

（5）奥姆真理教毒气事件：1995 年 3 月 20 日，日本奥姆真理教成员在东京地铁三线共五列列车上散放沙林毒气，致 12 人死亡，逾 5510 人受伤。

（6）"泰米尔猛虎组织"攻击事件：1996 年 1 月 31 日，"泰米尔族独立猛虎解放组织"（LTTE）成员让一辆满载爆炸物的卡车冲进位于斯里兰卡科伦坡城市中心的中央银行，炸死 90 余位平民，炸伤逾 1400 人。

（7）埃及旅游被害事件：1997 年 11 月 17 日，埃及"伊斯兰组织"（IG）枪手在卢克索附近国王谷的特舍普苏特神庙，打死 58 名游客及 4 名埃及人，伤 26 人。

（8）美国"9·11"事件：2001 年 9 月 11 日，恐怖分子劫持 4 架客机，撞击纽约"双子大厦"和华盛顿五角大楼，一架坠毁，致约 3000 人死亡。

（9）马德里爆炸案：2004 年 3 月 11 日上午，西班牙经历了 1988 年洛克比炸弹爆炸案以来最严重的恐怖袭击，致 190 人丧生，超过 1500 人受伤。

（10）别斯兰人质事件：2004 年 9 月 1 日，车臣武装分子闯入俄罗斯南部奥斯提共和国别斯兰市第一中学，将刚参加完新学期开学典礼的近千学生、家长、教师劫为人质，最终致 326 名人质死亡。

（11）伦敦"7·7"爆炸案：2005 年 7 月 7 日，英国伦敦地铁和巴士发生连环爆炸案，死亡 52 名乘客，700 多人受伤。

（12）孟买连环恐怖袭击事件：2008 年 11 月，孟买发生连环恐怖袭击事件，十余名恐怖分子投掷手榴弹，并使用 AK-47 向民众扫射，最后致平民与安全部队百余人身亡。

（13）莫斯科多莫杰多沃机场爆炸事件：2011 年 1 月 24 日，俄罗斯首都莫斯科多莫杰多沃机场发生自杀式人肉炸弹爆炸恐怖事件，造成 35 人死亡，180 人受伤。

（14）中国新疆恐怖事件：自 1991—2000 年，新疆共发生恐怖事件 200起左右。

（15）巴黎系列恐怖袭击事件：2015 年 11 月 13 日晚，巴黎发生多起袭击事件，其中包括 7 起枪击案、6 次爆炸，巴塔克兰剧院还发生人质劫持事件，该系列袭击事件造成约 140 人遇难。

对于城市反恐反暴恐，希腊建筑师的话有一定道理，要改变"不设防"的城市，恐怖是更可怕的看不见的"阴霾"。对于恐怖分子的"画像"，有人云：心灵拥有其自我栖息之地，在其中可能创造出地狱中的天堂，也可能创造出天堂中的地狱。为此，国际组织及各国有一系列对策：

美国"9·11"事件后，联合国安理会组成 15 名成员参加的反恐怖主义委员会，制定《制止向恐怖主义提供资助的国际公约》等公约。国际反恐合作如上海合作组织、非洲联盟、东盟、八国集团等反恐组织不断壮大。美国，每年定期发布《各国反恐怖主义形势报告》，成立国家反恐中心等。俄罗斯，设立《俄联邦反恐法》、《俄罗斯联邦反恐构想》等。英国，制定了《国家反恐怖战略》，将其贯穿于各项反恐具体措施中，并不断修订完善。以色列，在"先发制人"的反恐战略下，已将反恐纳入依法打击的轨道之中。

第三节　恐怖袭击与应对策略

通常指恐怖组织或极端分子采用爆炸、暗杀、绑架与劫持人质、纵火、投毒等手段，针对平民或其他任何目标实施暴力、破坏活动。

我国面临的恐怖威胁主要有：

"东突"是中国面临的主要恐怖主义威胁来源。近年来，在新疆发动了几十次恐怖爆炸。如北京奥运会期间发生在喀什的驾车袭击公安边防官兵案和库车县恐怖爆炸袭击案。以达赖为首的藏独势力虽然表面主张和平非暴力活动，但暗中进行各种暴力袭击事件，2008 年的"3·14"拉萨暴力事件就是一个典型；近年来，随着中国对外开放力度的加大和融入国际经济体系的步伐加快，国际恐怖组织加大了对华渗透。2007 年 3 月，基地组织二号人物扎瓦西里在公布的录像中公开宣称新疆地区为"穆斯林受迫害地区"；一些恐怖组织为了攻击和要挟本国政府，不断发生绑架袭击中国公民的事件。近年来，在阿富汗、巴基斯坦、尼日利亚、埃塞俄比亚等国家先后发生三十多起针对中国人的绑架袭击事件，造成逾 100 人伤亡。

2011 年，我国全国人大常委会通过了《关于加强反恐怖工作有关问题的决定（草案）》，其中定义：恐怖活动是指以制造社会恐慌、胁迫国家机关或者国际组织为目的，采取暴力、破坏、恐吓或者其他手段，造成或者意图造成人员伤亡、重大财产损失、公共设施损坏、社会秩序混乱等严重社会危害的行为。煽动、资助或者以其他方式协助实施上述活动的，也属于恐怖活动。恐怖活动组织是指为实施恐怖活动而组成的犯罪集团。恐怖活动人员是指组织、策划、实施恐怖活动的人和恐怖活动组织的成员。

美国针对恐怖暴力事件的社会安全管理，有心理干预和危机管理的科学研究和技术，如美国警务部门内部，警务工作基本上都是依托信息系统互联互通的。此外，美国联邦调查局专门成立国家暴力犯罪分析中心（NCAVC），其下设反恐、纵火和爆炸物部、威胁、网络犯罪、白领犯罪、公共腐败部等部门。目前，全美超过五千个执法部门参与了 VICAP（暴力犯罪逮捕项目），超过 8.5 万个案例被录入该系统。这里讲一个真实的个案：2015 年 11 月 16 日，哈佛大学通过网站、邮件以及脸书等平台，告知全体师生，收到一个未经证实的炸弹威胁，哈佛大学剑桥主校区的 4 栋建筑物都受到波及。经过 5 个小时仔细检查，未发现炸弹并宣布恢复校园秩序。哈佛大学有效应对炸弹恐袭过程有如下特点：

（1）政府和大学管理部门高度重视反恐工作，坚持"宁可信其有，不可信其无"的理念，所以接到威胁信息后，立即封锁路口，对整个校区戒严，开展炸弹风险排查；

（2）坚持应对炸弹维系的各类信息公开，学校先后八次通过校园邮件和短信系统向师生通报信息；

（3）高效运用即时通信技术，使信息传播更加畅通和快速，形成全方位危机信息传播系统，及时为师生稳定心理，消除恐慌；

（4）适时利用多种沟通传播渠道，引导公众理性疏散并指导如何及时避险，大学管理部门在公布事件动态时，配发大量遇恐疏散的提示信息；

（5）警察局及哈佛校园网站专门做了遇恐的"逃、躲、斗"三字应对方法，供大家学习；

（6）大学管理部门还及时展开心理安抚，并对因反恐带来的不便表示歉意，政府反恐力量反应快速，分工合作，形成地面空中、校内校外立体的反恐安全网，逐步消除炸弹威胁的隐患及风险。

作为美国反恐的做法与启示还体现在如下几点：其一，政府反恐部门要加强与重点基层社区间合作，夯实基层反恐工作基础；其二，提高反恐工作的信息透明度，增强公众对反恐知晓度与参与度；其三，加强基层社区反恐信息化渠道建设，加大基层反恐信息化通信技术开发的投入；其四，加强基层、社区和个人的反恐宣传教育，城市管理者尤应提升对恐怖安全防范与应对的意识、知识、技能等方面的宣传教育，明确管理者在反恐上的社会责任。

再看新加坡动员公众反恐的做法与启示。作为东盟创始国之一，新加坡一直在积极推进东盟与亚太区域反恐合作，力求使恐怖组织"已经将东南亚视为安全天堂、中转站及补给站"的梦想破灭。

值得关注的新加坡全民反恐的"实招"：

（1）2002年，出台《恐怖主义（制止提供资助）法》，以切断对恐怖主义任何资助及渠道；

（2）组建"平安·安全守望小组"，强化建筑物本身安全防范，即对可能出现的风险予以评估；建立安全监控体系；利用现有资源制定反恐预案；

（3）多措并举，如发动出租车司机充当"耳目"，如街头4万名出租车司机成为警察的"眼睛"与"耳朵"；

（4）组织销售商和企业加入反恐阵营，从源头上制止危化品的预防、检测、预警、遏制；

（5）建立社会巡逻制度，加强警民合作，从而使志愿者队伍成长，使反恐应急培训成为可能。

可见，面对世界格局反恐呈现的"越反越恐"的局面，未来之路不能困顿，要意识到全球的反恐已上升为最高级别的排他性国家战略（城市亦然）。因此，强化反恐机构设置就赋予国家、城市多方面机动处置权，对个人行为的监控和排查力度，国际社会也必须建立起统一协调的综合反恐合作机制的特有模式。

第六章　城市综合减灾管理

　　无论是自然灾害，还是人为灾害；如论是公共卫生事件，还是从天而降的恐怖袭击，都要求城市管理者以一个大安全的视野，有综合减灾体制、机制、法制的管理应对。对城市管理者的安全信条是：宁可因为过于焦虑担忧而被嘲讽，也不要因为对于安全过度自信而遭摧毁。在综合减灾应急管理思想下，要发现体制、机制、立法乃至应急预案中的问题，省思它们，改进它们，启示并激励城市管理者去安全发展并创新。

第一节　城市综合减灾管理概述

一、城市综合减灾的内涵

　　由于现代城市发展很快，人口众多，财产集中，财富增长迅速等因素，城市脆弱性非常突出，加之气候变化，使自然灾害强度变强，灾害频发，尤其是城市灾害链与巨灾并存，仅靠政府或一个部门的力量已经无法应对今天的城市灾害和事故了。据此，城市的防灾减灾必须转换思路，设计并实施"综合减灾"，协同抗击灾害、事故等突发事件的战略。这一战略理念的关键是"综合"二字，它体现在平时备灾、灾情认知、灾害管理、灾害机制协调、应急预案、灾中救援及完善法规等的综合观上。因此，城市综合减灾就是指科学调用全社会的资源，采用各项监测、预测、预警、预防、救援等应对措施，减轻或终止多重灾害或巨灾对城市的威胁与影响。

　　综合减灾从灾害发展过程层面上说，必须综合应对原生灾害（如气象、地震灾害）及其诱发的次生灾害（如泥石流、滑坡、洪涝灾害）以及由上游灾害延伸的衍生灾害（如洪灾触发的疫情、停电、阻断交通）等灾害链上的各种灾害；从灾中的抢险救灾层面上说，必须调集各类资源，综合使用政府、企业、单位、民间团体、公民个人等全社会的力量，才能有效防灾减灾救灾；从应对灾害的措施层面上说，必须在灾前、灾中、灾后各个阶段综合应用各种先进技术、丰富的资源和一切有效的手段，才能应对灾害，减轻、削弱和终结灾害的危害；从时间空间层面上说，必须坚持防灾减灾的时空无缝隙，时间上尤其是无灾时也应做好防灾备灾工作，空间上有灾区域的周边暂无灾害的地区同样要抗灾准备、联动及对灾区的支援工作。

由此可见，综合减灾应该坚持常态化的灾害管理，有灾时实施减灾应急管理，无灾时实施减灾常规管理，做到有灾无灾减灾管理一个样，执行常态化值守。也就是说，综合减灾中的应急管理与常规管理这两部分是连续的，不可分割的，其体系、体制、机制等管理架构是共同的。

二、城市综合减灾与单灾种减灾的差异

综上所述，城市综合减灾与单灾种减灾是不同的，城市综合减灾是由单灾种防灾减灾发展而来的，是为适应现代城市快速发展需求而构划的安全方略，其主要特点包括：

（1）单灾种之间的机理相关性：现代城市的灾害链现象日益凸显，如风—雨—雹—洪水—滑坡—建筑毁坏，地震—电击—火灾—环境污染，暴雨—内涝—交通瘫痪—地面塌陷等。因此，需要研究城市主灾与次灾之间的链接关系，防止灾害破坏力沿着灾害链的辐射放大。

（2）城市各减灾要素的可整合性：减灾涉及指挥机构、救灾队伍、机械车辆、物资储备、信息管理、减灾技术、社会力量等诸多要素，建立有效的机制和制定可操作性强的应急预案，是高效配置资源和优化整合各减灾要素的主要途径。

（3）综合减灾要求更加注重城市社会经济的全面发展：如果城市经济发展以 GDP 和政府财政收入作为正向增长的标志，那么城市灾害损失和减灾投入可视为负向增长。目前的灾损只统计直接经济损失，尚未仔细核算因灾

造成的产业链间接经济损失及社会秩序混乱、生活质量降低和生态环境破坏等间接损失，更缺乏因人员伤亡造成的人力经济损失以及各类损失与保险机制的衔接。必须在城市减灾系统工程中强调灾害经济学、安全经济学的应用。

（4）定性与定量综合集成性：由于城市灾害的复杂性、开放性、动态性和城市系统由社会、经济、地理、人文等诸子系统的综合集成，采用定性与定量相结合的方法是综合减灾方法论的基础，其特点是从多方面定性认识上升到定量认识；自然科学与社会科学、科学理论与经验技能相结合；按照复杂大系统的层次论，宏观与微观相结合，软方法与硬技术相结合。

（5）城市的脆弱性：早在20世纪90年代联合国国际减灾十年活动期间，脆弱性就被确定为评估极端灾害事件损失及生命危害的工具。综合减灾要求更加重视现代城市的脆弱性，因为作为承载体的城市人财物的集聚和快速增长，它对灾害破坏的敏感性越来越高，特别是针对城市人文系统其影响更甚，人类及其社会经济活动遭受灾害、事故破坏的可能性更大，如有害物质威胁，包括社区化学品含量、生态环境状况的危害。

（6）现代城市可抗力：防灾能力是脆弱性的组成部分，综合减灾更加需要现代城市的防灾能力发挥更为重要的作用。城市可抗力的核心是指城市面对灾害、事故时的抵御能力及综合恢复能力，即城市建设及布局规划必须考虑城市的资源承载力与环境容量，必须强化城市防灾能力建设，在增大城市的"弹性"上下工夫，必须在城市关键节点及生命线系统上，不脆、不弱，具备可靠性指标及可修复性指标，使现代城市真正具备抵御灾难的韧性与弹性。

三、城市综合减灾管理体系

城市综合减灾体系是指以应急预案、体制、机制、法制"即一案三制"为核心内容的，在特定的思想理念、组织结构、功能行动和非常态管理上相互联系与相互作用的系统总称。它是应对突发事件或灾害的重要基础和保障，一般可分为五个应急子体系：即应急管理子体系、应急预案子体系、信息共享网络子体系、公众报警服务子体系和法律法规子体系。综合减灾中的应急管理与常规管理这两部分是连续的，两者的管理架构是互通的，但是常规减灾管理与应急减灾管理还是有区别的，应急减灾管理模式与架构基本上覆盖了常规减灾管理。因此用常态化应急管理的提法代替常态化综合减灾管理是可行的。

与传统城市灾害相比，现代城市灾害具有明显的不确定性，提高应急响应及处置的有效性、及时性、可控性，已经成为常态化综合减灾管理（或常态化应急管理）的核心内容。

第二节　城市综合减灾管理体制

城市综合减灾管理体制属于行政管理体制范畴，而行政管理体制是指国家政府机关、企事业单位在机构设置、领导隶属关系和管理权限划分等方面的组织制度和具体规章的总称。与前述相同，可用城市综合减灾应急管理体制代替城市综合减灾管理体制进行分析。对一个城市的政府行政管理体制来讲，该城市综合应急管理体制是其行政管理体制执行公共服务职能的重要组织部分，但与政府行政管理体制的其他组成部分相比较，城市综合减灾应急管理体制具有以下特性：

（1）以政府应急机构主导，社会力量（含企业和非政府组织）和公众积极参与；

（2）以全面预防和及时应对突发公共事件为主旨；

（3）常态化安全管理与紧急状态应急管理相结合；

（4）在应急状态下，为保障全社会的公共利益，最大限度减少灾害损失，可在一定程度限制或适度消减公民的部分权益，其持续时间具有暂时性；

（5）在应急状态下，政府按相关法律，统一调动整合全社会的应急救助信息和资源（人力和物资等）。

一、城市综合减灾管理体制的基本状况

从 20 世纪 90 年代末开始，我国城市开始探索多灾种多部门综合应急管理体制建设的实践，其突出代表是广西南宁市应急联动中心。早在 1998 年，国家部署社会服务联合行动工作时就提出希望通过多部门联合行动，建立一套社会化公共救助体系，改变 110、119、120、122 等救助系统各自行动的

状况。当时的朱镕基总理于 1999 年 4 月访问美国参观摩托罗拉公司和芝加哥 911 报警中心时就评价美国 911 应急联动系统是一个城市现代化的标志之一。于是，南宁市政府通过与摩托罗拉公司交流，在 2000 年 3 月提出城市应急联动系统项目，经广西区计委和国家计委审批，并获得联合国开发计划署援助，于 2001 年 11 月正式运行。

南宁市应急联动中心是南宁市正处级事业单位，定员 169 人，其中定编83 人，中心主任由一名副市长兼任。联动中心位于一座 8700m^2 的大楼内，设有接警中心、处警中心、首长指挥中心、计算机网络中心、通信中心等。作为南宁城市数字化、信息化建设的主要组成部分，应急联动中心整合公安、消防、急救、交通、电信、防洪、防震、防空等多部门信息资源，实现信息共享，提高紧急救助效能，促进政府公共服务职能提升，为我国城市安全减灾应急管理体制建设提供了一个成功的借鉴模式。

2003 年的"非典"事件使人们进一步认识到突发公共事件管理的重要性。2003 年年底，国务院办公厅开始《国家突发公共事件总体应急预案》相应的研究立项。2005 年 1 月，时任温家宝总理主持召开国务院常务会议，原则通过《国家突发公共事件总体应急预案》和 25 件专项预案、80 件部门预案，共计 106 件。2005 年 7 月，国务院召开全国应急管理工作会议，标志着中国应急管理纳入了经常化、制度化、法制化的工作轨道。与预案编制同步开展了应急管理的体制、运行机制和法制建设。应急管理体制主要指建立健全集中统一、坚强有力、政令畅通的指挥机构；运行机制主要指建立健全监测预警机制、应急信息报告机制、应急决策和协调机制；而法制建设方面，主要通过建立完善法律法规，依法行政，努力使突发公共事件的应急处置逐步走上规范化、制度化和法制化轨道。"一案"与"三制"构成了一个有机结合的整体，形成了具有中国特色的应急管理体系。

二、城市综合减灾管理体制的主要内容

2007 年颁布了《突发事件应对法》，其中第四条清楚地点明了我国城市综合减灾应急管理体制的主要内容，指出"国家建立统一领导、综合协调、分类管理、分级负责、属地管理为主的应急管理体制"。

"统一领导"，包括两个要点：一是按照目前中国的政治体制，政府的公共管理职能的实施，包括突发公共事件的应急管理活动，均是必须在中国共产党的统一领导下进行；二是从政府职能来讲，是由中央政府即国务院来统一领导，中央政府统辖全国各级地方政府，对各级政府所有公共管理事务，也包括突发事件应急管理事务均有统一管辖权。

"综合协调"，指各级政府设置一个具有综合协调职权的应急管理指挥中心或办公室，目前多是由各级政府办公厅（室）兼职承担，亦有一些城市是由当地公安局托管。其职能主要是经主管应急事务的政府首长同意后，综合调动本级政府各职能部门的信息、技术装备、救援队伍和救助物资，以期形成联动应急处置。

"分类管理"，由于不同类型突发事件的产生原因、表现特征、影响范围和强度等级等有很大差异，各类突发事件分别依托相关的专业职能部门进行常态管理，这些专业性政府职能部门分别对所管辖的突发事件的监测预警信息、动态演变信息等及时向政府应急管理指挥中心报告，并提出有针对性决策咨询建议，按"国家突发公共事件总体应急预案"将突发事件分为四类，即自然灾害、事故灾难、公共卫生事件和社会安全事件，各地还要根据本地实际情况，将四大类突发事件和社会安全事件细分为若干具体的突发事件，再按不同专业领域划归不同政府职能部门专职管理，如气象灾害由气象局负责，地震灾害由地震局负责，地质灾害由国土资源局负责，草原森林火灾由林业局负责，生态环境灾害由环保局负责，公路交通事故由交管局负责，传染病由卫生局负责，动物疫情由农业局负责，治安事件和恐怖活动由公安局负责，等等。

"分级负责"，在"国家突发公共事件总体应急预案"中按各种突发公共事件的灾难性质、严重程度、可控属性及影响范围等因素，将突发事件分为四级：Ⅰ级（特别重大）、Ⅱ级（重大）、Ⅲ级（较大）和Ⅳ级（一般）。而我国地域辽阔、灾害多变、灾情复杂，不可能所有不同等级的不同突发事件集中由当地政府来紧急应对，也不能所有突发事件无论等级大小统统由国务院统一管理，因此，必须对不同等级突发事件按政府行政层级架构进行分级负责的管理。

"属地管理为主"，确切地说，是指在应急管理中强调"条块结合，属地为主"的原则,就突发事件的专业性管理来讲,从国务院的职能部门到省、市、县地方政府的相应职能部门,都有垂直管理或业务指挥关系,拥有较强的专业应急救援人员、装备、技术等,是突发事件应急管理不可或缺的中坚力量;而一旦发生突发事件,地方政府及其基层组织是现场第一目击者,是第一时间到达事件现场并第一时间了解事件原因和发展动态的现场应急指挥者,其对事件引发原因、严重程度和可控属性的科学判断和灾情报告以及采取的初始救援行动,将为下一步专业救援行动奠定非常有利的基础。换个角度讲,"属地为主"就是指一旦出现突发事件,其发生地的地方政府应急管理机构承担现场应急管理工作,包括成立现场应急临时指挥工作平台等。

三、城市综合减灾管理体制的发展趋势

目前我国城市综合减灾应急管理体制在实施运作中存在的主要问题:一是综合协调不顺和联动响应不足。这在条块管理部门之间的协调以及不同职能部门之间联动都尤为明显。二是组织调动社会团体和民间基层切实融入城市综合减灾应急管理体制中还远远不够。

对照和借鉴纽约、伦敦、东京等世界级超大城市的应急管理成功经验,并结合我国城市发展的具体情况,特别总结2008年南方冰雪灾害和汶川大地震应急管理的经验教训,我国城市综合减灾应急管理体制的发展趋势是必须首先改变现有各级政府综合应急管理办公室(或指挥中心)仅是常规值班、信息汇总、应急会商等事后应急管理职能,而综合协调、联动指挥总是心有余而力不足的状况。应借鉴美国成立"联邦应急管理总署"(后升为"国土安全部")和日本设立"内阁危机管理总监"的经验,在现有部际协调机构——国家减灾委员会的基础上进一步实体化,在国务院设立由副总理或国务委员主管的"综合减灾机构"或"减灾应急管理机构",直接向总理报告并全面负责各类突发公共事件的风险评估、监测预警、应急响应、救援处置、善后恢复的全过程管理,并且按照法律赋予的权力,实施军队、武警、消防、医疗专业救援、民间志愿者、灾害保险以及慈善机构等的统一指挥和综合协调。进一步完善、建立重大经济圈、城市群的联动、联防、联控、联治的机构布局、管理模式、法律法规、运行机制等的顶层设计与总体规划。相应地在各

省、自治区和直辖市亦设置与日本东京都"危机管理总监"和纽约市 OEM 相类似的厅（局）级"综合减灾局"，全面管理地方突发公共事件的风险管理、应急救援、恢复重建、区域互救、信息服务、减灾规划、外援协调、防灾演练等。

如何在城市综合减灾应急管理体制中充分发挥民间团体、非政府组织和社区志愿者在突发事件第一时间、第一现场、第一目击者的应急救助作用，乃是使减灾应急效益最大化的关键。美国纽约市 OEM 组织公民团及其社区紧急事态反应队（CERT）和联系私营企业参与城市应急管理的政府—私人紧急情况计划（PEPI）在动员公众参与应急管理方面提供了很好的经验。简单地讲，一是提高公众的突发事件防范意识，从"要我防灾应急"转变为"我要防灾应急"；二是强化公众防灾、救助、反恐避险等技能训练和演习；三是参与应急管理机构的有关活动，如突发事件信息动态分析、应急方案讨论等。从城市综合减灾管理上看，各单一灾种管理要力求上升到综合减灾管理层面。如气候变化已经越来越严重地考验着我国灾害风险管理水平，其综合减灾管理要从被动抗灾向主动避险转变。气象灾害风险是个综合概念，如在人类极少活动的海域出现超强台风，因为承灾体暴露度较弱，所以该区域风险并不大；高温热浪出现在人口老龄化区域或年龄结构正常的地区，由于承灾体的脆弱性不同，高温热浪带给不同人们的灾害风险感受不一，所以致灾因子、暴露度、脆弱性共同组成了灾害风险概念，需要管理者统筹考虑且综合分析。2015 年 3 月第三届世界减灾大会明确要在未来 15 年"大幅减少在生命、生计和卫生方面，以及在人员、企业、社区和国家的经济、食物、社会、文化和环境资产等方面的灾害风险与损失。"所以，无论是气象减灾，还是地震防御都不应再是单灾种应对，管理方式上也不能将"防、抗、救、避、重建"等环节分开，应考虑不同空间尺度下减轻灾害风险城市尺度上的综合对策。"精细化治理"，多措并举、协同行动是必须坚持的。所以，城市气象、城市消防、城市抗震、城市防洪等带有综合减灾管理思想的安全策略应成为"十三五"城市安全转型之本。

第三节　城市综合减灾管理机制

城市综合减灾应急管理机制，是指城市突发事件综合应急管理系统中的组织及其内部相互作用关系和运行方式，适用于各类突发事件应急管理，重点是在紧急状态下能快速灵活地协调部门、群体、个人相互关系以及顺畅有效地征调技术、物资、装备等应急资源。其重要原则有：

（1）决策权威原则。在突发事件综合应急管理中，一旦主管者做出应急决策，应具有权威性，必须强力执行。

（2）平战转换原则。突发事件综合应急管理系统的平时常态运行机制和"战时"应急响应机制既相互联系又不尽相同。常态运行机制是应急响应机制的基础，一旦发生突发事件，前者应自然切换转为后者，以保证综合应急管理系统的低成本和高效率。

（3）信息集成原则。突发事件的综合应急管理具有突发性、紧迫性。如何在最短时间内，获取最多、最全面的突发事件相关信息并集成分析，使信息收集和利用最大化。

（4）整合优化原则。整合优化，一是对不同政府职能部门联合参与突发事件应急处置时，对各部门的职责和专业优势进行协调整合，优化联动运行程序，使各职能部门在应急管理中进退有序，互相补充；二是整合利用现有应急资源，包括人力、物资、装备等，使分散在各部门的应急资源的利用效率最大化。

（5）多元参与原则。为实现政府部门、专业队伍、民间团体、企业和社会公众都能顺利有序地参与综合应急管理，必须建立他们之间对话会商、信息交流、演练磨合的管理机制。

城市综合减灾管理机制的主要架构如下。

1. 风险管理机制

各级政府的突发公共事件综合应急管理机构，必须全面掌握本行政区域内的突发事件风险源及其时空变化规律，对可能引发的突发事件进行风险评估，特别是确定高风险或较高风险的突发事件，及时进行风险分析与风险处置，排查并清除风险隐患。对一些风险源还应填报表格，绘制分布图，组织专门人员和专用设备进行全天候监控。同时，还须建立安全隐患群众举报和媒体监督制度。总之，风险管理已经成为综合应急管理系统的预防关口前移的重要机制。从广义上讲，把城市突发事件综合应急管理与城市发展规划和经济竞争力结合起来，是降低突发事件风险的战略性举措，这正是联合国"国际减灾战略"之精髓所在。

2. 监测预警机制

要根据突发公共事件的种类及其特征，分别建立基础信息库，包括历史事件信息，风险源及隐患信息等历史数据信息等。分别建立不同种类突发公共事件的监测监控网络，特别是在不断完善现有气象、水文、地质、地震、海洋及生态环境等自然灾害监测网的基础上，逐步提升监测装备自动化水平，提高监测时空分辨率，提高对致灾因子的监测质量；对固定危险源和危险流动运输都要加强实时动态监控；在不断完善公共卫生事件实时监控和动态报告制度时，尤应加强基层（村、社区、学校、企业等）对传染病、动植物疫情、食品安全等的监测科技水平。

一旦突发事件动态发生逆转，不可能产生危害，或经过应急处置正在平息，向正常状态转化时，应及时宣布降低预警等级或解除、终止预警，解除已经采取的应急措施。

3. 信息管理机制

一是信息上报汇总机制。凡是突发事件监测监控系统探测到的致灾因子实时实况或发现有突发事件前兆信息及突发信息，都应在规定时限内，以预定的信息数据格式和内容，按法律或预案规定的行政权限逐级向上报告。

二是信息综合分析机制。应急指挥部门应及时、系统、全面、科学地对各种突发事件信息进行统一整编、更新存储、分析对比、诊断评估、动态演示等。

三是信息公开互动机制。包括向媒体新闻界统一发布权威性突发事件动态信息；尊重公民知情权，确保公民在第一时间掌握预警信息，及时采取正确应急避险救援措施。

4. 决策协调联动机制

一是决策机制。突发事件应急决策具有鲜明特色：即"及时快速"，以最短时间，争取最大的防灾减灾效益；"科学理性"，以突发事件实况动态为依据，吸纳专家建议，发挥决策者智慧和管理经验；"规范灵活"，既要依照法律权限和预案规定来应急决策，又要视突发事件的实况动态的特殊性，灵活有效处置具体应急细节。

二是"协调联动机制"。灾害是无边界的，因此从综合应急管理来讲，协调联动十分重要，也是必须的。在突发事件应急决策指挥过程中，协调政府各职能部门和协调不同行政区域的联合应急行动，调动多方面应急处置资源，组合专业救援队伍和救援志愿者的有序救援行动等都需要通过一定的管理程序、运行方式乃至法律法规来进行。

5. 社会参与机制

突发公共事件的应急管理过程中，政府及其相应机构无疑起主导作用，而最大可能地吸纳社会民间各种力量，调用各种社会资源并鼓励公众积极参与综合应急管理是实现应急管理参与主体多元性，把应急管理工作落实到基层的重要形式。充分注重新闻媒体在影响社会参与应急管理活动中的巨大作用。建立政府应急管理部门与新闻媒体沟通交流互动网络，使媒体作为一种社会力量参与应急管理，不要让媒体仅起"场外评论员"作用。政府必须掌握主流媒体渠道，及时准确引导社会舆论，完善信息动态公开制度，制止流言、通报真相、减轻社会恐慌、鼓励公众信心。

6. 善后恢复机制

（1）及时进行灾害损失评估。包括直接经济损失和间接经济损失、物质损失、心理伤害和社会影响。要有客观评估数据和方法，选择具有权威性、独立的评估机构，以求评估结果的客观公平。

（2）制定灾后救助、抚慰、抚恤、补偿和安置等善后行动计划。既要具有充分法律依据，又要有表达政府对公众的人道关怀；既要尽快及时为公众提供临时的吃住行基本生活设施，又要使公众尽快从惊恐紧张状态恢复到平静的正常生活。

（3）制定科学的恢复重建规划。重建规划需要首先结合本次突发事件的实况进行风险评估，并与科学的国土开发规划相结合。

（4）应急管理过程的全面总结，不仅要全面调查，取证本次突发事件的

原因、过程以及处置的经验和教训，为改进应急管理系统提供新的着眼点和
新思路，而且必须全面检查政府及相关部门的应急行为。

第四节　城市综合减灾管理法制

综合应急管理法制是指在公共紧急状态下，调整各种法律关系的法律规
范的总和。它是国家法律规范体系中的一个重要组成部分，但又是一个不同
于常规状态（或称非紧急状态）下的特殊法律规范。其特殊性主要表现在：
一是强调应急管理状态下的国家行政机关具有更大的权利；二是强调保护社
会公共利益。面对公民个人的权利有所限制，并着重于公民个人在应急状态
下承担的法律义务；三是有较明确的时效性，仅适用于应急管理时期；四是
具有强制性和超越常态管理法律规范的优先性。

一、综合减灾管理法制的基本框架

综合应急管理法制的基本框架大体有四层架构：

第一是在国家基本大法，宪法确定在紧急状态下国家机关的紧急权力以
及公民应当为公共利益而受限制的权利，这是国家机关执行突发公共事件应
急管理职能的最基本法律依据。

第二是有关灾害或突发公共事件的综合性基本法规。如美国的《国家紧
急状态法》、《国土安全法》，日本的《灾害对策基本法》，中国的《突发事件
应对法》等。它们是规范应对各种突发事件共同行动准则的重要法规，也为
制定突发事件的分类应急管理法规或应急处置实施细则提供了法律依据。

第三是国家制定的各种突发事件的单项应急管理法律、法规、条例或计
划，如《气象法》、《消防法》、《洪水灾害防御法》、《环境保护法》、《食品卫
生法》、《防震减灾法》、《传染病防治法》、《人民防空法》和《反恐怖主义行
政草案》等，或是"一灾一法"、"一事一法"，或是按应急管理的不同阶段分
别立法，种类繁多、内容丰富。

第四是省级和省级以下各级地方政府为实施国家综合应急管理和单项突
发事件应急管理法律、法规而制定的相应"实施条例"或"实施办法"等，如

《北京市消防条例》、"北京市实施《突发事件应对法》办法"、"北京市大型社会活动安全管理条例"、"北京市实施《气象法》办法"等。

二、国内外综合减灾管理法制简述

1. 国外的情况

美国向来是通过法规来充分保障政府机构执行突发事件应急管理公务，并在应急管理的实践中，通过重大灾难事件应急管理的总结，来不断完善应急管理法制体系。总体上讲，美国的应急管理法律主要包含三个方面，即灾害应急处理、紧急状态和反恐应对，并建立了以《灾害救助和紧急状态援助法》（1950 年出台，2000 年修订）、《国家紧急状态法》（1976 年出台）和《国土安全法》（2002 年出台）为核心的突发事件综合应急管理法律体系，其中包括有针对洪水、地震、油污等自然灾害、环境灾害的法规、有紧急状态下医疗服务、公民知情权、放射性危机应对、经济权力、特别封锁、救援等单项法案或条例或计划等，更有涉及反恐的《爱国者法》、《恐怖主义风险保险法》、《航空运输安全法》、《公共卫生安全和生物恐怖威胁防治和应急法》等反恐法规随着"国土安全部"的设立而相继出台实施。

日本的突发事件应急管理法律体系比较完善并有些特色。在《灾害对策基本法》之下，按应急管理的不同阶段，有灾害预防和防灾规划法规（如《大地震对策特别措施法》、《原子能灾害对策特别措施法》、《防洪法》、《活火山对策特别措施法》等）、灾害应急法规（如《食物中毒危机管理实施要领》、《原子能辐射救援法》及其实施细则、《灾害救助法》等）、灾后重建和复兴法规（如《受灾者生活重建援助法》、《关于应对重大灾害的特别财政援助法》、《公共土木设施灾害重建工程费国库负担法》等），以及灾害管理组织法规（如《消防组织法》、《水害预防组织法》、《警察法》等）。作为日本首都的东京都，不仅在国家出台有关应急管理法规之后立即制定相应的条例或实施细则，而且还根据东京都本身的需要制定地方法律或条例规则，例如：《东京都防灾会议条例》、《东京都灾害对策本部条例》（另有实施规则）、《东京都震灾对策条例》（另有实施规则）、《东京都震灾恢复本部设置条例》（另有实施规则）、《灾害时从事应急措施业务人员的损害补偿条例》（另有实施规则）、《东京都受灾者职业资金贷款规则》、《东京都安全和安全街区建设条例》等。

为探索城市综合应急管理法律体系，这里再简介新加坡作为东南亚城市国家的危机管理法律系列。新加坡是 1965 年退出马来西亚联邦而独立的国家，20 世纪 90 年代进入世界发达国家行列。新加坡是一个法治国家，其完备的法律体系为国家安全防御活动提供了充分的法律支持。新加坡有关危机应急管理的法律主要有以下几个方面：国防和武器控制方面有《新加坡武装部队法令》、《武器与爆炸物法令》等；恐怖活动方面有《劫机和保护飞机和国际机场法令》、《内部安全法令》等；刑事与暴力恶性犯罪方面有《刑事法典》、《刑事诉讼法紧急法令》、《绑架法令》、《毒品法令》、《监狱法令》等；社会治安和民防方面有《民防法令》、《消防法令》、《破坏公物法令》、《宗教和谐法令》、《杂罪（公共秩序和骚扰）法令》等；公共卫生方面有《传染病法令》等；政治和舆论方面有《煽动法令》、《不良刊物法令》等以及《驱逐出境法令》、《辐射能防范法令》等。

2. 国内的现状

《中华人民共和国宪法》中规定了全国人民代表大会（第 67 条）、国家主席（第 80 条）和国务院（第 89 条）决定全国和省（自治区、直辖市）进入紧急状态的权力。

制定非战争状态下的综合性应急管理法规，主要有《突发事件应对法》（2007 年），这是我国第一部从国家层面上综合总结多年应急管理实践经验和教训，明确规定了政府、公民、社会组织在突发事件中的权利、义务和责任、规范应对突发事件的共同行为的基本法律。

按突发公共事件种类，分别制定减灾和应急管理的法规或条例。例如，自然灾害类有:《防洪法》、《蓄滞洪区安全建设指导纲要》、《防汛条例》、《气象法》、《防震减灾法》、《破坏性地震应急条例》、《森林法》、《森林防火条例》、《草原防火条例》、《动植物检疫法》和《植物检疫条例》等；事故灾难类有:《安全生产法》、《消防法》、《矿山安全法》、《危险化学品安全管理条例》、《放射性同位素与射线装置安全和防护条例》、《建设工程质量管理条例》、《国务院关于特大安全事故行政责任追究的规定》、《环境保护法》、《道路交通安全法》等；公共卫生事件类有:《传染病防治法》、《重大动物疫情应急条例》、

《突发公共卫生事件应急条例》、《动物防疫法》、《植物检疫条例》、《食品卫生法》等；社会安全事件类有：《戒严法》、《信访条例》、《集会游行示威法》、《商业银行法》、《民族区域自治法》、《行政区域边界争议处理条例》等，以及参与和缔结的《关于制止非法劫持航空器公约》、《制止恐怖主义爆炸国际公约》、《打击恐怖主义、分裂主义和极端主义上海公约》等国际条约。还有一些同类法规或条例将陆续出台。基本按"一事一法"的模式，或由全国人民代表大会（立法机构）制定法律，或由国务院及主管职能部委颁布行政法规条例、办法、规定等。此外，还有省级及以下各级地方政府按照落实和实施国家法令的要求，结合本行政区域实际情况和防灾减灾需求，制定相应的"实施细则"或"地方条例"或"实施办法"等。

三、我国综合减灾管理法制的发展趋势

鉴于国外发达国家应急管理法律建设的经验，反思我们历次处理重大灾害和突发事件的经验和教训，我国突发事件应急管理法制的进一步完善和未来发展应主要关注以下几个方面。

进一步提升对城市综合减灾应急管理法律重要性的认识。常态化综合减灾行政管理需要法律，非常态化综合减灾行政管理更需要法律。紧急状态下的政府行政权力必须由法律进行规范和约束，公民的权利和义务由法律来规范和控制，政府应急管理行为必须依照法定的权限和程序运作，政府和公民也必须为其在应急处置突发事件过程的行为承担法律责任。我国的应急管理体制中强调了党委领导下的政府行政领导责任制，但这种责任制必须是且只能是由法律来规范和约束。应急管理中的"综合协调"是不能靠等级关系或社会关系来运作，而必须是依照法律规定的职权和责任来有序联动运作。

尽快出台具有宪法权威性的综合性应急管理（或减灾）基本法律。虽然2007年出台了《突发事件应对法》，但其只是规定了除战争状态外的四大突发事件的应急管理活动，并没有明确其是高于其他突发事件应急管理法律地位的具有宪法权威性的基本法。这一点需要借鉴国际上，如日本建立以《灾害对策基本法》为核心和美国建立以《国家紧急状态法》（1976年）、《国土安全法》（2002年）为核心的突发事件应急管理法律体系的经验。

按"一事一法"模式，我国已经出台不少单项突发事件的应急管理法律和行政法规，将来还有多少单项法规，恐怕很难数清。在继续补充制定单项突发事件应急管理法规的同时，应重点对《突发事件应对法》中的四大类突发事件分别制定各类突发事件综合应对法，即《自然灾害应对法》、《事故灾难应对法》、《公共卫生事件应对法》和《社会安全事件应对法》，强调各类突发事件的内在共性特征以及各类突发事件应急处置的差异，并为各类突发事件的单项突发事件应急法规制定有针对性和可操作性的条款提供基础。应急管理部门还应和相关法律专家共同探讨按应急管理的不同阶段分别制定相应的法规，如《风险管理法》、《监测预警法》、《社会动员法》、《应急救援法》、《重建恢复法》等。

法律出台后，要广泛公开宣传，开展普法教育，做到政府管理人员知晓，公众家喻户晓；要明确执法检察机构，特别是应急状态结束之后的总结和善后工作中，要严格依法检查单位和个人有无违法行为。

2015年12月中国政法大学等机构发布《中国法治政府评估报告》，报告指出，全国100个城市地方政府在依法行政上尚有不少问题，其中38个城市得分在及格线以下，涉及"政府应急信息公开"、"监督与问责"、"社会矛盾与应急事件处置"等，可见从总体上讲，城市依法安全减灾管理的步子尚未展开，不少较大应急事件的有效化解均是在中央政府统一指挥下完成的，因此，综合减灾管理的城市法制建设尚未起步。尽管时下有城市在讲"智慧司法"，但事实上，连基本法律都欠缺，用智慧城市的手段并不能弥补本质上的欠缺。2014年8月31日公布实施的新《安全生产法》被誉为有"十大亮点"，如确立了"安全第一，预防为主，综合治理"的十二字方针，在这里"安全第一"是纲，"综合治理"是魂，"预防为主"体现了安全法制文化的真谛，它使"事故预防和应急救援"常态化建设成为可能，它使安全生产中自然包含了安全生活的内涵。在新《安全生产法》的执法中，要加大对城市安全管理，尤其是城市非生产领域安全大排查的力度，使"以人为本"、"生命至上"不再停滞在生产企业层面，同时，也要在安全工作中特别关注企业周边环境中自然灾害对企业的"打击"。做到这些才是安全生产中的综合减灾安全管理。以下以"京津冀协同发展"综合减灾立法体系研究作为示例，并希望对推进国家《城市防灾法》，推进在《立法法》框架下的省（市）或省（辖）市立法、城市群立法有所借鉴。

综合减灾立法：《京津冀安全减灾应急管理条例》的编研架构

一、综合减灾立法越来越契合大部门制改革的动作

在 2015 年 11 月初中央"深改组"第十八次会议上强调：完善城市管理，构建权责明晰、服务为先、管理优化、执法规范、安全有序的城市管理体制，让城市成为人民追求美好生活的有力依托。这无疑为京津冀防灾立法奠定了依据。事实上，由于立法执法的缺位，守土有责、守土负责、守土尽责我们做得并不好，虽然"十二五"已结束，"十三五"刚刚开启，但全国大中城市在防灾减灾管理上问题仍突出，如严格排查事故隐患确有漏洞。2015 年的"11月 9 日"是全国第 25 个"119 消防宣传日"，北京将它定为"119 消防宣传月"，但据至少十年的跟踪调查，京津冀的居家消防隐患尚未真正纳入全市排查重点，这是很危险的。

通过贯彻创新、协调、绿色、开放、共享的发展理念，打造国家治理模式的升级版。何为真创新？何为动真的？何为补齐每块发展短板？面对每位公众都有所为，政府更要带头做好顶层设计，京津冀防灾减灾没有理由不协同发展，综合减灾立法不仅是提升应急管理水平的升级版，更应成为全国的示范工程，可迄今京津冀"三地"基本上没有发出顶层设计之声。

强调京津冀协同发展需要综合减灾立法，旨在警惕由一体化建设带来的"虚热"，慎密的从法制视角下回答何为关键的城市安全保障的风险指标，何为选定关键风险指标后的设定阀值，何为"三地"一体化发展最不容许出现的风险底线或警戒度，这些都为化解因快速欠科学规划的"三地"发展导致的灾难风险，同时找到安全控制提质增效升级之径。如果说，京津冀发展创造了奇迹，那么安全减灾的保障也要有奇迹相匹配；如果说，"基础不牢，地动山摇"，那么京津冀防灾能力建设的基础必须源自立法保障。

二、京津冀协同发展新格局下的灾害风险"场"

1. 京津冀"三地"综合灾情再认识

中国城市群综合承载力分析研究表明，联合国教科文组织早在 20 世纪 80 年代就提出一系列发展承载能力问题如土地、水资源、矿产资源、森林资源、人口资源等，它已与城市发展的社会经济能力、社会应急救援、社会备灾响应等密切关联，不考虑城市安全减灾能力建设承载力极限的规划设计是城市发展的大忌。也就是说要有质疑京津冀"三地"灾情的理由。2015 年初由中国社会科学院和首都经济贸易大学联合发布的《京津冀蓝皮书——京津冀发展报告（2013）——承载力测度与对策》明确提出，北京的综合承载力已进入危机状态，尽管报告并未专门从"四大灾种"上列出北京面对的危机状态，但以下几方面数据已令人震惊：

（1）京津冀地区人口严重超载，2015 年在考虑各类指标前提下，京津冀地区人口承载力仅为 8620 万人，而现实是早在 2010 年京津冀人口已达 1.04 亿，2015 年为 1.12 亿；

（2）现有水资源仅能承载六成人口使用；

（3）环境公害致使京津冀"三地"雾霾橙色预警是"常态"；

（4）京津冀"三地"在长三角、珠三角城市拥堵中居"首位"，而北京又是最拥堵地，表现出的城市道路承载力"之灾"，"源头"在于三十年改革首都大发展的功能过度集中、"职能失衡"，城市规划未能起到真正调整作用。面对以北京为代表的城市综合承载力超警戒线的事实，面对京津冀"三地"固有的自然灾害与人为灾害的"危险源"，迫切需要站在城市宏观层面的综合立法。

从防灾减灾科技能力建设上看，推进京津冀协同发展有一定基础，但仍面临不少困惑及未知难题，最大问题是我们是否知晓"三地"自然地理要素下的灾害"域情"，是否充分认知超大城市群灾害频发的衍生效应及复杂度。北京、天津、河北（石家庄）均有相同的自然生态地理条件，具有严重的地质地震灾害机理。地震重灾区是指烈度大于等于Ⅷ度的灾区，北京、天津、河北"三地"基本上具有同样的强震感受。

1966 年 3 月 8 日，河北隆尧 6.8 级地震，Ⅷ度区面积有 900km^2；同年 3 月 22 日宁晋 7.2 级地震，Ⅷ度区面积为 6000km^2，是前者的 6.7 倍；1976 年 7 月 28 日唐山 7.8 级地震，Ⅷ度区面积为 7270km^2，是隆尧 6.8 级地震Ⅷ度区面积的 8.1 倍，是宁晋 7.2 级地震Ⅷ度区面积的 1.2 倍。唐山地震"京津冀"乃至半个中国都有强烈震感，京津冀灾度尤重。京津冀是一个地震活断层广泛分布的地域，在超过 20 万 km^2 的地域，地震活动频次、强度、危害都十分严重。20 世纪以来，地震数目占全国 10%，死亡人数达 50%，几乎历次破坏性地震均由地震构造引发。

在"十二五"期间北京城市安全应急管理规划时，曾归纳了北京为代表的七大类灾难：1）首都地区及周边发生 6 级地震可能性大；2）气象巨灾频发如暴雨洪涝、雷电、城市大气公害等；3）能源供给短缺，能源网络事故风险加剧；4）巨大的人流物流使城市交通隐患加重；5）火灾及爆炸的危险性，伴随旧有楼宇及棚户区隐患；6）信息安全及社会恐怖；7）由一种灾害诱发多种灾难等。北京的上述灾害类型及特点也基本上代表着天津、河北的情况：2012 年 7 月 21 日特大暴雨山洪灾害中，房山区蒙受巨大损失，死亡 79 人，成为新中国成立后北京历史上的标志性"劫难"；2012 年 6 月 30 日天津蓟县"莱德商厦"火灾，至少 10 人死亡，也成为近年来天津的影响甚坏的重特大火灾事故；2012 年 2 月 28 日河北省石家庄市赵县克尔化工厂硝酸胍车间爆炸，致 25 人死亡，46 人受伤；2015 年 8 月 12 日天津港爆炸事故，截至 9 月 11 日死亡 165 人，失踪 8 人，成为大城市忽视生产安全发展的一个典型例证。

面对如此多的"灾例"，无论是人为灾害还是自然灾害，重要的是预防为先，面对城市化发展，尤其是面对"京津冀一体化"大格局，要想做大发展的盘子，就必须在高度应对各种城市自身灾难时，按最大危险可能给出灾害链的发生与发展状况，并要按安全容量的底线思维，为不安全的发展设一道防御警戒线。要关注安全容量，安全存量（备用）的重要指标值。处理好这些问题等于从安全发展上为北京，也为京津冀找到发展新路。

2. 用机制保证京津冀"三地"防灾减灾的交流

强化"三地"城市间的防灾减灾交流，开展"让城市更具恢复力"建设工程。构建合作框架、开展主题活动、进行理念推广是联合国国际减灾战略（UNISDR）的三大法宝。即要站在一个统一平台上，审视"三地"的灾情与对策，天津的"灾例"不是孤立的，北京、河北要汲取，同样北京"灾例"也要教育整个"三地"。

如天津港"8·12"爆炸事故及其天津"10·12"危化品仓库再次大爆炸，除了从现象上质疑全国年复一年的"地毯式检查"仍有"漏网之鱼"，除了必须清算"黑化工"、"黑仓库"外，还必须将灾害风险源锁住那些历史遗留问题中的"潜伏"危化品仓库与运输环节，关注比爆炸更危险的城市工业化学品泄漏事故等。这里的深意既有对安全制度的敬畏感，又需从根本上转变观念。事故灾害史实证明：中国高速城市化、庞大的城市群可以靠叠加完成跳跃式发展，但我们难以跳过在缺失防灾安全和生命透支所遭遇的历史"陷阱"。为此中国大城市尤其是京津冀协同发展要从根本上持续开展"让城市更具恢复力"的防灾安全主题活动，它的最大益处是同时调动起京津冀三地多市的安全减灾的交流与合作的积极性，充分利用共享信息，不重复建设，优化配置不同防灾重要度的资源。

联合国减灾战略还特别强调，"让城市更具恢复力"，重在检视城市间灾害预案的编研的真水平、城市及城市间防灾能力建设等，它尤其要列出包括市民风险通告、学校安全管理、早期预警等要素分析图表。再如国际减灾战略旗下的世界城市数据委员会正在力推 ISO37120 标准，它是世界标准化委员会从与城市防灾密切相关的 17 个方面，整合的 100 项标准。从京津冀协同发展的综合减灾顶层设计入手，抓住安全减灾应急制度建设上的短板与漏洞至关重要。天津遭"8·12"爆炸事故背后一系列深度原因，但反之也问责天津防灾减灾界，何以事先没有针对这些危化品的消防及综合应对预案呢？是"不想为"？"不能为"？肯定不是"不会为"吧！

对大城市尤其是京津冀大城市群来说，原生灾害是在巨灾链中的上游灾害，对其准确及时预警是灾害预警的"发令枪"和"消息树"，为此必须从灾害预警的研究、制作、发布、传输的多环节落实预案内容，尤其要改观忽视应急准备的所有细节。具体讲，京津冀协同安全应急工程要改变以预防代应急、不可将应急预案与现场工作方案混淆；京津冀协同安全应急工程要以风险分析为基础，探索应急预案的场景构建工作设计，分层规划应急预案。京津冀协同安全应急工程是"三地"全民的事，这里不仅要解决公众参与的认识误区，重要的是从根本上提升应急预案宣教训练的真实有效性。京津冀协同安全的强力约束，不应只是联防联控的软性协调机制，制定综合减灾条件，实施综合管理的强力法制约束已成必然。

三、《京津冀安全减灾应急管理条例》的编研设计

京津冀一体化防灾立法离不开对传统法律文化的考量，离不开对现有条条框框、"画地为牢"单灾种法规的考量，这些传统的盘根错节的法治体系，对京津冀一体化的防灾立法产生着深深的负面影响。北京减灾协会早于2004年便完成了北京市人大常委会五年立法规划调研项目并提交了《北京城市防灾条例（专家建议稿）》，我们也于2005年在中国科协减灾白皮书中提出了《城市防灾法》的框架，但时至今日无论是北京还是全国各大中城市均没有专门的城市防灾立法，而一以贯之的都是过于宏观的《突发事件应对法》的实施细则，大量灾害事故的法制化应对实践证明，在突发事件到来时它的作用并不明显。

21世纪以来，中国加快公共安全立法步伐始于2003年"非典"后，虽至今已走过13年应急路，为什么还有越来越多惊心动魄的事故灾难应急处置频出无序和混乱呢？事件出在法制管理上、出在综合减灾统一协调机制的法规环节上。从2015年"8·12"天津港瑞海公司特别重大火灾爆炸事故的教训，让人想到2005年，中石油吉林石化公司双苯厂爆炸事故，污染松花江，并影响中俄界河，成为新中国历史上罕见的环境安全综合大灾难，那次事故在综合减灾法制层面上教育了安全界与环保界，但2015年天津港"8·12"事故迄今，基本上安全界与环保界还是各说各话。京津冀协同发展，如何在安全减灾上"动真格"？天津港"8·12"事故暴露且震撼的不应仅仅是天津，也包括北京和河北，因为此类工业化事故历史上并不鲜见，所以实际上为京津冀正面的GDP打了一针"强心剂"，要求京津冀在安全减灾方面要率先协同，在安全思维方式、公众安全文化建设、综合减灾规划上来一个深刻改变，"破与立"并非口号，必须有立法的保障，要从立法上回答，城市究竟该为

谁发展？怎样协调发展？

国外在城市综合减灾立法上起步较早，如日本于 1880 年便颁布《备荒储备法》，1961 年制定的《灾害对策基本法》已修订了数次，其最大效力是整合了城市防灾减灾的规划体系，规范了防灾应急与常态化动作；美国实施各州特色的应急管理法规与条例，中国城市拥有立法权的依据始于 2000 年颁布的国家《立法法》第 63 条，其中强调省、自治区、直辖市人大有制定地方性法规的权力。2015 年 3 月 15 日第十二届全国人大第三次会议决定修改的《立法法》，已将立法权扩至设区的市，同时明确在文化遗产、环境保护、城市建设三个门类可单独立法。如果说城市防灾减灾立法是城市自己该管的事，那么京津冀一体化协同的综合减灾立法更是有益于安全发展。应组织"三地"科研、社科、立法等诸方面，以补城市公共安全管理的薄弱环节和制约因素为突破口，对"三地"应对突发事件的体制、机制应加强法律层面的深入研究：编制《京津冀一体化协同发展安全保障条例》（暂定名）地域性法规，可以在短期内弥补我们区域间、城市本身在应急防灾管理上立法的缺位。只有这样才可将制度严格执行到人、到事、到岗、到底，才不会有半点虚浮之气。

从思路上看《京津冀安全减灾应急管理条例》如何划定安全红线？如何建立统一应急发展平台？如何兼顾"三地多城"的安全承载力的刚性与弹性？如何靠防灾综合立法开启"三地"社会化减灾的"安全模式"？如何在"三地"所有重要建设工程中的转型中，明确融入生态安全防范风险建设内容？如何在所有政府管理者及建设者心中给"三地"发展与项目做出"安全诊断"评估？如何为灾害易发地及区域建立起禁建区、限建区及适建区的准则等，都离不开这个以"三地"综合减灾为主题的条例的保障。

从此种背景出发，京津冀"三地多城"综合减灾立法要点至少是：明确当地安全减灾风险及目标；落实地方政府对安全减灾，尤其是城市综合减灾的责任制；设定主要城市总体层面上的安全减灾的制度操作性规范；创设符合不同城市实际状况的安全保障制度规范；不仅行政权责和组织程序法定化，更要使监督问责常态化等。之所以城市防灾管理一再重复法律监管不力，责任追求落实不到位，根子在于缺少有说服力的"规章"。不怕监督制度不完善就怕监管有漏洞，制度不完善可努力改进，若无法可依，那管理失误的损失及后果将无法弥补，不仅增加公众对政府的不信任，锻造安全减灾法治"利剑"将总是空话。

与现有国家各单灾种法规相比，京津冀协同安全防灾立法要突破三点：其一，在灾害管理上打破部门与不同城市分割的管理体制，实现"多城"部门的有机整合与高度协同；其二，在灾害的应对上，涵盖所有灾种、涵盖灾害成长的全过程，既包括常态下的预防管理，也包括灾害下的应急救援、灾后恢复重建的全过程；其三，借鉴发达国家经验，对灾害可能出现的新形态、新特点及巨灾防范予以最大危险下的法律赋予的预处置。

需要说明的是，京津冀一体化防灾立法的一个重要可操作性功能，要求国家专属立法权以外且国家尚未立法的情况下，先行先试。所以从法制创新角度，应重点关注世界先进城市治理公共安全问题的经验与做法，要有结合"三地"市情且对全国有示范引领作用。京津冀一体化防灾立法是对中国城市公共安全法制化的顶层设计的实践，它至少要在体系建设上冲破如下制度壁垒：建立涵盖"三地"所有重要城乡事故灾难事件的法律法规体系，有条理、有规章；建立涵盖"三地"的常态与非常态法律法规体系，做到应急法律与常态规划无缝对接；建立涵盖"三地"可有效引领城市发展的综合减灾立法管理升级版；建立涵盖"三地"扎实有效的隐患排查法规体系，避免事故总发生在检查刚刚结束后的状况，确保汲取事故教训并形成真正的警醒。

第五节 城市综合灾害应急管理预案

一、预案的内涵和特点

这里所说的"预案"，是指"突发事件应急预案"，是针对可能发生的突发事件，为了保证迅速及时、有序高效地开展预警响应、应急救援和恢复善后等应急行动，减轻突发事件的破坏后果和灾难损失，而预先制定的有关行动计划或协议或方案。古人云："凡事预则立，不预则废"、"居安思危，思则有备，有备无患"，充分说明了应急预案是对可能发生的突发事件未雨绸缪，预先制定防范措施，做好应对的思想准备、物资准备和组织准备，就可能化解突发事件风险，最大限度减少人员伤亡和经济损失。尽管不同行政级别、不同类型的突发事件应急预案的具体内容会有很大差异，但一个规范化的突发事件应急预案的基本特点有：

（1）科学可信：突发事件应急预案的编制是建立在相关信息分析和风险评估等科学研究的基础之上，无论突发事件的发生概率多么小，也必须准备此突发事件必定发生。

（2）重点突出：预案涉及突发事件所有利益相关者，涵盖事件应急管理全过程，但重点放在应急响应和救援阶段的计划和方案。

（3）简洁详细：语言简洁、公众容易解读、具体应急内容系统详细、责任到岗到人，"谁来做、做什么、怎么做"一目了然。

（4）实用性强：预案在紧急状态下是要实时说明的，其适用性和可操作性是预案成败的关键，也是减灾效益最大化重要的前提。

二、预案分类和预案体系

突发事件应急预案大致有三种分类方法，一是按政府行政级别分类，即划分为国家级、省（市、自治区）级、县（市、区）级、乡镇（街道）级等；二是按突发事件种类分别制定预案，或是按突发事件的四大类（自然灾害、事故灾难、公共卫生事件和社会安全事件）分类制定预案，或是按"一事一案"模式制定突发事件专项应急预案；三是按应急管理过程的时间特征，分别制定常态时准备应急预案、应急现场预案等。

突发事件应急预案体系是由不同行政层级、不同事件种类以及各种民间组织的预案组成，是相互联系、相互补充、全方位、多层次的预案集合群，也是全社会"纵向到底、横向到边"的预案体系。目前，我国的突发应急预案体系主要包含有：

（1）国家总体应急预案。由国务院制定的应对各类突发事件综合预案，具有纲领性、准则性、指南性，是指导全国的突发事件应对工作的预案。

（2）国家专项应急预案。是国务院以及有关部门为应对某一类型或某几种类型突发事件而制定的应急预案。这些突发事件造成生命和财产损失大，社会影响大，动用应急资源多，需要多个职能部门联合处置或需国务院主要领导组织指挥。如："国家防汛抗旱应急预案"、"国家地震应急预案"、"国家安全生产事故灾难应急预案"、"国家突发公共卫生事件应急预案"、"国家核应急预案"、"国家突发重大动物疫情应急预案"等。

（3）国务院部门应急预案。是由国务院职能部门根据其职能为应对某一种突发事件而制定的应急预案。这些突发事件造成的生命和财产损失及社会影响相对较小、较轻，本部门能自行处置，是国家专项预案的补充。

（4）地方应急预案。包括省级政府的突发事件总体预案、专项应急预案和地方省级职能部门应急预案，以及各地（市）县（市、区）和基层政府组织的突发事件应急预案。所有这些预案均是在省级人民政府领导下，按照分级负责、分类管理的原则，由地方政府和其有关部门分别制定。具有明显的地方特色和针对适用性。

（5）企事业单位和社会团体的应急预案。该预案常与本单位、本地方的生产活动、工作任务和安全度灾相关，属于最基层的应急预案。这类预案的核心要求是不应照抄上级预案，要紧密结合本单位、本地方的实情，制定出实施措施具体，操作手段易学易掌握，针对实实在在的隐患和风险点如何排除的有特点的应急预案。

（6）特殊单项应急预案。指为应对大型公共活动及重大设施项目实施等，由当地政府或几个部门联合制定的突发事件应急预案。这类应急预案都是以保护公共安全、防止意外灾难事件为目的，突发事件可能多种多样，不能一概而论。大的如北京奥运会突发事件应急预案，小的如某公园游园活动突发事件应急预案。尤其在国际化大城市和人口密集、财富汇聚的城市中心区，突发事件的负面影响具有连锁放大效应，应急预案的制定不能掉以轻心。地方政府应急管理机构必须予以关注，严格审批应急预案和各项安保措施。

三、预案的基本内容和要求

《突发事件应对法》第十八条已明确规定应急预案的基本内容，即"应急预案应当根据本法和其他有关法律、法规的规定，针对突发事件的性质、特点和可能造成的社会危害，具体规定突发事件应急管理工作的组织指挥体系与职责和突发事件的预防与预警机制、处置程序、应急保障措施以及事后恢复与重建措施等内容"。

一个完整的突发事件应急预案，应首先说明预案的目的、工作原则、法律法规依据、使用范围（含突发事件定义等）和突发事件级别界定等，然后分别规定突发事件应急指挥机构的组成及相关部门成员的职责和管理权限；突发事件信息的收集、报告、分析和通报的制度；突发事件预防、应急物资储备、资金保障、专业救援队伍建设等；突发事件的分级响应和应急处置的工作方案和操作流程包括指挥协调、社会动员、救援队伍调动、人员疏散撤离和避难场所开启、新闻发布等；突发事件的善后恢复工作流程和事后总结评估等。

由于各类应急预案各自所处的行政层级不同，各自适用的范围不同（有总体、单项、重大、一般等差别），不同预案的内容详略和侧重要点也有较大差别，因此预案内容制定的关键是要有很强的针对性、实用性和可操作性，力戒冗长，尤其是切忌不结合实际，照抄照搬，内容与格式都雷同，没有特色。行政和单位的层级越低，应急预案应当越实越具体。有些企事业单位应急预案，或是某项公共场所大型活动应急预案，或是某个社区应对某种突发事件（火灾、积水等）的应急预案等，都可编制"预案操作手册"或"明白卡"，一看就明白、易记实用，就可产生明显减灾效益。

四、预案编制执行中的突出问题

研究并梳理应急预案使用中的问题，不仅仅是为了反思，更是为了发现并为城市各环节找到促进其应急能力建设的形成机理。总体上讲，国内应急预案的太过模板化的编制与应用模式要改变，其形式主义"架子"太强，其应用性太差，其影响面太坏。以下举几例，可见其预案上的薄弱环节：2014年4月7日云南黎明实业重大水害事故由于应急资源准备工作不够，云南省乃至整个西南地方竟然缺少耐酸的潜水泵及高压柔性软管等应急救援设备，从而导致积压水流无法排放，应急抢险工作进展缓慢，耽误了人员救援的宝贵时间，教训深刻；2014年8月2日，江苏昆山市中荣金属制品铝粉尘爆炸事故，因违法违规组织项目建设和生产，缺少监测预警机制，事故发生后毫无及时应对措施，最终造成事故扩大化；2013年青岛"11·22"输油管道泄漏爆炸事故，中石化管道分公司对事故风险评估中出现严重失误，没有及时采取相应的人员疏散和封控措施，且应急处置措施不当，最终导致现场作业环境中发生爆炸，造成大量人员伤亡，这些都是典型的城市国有大型企业在应急预案中的偏差事故。上述案例的应对中，虽均有相关的纸面预案，但确未起到作用，应急预案的可操作性的缺位被暴露无遗。

应该说明的是，我国对城市乃至企业的应急预案是有评估的，但评估人员多是站在预案本身的结构和内容位置上予以评估，评估的结果大多依据评估人的主观性意识来推断其合理性，发现预案中的问题，提出针对性修订建议往往也是片面的，这本质上涉及评估目的正确性。国际减灾管理上公认的应急预案评估重在以"应急准备"是否做充分作为重点，因为只有应急准备充足才能最大限度减少灾难中的伤亡，专家们的"头脑风暴式"的评估仅仅是方式之一。借鉴美国、德国等发达国家预案评估做法要抓五个方面：1）预案结构和内容的完整性，其中如何行动、何时行动、由谁指挥必须明晰；2）预案要有在风险评估上的充分性，体现关键应急任务；3）预案执行机构或部门的可行性；4）预案确保在现有资源下的可接受性；5）预案要成为一个运作体系，尤其要有体现上位预案的符合性。此外，发达国家应急预案还紧紧把握"防范"、"保护"、"响应"、"恢复"四大环节，缺一不可。我国某省（市）处置大面积停电事件应急预案就暴露出不足：在应急指挥上没有系统化说明，仅说了各部门间任务，对部门间联动这个综合减灾的管理要点未涉及；缺少风险排查和管控，在发生大面积停电情况下，保安电源作为保障本单位最直接、最依赖的手段缺少了，这属于防灾应急上的最大缺项；借鉴国外电网大停电应急预案，必须建立标准化的应急指挥体系及运作机制，保证应急指挥的高效不间断运转；此外还必须要求大停电期间有能力保障居民的饮用水、天然气、暖气和其他生活必需品的供应，这是应急预案制定执行中的基本出发点。

第六节　城市安全救援管理问题

城市应急管理综合能力是衡量一个城市发展能力高低的要素，更是降低灾害损失的主要方面，其中城市救援能力是考量之一。如大型文体娱乐场所一旦发生灾害，一方面有灾害本体的致灾因子（热、力、毒等）对人员造成伤害，另一方面也会因人员拥挤造成相互踩踏或因逃生方法不当造成人员伤亡。所以，针对不同场合、不同空间的安全防灾救援是个科学性极强、管理应急水准极高的大问题。这方面越来越受到关注，它彰显了城市管理的文明度。

一、发达国家安全救援的经验启示

无论是现在还是过去，全人类都处在日益复杂的风险社会之中，从局部战争、恐怖袭击的非传统安全到灾害事故的传统风险应对，各国普遍建立着专业化、职业化的救灾救援机构与队伍。这些做法无疑启示着我国城市安全救援建设与管理事业。

（1）美国。美国自建国后就开展救灾救援的实践，其核心理念是发展专业应急，政府的作用是布置策略并发布政策，救援队伍是职业化与志愿相结合，而职业化的救援主要由突发事件管理团队和各类应急救援队组成。当年建立突发事件管理团队的意图缘于森林火灾，后来则面对各类灾害，体现了综合减灾的处置能力，如火灾、洪灾、地震、龙卷风、海啸、恐怖袭击、有害物质泄露等自然与人为的灾难。据灾难的复杂度，救援管理又分不同层级并实施不同的应急指挥，美国法律规定，第三级及以上的突发事件就需要相应的应急管理团队并布置到各级岗位上。政府的各类应急救援任务有消防、警察、救援医疗服务，而消防队伍是最主要的应急队伍，其职能已从传统的单一功能向多功能立体方向发展，其因灭火救援出动仅占消防救援的10%，其余90%的任务是多灾种、全方面的救援。在美国政府紧急救援中，1979年成立且由总统直接领导的"联邦紧急事务管理署"（FEMA）发挥了重大作用，而2001年"9·11"事件后成立的国土安全部更统领了美国的全面灾害救援。值得注意的是，美国应急救援管理中，倡导社区减灾与志愿者队伍建设，志愿者由于其地域便利性及优势已成为重要力量，它已纳入美国应急救援的公民服务队计划。美国所有州和海外领地都建有州级公民服务体系，有近 2000 个公民应急服务队。"9·11"事件后，美国更重视教育、培训对发挥公民防灾救援潜能，使社区更安全，更有能力应对灾难及恐怖威胁。FMEA 很早就制定社区可持续减灾计划，有良好成效。目前美国至少有合乎标准的数百个社区应急救援队伍，从社区应急响应、消防服务与宣传、公共卫生医疗保障、预防犯罪与恐怖的"守望美利坚"等方面形成了强大的公民服务体系。

（2）德国。在德国 8000 万人口中，有超过 200 万人的救援队伍，其中 180 万人是具有专业应急救援技能的志愿者。总体上看，德国的应急救援队由消防中心、联邦技术救援署（THW）以及各类社会组织如红十字会等战地服务中心组成，三类机构相互配合补充。消防队伍是核心力量，承担消防、救灾、救护等综合性职能，参加防火灭火、交通事故、环境与化学事故等现场救援，既是第一响应者，也是现场指挥者；THW 是德国应急救援队伍体系中专门的力量，它由联邦内政部直属管理，有极专业的技术类别及救援技能与装备；社会组织泛指拥有 50 万志愿者参与的德国各种应急救援组织，主要指红十字会、德国水土救援协会、圣约翰救护机构等。在志愿者方面德国不仅有较深厚的社会基础，重要的是有一系列专门法律，如《德国联邦技术救援志愿者法》、《民事保护和灾难救援法》、《奖励社会志愿者法》以及各州的应急救援法等综合性法规。此外，政府为消防部门、THW 的志愿者队伍建设提供包括场馆设施、装备、培训、组织运作等因素的全方位财政支持，政府每年都设立志愿者奖励项目，鼓励和表彰参加救援的志愿者。专业规范的培训是德国灾害救援的一大特色，其专门培训机构有德国危机管理、应急规划及民事保护学院（AKNZ），AKNZ 主要负责与应急管理相关的政府工作人员培训。再以 THW 为例有分布全国的培训学院，为应急救援一线人员完成有标准化课程的培训，强调直观地描述灾情、投入救援力量、现场标识认知与指挥、灾情信息互动等模块，体现较完善的应急救援操作程序和制度规定原则。

（3）日本。日本是自然灾害频发的国家，强地震、强台风、强风暴及海啸时常光顾这个北太平洋上的岛国。为此，早在 1960 年就制定了《灾害对策基本法》，并将每年 9 月 1 日定为国民的"防灾日"，尤其强调全民应急救援及水准的提升。日本专业化救援队伍由消防、警察、自卫队和医疗机构等基本力量构成，其中消防队伍是最主要的防灾救援力量，日本法律要求消防队伍 70% 的时间用于救援训练。日本警察制度设立于 1874 年，《灾害对策基本法》明示，警察不但要参与防灾减灾计划，在灾害来临时还要担负维持社会秩序，迅速收集灾害信息、传递灾害情报、征用和保管救援物资、指挥受灾公众避难、寻找失联人员等职能。日本自卫队成立于 20 世纪 50 年代，它既是国家防卫力量，也是训练有素的救援队伍。日本 1957 年制定的《国防基本方针》将承担防卫、海上警卫、防止领空侵犯、治安与灾害救助五大任务给于自卫队，从而使日本成为世界上第一个将"灾害救援"作为军事力量基本任务的国家。此外，日本《灾害对策基本法》还规定，应建立全国性灾害医疗救护中心和地方医疗救护中心，其建筑要有专门的抗震防灾设计与加固对策，确保灾害来临时也可正常运转。这里特别提及日本特色的救灾救援理念，理念意识决定应急救援能力及水平，是救援工作的价值追求的重要体现。它强调尊重生命，日本救援十分注重灾难伦理，处处体现对生命之尊重；日本注重地区间应急救援队伍的协同，政府与社会间协同；有序救援是日本救援管理设计的根本，它有效防止了一哄而上混乱热闹的局面发生，如《七都县市灾害相互救援协定》规定了救援协调机制，如一旦东京受灾，第一救援协同是埼玉县，第二救援协调是千叶县，以此类推等。

二、我国应急救援现状及问题分析

新中国成立以来，中国城市救援得到发展，但仍以安全生产类、城市消防队建设为主，直到 2003 年"非典"事件及 2008 年汶川地震后，救灾救援才以一个行业的发展态势在成长。2009 年 5 月 1 日新修订的《消防法》明示，消防部队被赋予新的更广泛的救灾职责。作为一个情况总括有如下特点：

（1）救援现状。城市灾难复杂度高，一旦突发事件往往需要多方抽调人力、装备、物资且共同参与，在短时间内调集和协调参战力量，形成有效指挥有难度，在组织上因出现机构政出多门，令出多头，难形成合力；城市重大灾难危险性大，防护技术要求高，处置时间长到临场指挥要求高；此外协同救援后勤保障已是关键。

（2）城市联合救援的必要性。城市灾难种类、性质纷繁复杂，危害更加严重，处置困难，短期内无法聚合成有效的处置队伍，因此要组建城市区域性、联合的灾难救援体系，促成人与技术、人与装备的模块化组合；城市联合救援机制是资源整合、信息共享的，从管理上要避免重复建设；从城市整体层面健全全天候的执勤战备的应急救援队伍，从根本上提升政府的应对能力，也极有助于全民防灾应急综合培训、合成演练整体效应的提高。

（3）城市救援框架有赖于应急功能的提升。无论是从城市应急避难还是突发事件救援出发，建立备灾物资库顶层设计十分重要，要有计划有设计的展开储备灾难及特种灾害救援装备，如车辆、抢险救援器材、应急通信装备、个人防护装备、灭火救援药剂和生活保障物资等；同时要解决"同城"及"不同城"跨区域增援，需要力量集结，装备调配，后勤食物保障等问题，重点解决如何第一时间到达救援现场，不错过最佳救援机会等问题。要重点应对的不仅仅是应急救援物资的量化分析，更有应急反应时间的量化分析、集结时间的量化分析、自我保障能力的分析，尤其要从救援现代观念出发，处理好救援队伍可持续战斗力与生存力这些涉及可靠的救援应急体系建设的重大问题等。

在 2014 年国务院办公厅发布的突发事件工作总结报告中，对应急处置与救援有如下评价：有效应对处置了新疆于田和云南盈江、鲁甸、景谷地震，"威马逊"超强台风、云南怒江泥石流、晋济高速山西晋城段岩石隧道道路交通危化品燃爆、江苏昆山铝粉厂爆炸、人感染 H7N9 禽流感以及云南昆明火车站砍杀、新疆乌鲁木齐暴恐、马航 MH370 客机事件、上海跨年夜广场踩踏等一系列重特大突发事件。其应急救援的做法是：其一，救灾减灾工作有效，如云南鲁甸地震后，国家减灾委、民政部启动国家 I 级救援应急响应，各方共出动部队官兵、专业救援和其他救援力量超过 2.9 万人，救出超过 600 名被掩埋群众；其二，事故灾难救援高效，如福建省龙岩市夏蓉高速后祠隧道"12·5"坍塌事故发生后，经 35 个小时各方救援，21 名被困人员全部成功获救；其三，疫情和食品药品安全事件处置及时，如卫生计生委全力处置人感染 H7N9 禽流感等疫情，指导北京、天津、南京、广州等地做好 APEC 会议、达沃斯论坛、青奥会、广交会期间的埃博拉出血热、登革热等疫情防控；其四，社会安全事件得到妥善处置，如处置马航 MH370 客机事件中，组建中国政府联合工作平台，有力维护了首都北京社会稳定与中马两国关系的大局。

三、用提升知识与能力拯救城市灾害风险

城市防灾减灾不是一朝一夕，它是城市可持续能力建设的关键。2015 年 3 月，日本仙台举办的第三届世界减灾大会通过的《2015—2030 年仙台减灾框架》给出的世界防灾减灾路线图显示，2005—2014 年，灾害已致全球七十多万人丧生，超过 140 万人受伤且 2300 万人无家可归，有超过 15 亿人口受到灾害影响。会议强调要强化综合减灾的风险"防范"意识与能力建设，显示了重视发挥各级政府责任的趋向。如联合国国际减灾战略（UNISDR）正在力推一项 ISO37120 标准，旨在从经济、教育、环境、火灾与应急响应、安全、庇护所、交通及城市规划等 17 个方面，提出 100 项指标以衡量城市可持续发展状态，体现了加强"防范"且用知识与能力建设拯救城市安全的步骤与新思路。2015 年国家安全生产监管总局发布了与安全相关应急救援关键技术难题攻关目录，从中不仅感受到技术策略与管理方向，更可发现重要的城市防灾救援的导向性问题，试解读如下：

（1）事故预判与报警响应技术。现有传感器采集灾变信息类型不全，现有传感系统在灾变环境中适应力差，发生事故后灾害预警系统覆盖不全，响应不及时等。

（2）应急救援保障技术。现有防护设备问题是氧气呼吸器佩戴时面罩起雾、通话不便及易损部件接口不统一；灾区作战防护服在极端高低温环境中隔热性差；救援中小型便携式电动救援工具不便操作等。

（3）灾区侦测技术。现有灾区智能侦测机器人越障能力低，定位不准；智能侦测飞行器自主导航能力差、负载小；危险气体泄漏源检测技术和装备检测距离短、灵敏度低等。

（4）应急救援信息管理技术。应急救援现场通信频点资源需求量大，不

同通信设备及应急指挥通信管理系统间通信标准与模式不兼容；救援通信终端防水、防爆、防高温性能差；现有各类应急救援平台通信方式单一、功能分散、信息与数据分析能力差、智能化程度低、应急救援平台与灾区侦察设备间缺乏高效互联等。

（5）遇难人员生命探测与定位技术。现有生命探测仪器均有定位精确度低、可靠性差、抗干扰能力弱、环境适应性差、穿透能力弱、防爆等级低等缺陷；现有生命探测技术难以对遇难人员实现精准定位等。

（6）灾难应急处置技术。道路长或大隧道火灾事故中火灾监控设施、通风设施、灭火设施、辅助应急照明设施等智能联动性不足；城市轨道系统快速起复的装置缺乏；城市地下管网疏通困难、燃气管道泄漏检测不精确、有毒有害气体抽排分解不及时等。

除此之外，城市防灾救援的技术与管理更离不开国家相关部委（局）协同的技术规范与标准。要充分估计到，现有事故信息接收、报送、核查效率低且不准确；不同灾种事故应急救援工作规范性、程序化不强；应急救援法规、标准体系系统性较差；所以加强城市安全减灾综合性的应急救援体系化管理十分必要。

第七节　如何真正落实"安全第一"

震惊中外的天津港"8·12"危化品爆炸事故的救援，让我们为所有营救生命的努力而致敬，尽管日渐增多的蒙难者让我们不忍卒读，但对生命的尊重要求我们必须深思喊了多少年的"安全第一"口号，如何真正落实。2015年8月18日上午9时，天津七个地点分别举行向遇难者集体默哀的悼念活动，这不仅是天津在泪水中的疗伤，更发出监管之失酿成"一城之殇"的自省信号。陕西山阳县一矿区山体滑坡事故余波未平，天津又发生危化品爆燃事故，两件有人祸因素的突发事件相连不超过24h，都让中央领导同志迅速作出重要指示。它警示人们的不仅是必须查明事故灾难"真相"，更重要的是要追问"安全第一"的目标与口号何以成真？生产企业的事故说明了它真正危害的是城市运行的不安全生活。2015年8月20日中央政治局常委会召开，中央领导强调要以高度负责态度做好七项工作，其中谈到"要彻查事故责任并严肃追责"，"用最严格的标准查堵漏洞，用最坚决的措施落实责任"。这说明中央已下决心要将天津港爆炸事件追责快速推进。然而，这本质上涉及"安全第一"的常态化与应急化问题，涉及一个地区安全应急管理职责问题，涉及城市政府对人民安危的履责问题。

一、"安全第一"的方针为什么需要重提

天津港"8·12"爆炸事故至今的应急救援历程发现，诸如立即启动某某等级应急预案，立即有一套系统化的舆情发动系统、危化品管理应有详尽的记录（至少应急管理及危化品库电脑网络上要有多重备份，供动态化的应急救援使用）、迅速成立明确的而非在官方记者发布会上还推卸责任指挥部等，事实上这些都没有。有人说，2011年"7·23"甬温线动车事故促成了中国铁路系统的独立王国的被瓦解，那么天津港"8·12"爆炸事故是否又是为中国大城市应急管理的"真刀真枪"的操持提供了一个契机？这是多么重大而惨痛的代价？官僚主义及不负责任的残余，制造了太多的"城市独立王国"，在铁路、高速路、港口、飞机场乃至某某国家级开发区面前，讲了数十载的"安全第一"总是形同虚设的口号。

"安全第一"的由来有多种说法，但它真正越来越系统化要归于20世纪世界工业化事故的结果。1906年，美国U.S钢铁公司由于坚持"产量第一，质量第二，安全第三"的生产经营方针，从而对安全重视及投入很不够，导致生产各环节事故频发，一再亏损，企业濒临倒闭。公司董事会分析原因，数理计算各项事故造成的直接与间接损失后得出结论：是事故酿成的灾祸拖垮了企业。这一分析结论恰好体现了事故灾害学的要点。1907年，该公司将经营的方针目标进行了根本性改变，提出了"安全第一，质量第二，生产第三"的方针，并选择了试点工厂。本来计划不惜成本投入安全，结果却迎来事故减少，质量稳步提升，产量增长，效益上升的好局面，针对"安全第一"的成效，美国U.S钢铁公司便全面推广"安全第一"的方针。此经验很快在美国各地乃至欧美各国得到认可。于是，1912年，美国芝加哥市便创立了美国安全协会；1917年在美国又成立了安全第一协会；在亚洲，日本是

较早重视安全生产的国家，1927年日本便以"安全第一"为主题展开一系列安全活动。迄今，"安全第一"不仅成为生产的规律性必然要求，也成为城市化防灾减灾的当代需求，在联合国及其国际劳工组织的支持下，"安全第一"成为人类在生产劳动、社会生活中必须遵守的基本准则。没有安全，何谈发展；没有安全，何谈幸福；安全连着千家万户，安全是政府责任与公众期盼的交叠共鸣点。

1949年新中国成立后，"安全第一"方针首先在煤矿生产行业得到贯彻。1949年燃料工业部召开第一次全国煤矿会议，明确指出："在职工中开展安全教育，树立安全第一的思想"，这是我国第一次明确提出坚持"安全第一"的要求；1952年12月，劳动部召开第二次全国劳动保护工作会议，会议进一步阐明了"安全为了生产，生产为了安全"的工作方针；1953年中国第一部宪法及以后历次修改的宪法都明确提出，加强劳动保护及安全第一的原则；1959年6月，周恩来总理在视察井陉煤矿时指出，在生产与安全发生矛盾时，生产要服从安全；1963年，"跃进号"远洋货轮在航行中触礁沉没后，周总理又指出，搞航运工作，安全第一；1987年1月劳动部等部门召开会议，正式确定"安全第一，预防为主"的工作方针；2002年6月全国人大通过的《安全生产法》将"安全第一，预防为主"的方针以国家法规形式确定下来，迄今的国家"十一五"、"十二五"规划及其相关政策都将"安全第一，预防为主，综合治理"作为中国社会安全发展的战略。既然有史以来，安全备受重视，但何以每年事故迭出，就做不到"万无一失"，而总是"一失万无"呢？这里不仅无视生命的掩埋，更存在没有责任感的土壤。

二、"安全第一"何以伴随着事故高发

事实上，在我们思考什么才能对得起一座城市的哀伤的命题时，由天津安全防线不堪一击的脆弱，想到2015年5月以来全国不同城市对危化品惨烈的呼喊，漳州古雷PX工厂爆炸、江苏南京扬子石化厂爆炸、江西赣州泰普化工厂爆炸、山东日照石大科技石化公司爆炸等。若将空间尺度放大至全球，事故灾难频发极其触目惊心：1947年4月16日，美国得克萨斯城港口发生贯穿全城的爆炸事故，致581人死亡，参加救援的当地消防局仅1人幸

存，28 人全部阵亡；1968 年美国发生煤矿爆炸，致 78 人死，引发全国性大罢工；1978 年 7 月 11 日，一辆满载 23t 可燃气化丙烯的油罐车在西班牙塔拉戈那爆炸，死亡 271 人；1984 年 12 月 3 日，印度博帕尔药厂发生毒气泄漏事故，致 4000 人死亡，此后又造成 2.5 万人死亡，20 万人致残；1974 年 6 月，意大利塞韦索市发生蒸气云爆炸，28 名工人身亡，一个月后该市某化工厂反应堆泄露了含有高浓度的剧毒致癌物质二恶英，数十万平方英里的土壤和植被遭污染，2000 人接受中毒治疗；2004 年 2 月，伊朗一列装载化学品的列车爆炸，摧毁 4 个村镇，致 300 人死亡；2012 年法国图卢兹某化工厂发生爆炸，两座厂房大楼夷为平地，死亡 31 人，伤 2500 人，设在斯特拉斯的法国地震监测站显示，相当于 3.4 级地震，爆炸的气浪毁掉周边 6km 半径的近 3 万套住房及数百家企业；2013 年 4 月 17 日，美国德州韦科市某化肥厂爆炸，死亡 15 人，伤 160 人，为此，德州针对化肥厂爆炸的硝酸铵制定了专门法规。在中国，1993 年 8 月 5 日，山东青岛某储运公司油气爆炸，死亡 62 人，伤 136 人；2014 年 8 月 2 日，江苏昆山市某车间发生重大铝粉尘事故，死 146 人，伤 114 人……据中国化学品安全协会统计：近五年 2400 例国内外化学品爆炸事故，造成一次死亡 5 人以上事故有 37 起，占总事故的 17.7%，国内事故明显高于国外。同时，生产环节占 63.3%，储存环节占 14.8%，运输环节占 8.1%，设备维护环节占 13.4%，总之，化学品生产及储备环节事故占到总事故的 78.1%，这无疑是安全防灾工作的重点。通过个案的分析总括出以下特点：

其一，企业生产不仅出产品，也生产价值无限的"安全"。这是当代企业应具备的复合生产模式，它必然适合社会化大生产的基本规律，它从某种意义上决定了生产与安全的同生共存原则，即效益与安全、速度与安全、环境与安全、生活与安全的大系统观。无论企业还是城市都不要违反这个规律，否则会受到惩罚，违反规律不仅企业无法生存，社会生活也将失去稳定。

其二，企业生产的不安全体现事故的不可逆行。生产与生活的安全保障不同于其他系统，一旦发生便无法挽回。国家、地域、城市、企业皆如此。正是事故灾难的不可逆性，提醒人们要在足够认知事故酿成直接与间接损失的同时，造成社会发展的退步。大量事故灾例说明，人类生存的环境中，工作环境比其他环境风险要高出 1～3 倍。它启示安全生产与生活都无法远离风险,在"安全第一"的旗帜下预防为先要做到。联系天津"8·12"爆燃事故,最大的隐患是我们为什么难以消除危化品行业监管的盲区,为此要组织开展在役生产化工装置安全设计诊断,无论从保障还是应急出发,都不能没有定期维护保养的清晰台账及风险地图;城市发展规划在确保必需的危化品仓储用地需求时,更有充分的安全优化布局,实现动态与动向的安全控制;尤其要全面梳理城市管道违章占压现状及潜在隐患,确保严格规章下的可控的运输物流的安全。我们并不同意,国家现有"环评"、"安评"因天津爆炸事故而升级的说法,其要点是说,"8·12"事故时技术评估有误,但迄今大量质疑点都说明,是由评价机构与官方背景不脱钩所致,是评价机构违规行为所致,是评价报告走过场所致。

三、"安全第一"的当代解读

"安全第一"不仅是方针和目标,更是城市安全生产与安全生活建设事业的方向。我们应从事故灾难中汲取教训,面对事故风险要树立社会安全的责任与使命,痛下决心,改变从上至下责任人忽视、监管者麻痹、图省事或相关"顽疾"。如何让"安全第一"成为全民的心理定式,除了利用安全文化的历史性、渗透性、唯人性来指导生产与生活外,还必须营造安全、自然与人的和谐关系。从天津"8·12"爆炸事故中,希望各级管理者能真正倾听理性的批评者之声,因为他们是合理的城市安全重要的建设者。批评者的声音弥足珍贵,因为它需要去不断接近并揭开真相,需要不断地追问和回答,只有反思的批评者才可为避免同类事故再发生构建起防火墙,更能在追问中接受检验。此外,还要具体做到如下几方面。

(1)落实"安全第一"要有顶层设计。它主要涉及国家"十三五"规划乃至一系列与城市防灾安全相关的规划策略研究。为此必须追问:什么致使当前事故高发且人为灾害凸显,是什么酿成宏观社会经济发展"畸形"与安全失衡;怎样找到治理城市安全的可持续目标,不坚持"安全第一"的方针,何谈预防为主,不坚持"安全第一"的目标,何以实现城市与社会的安全发展;怎样通过城市的结构优化,使城乡建设纳入安定有序、长治久安的小康社会状态。基于此,"十三五"安全减灾顶层设计不可缺少,安全理念、安全科技、安全管理、安全法制、安全信息、安全舆论、安全文化教育的现代化,尤其要借势全方位编制真正体现安全减灾管理职责的体系化建设,并加大面对巨灾的应急产业及应急专业化队伍建设等。

（2）落实"安全第一"观念要更新。作为城市管理者不该给自己在安全履责上划个圈,这样会导致难行稳致远,难勇于自纠,难以"安全第一"心态敬畏公众利益。"安全第一"是需要将安全生产放在第一位,但重要的是有没有监督基层及企业开展安全防灾的基础能力建设,是否对曾经的"靡不有初,鲜克有终"的惨痛历史教训有警醒;在当下的全媒体时代,捂着、掖着、藏着,被舆论逼出的事实,会有发酵空间的,会招致对政府的更大不信任。在国外对预防危化品事故,有一系列"铁规严律",如"有时最好的行动就是不行动",这样就不会招致年轻消防战士无辜地倒在血泊中,更不会酿成新中国成立后66年消防史上最悲壮的救援失误案例。可怕的是,有些媒体还在"埋怨"天津港的公众要补应急逃生救护课。易燃易爆品事故的可怕瞬间是1/10s以下便发生的,人的思维及应急能力是完全跟不上的,如果说要补安全文化教育课,各级政府管理者及担负安全应急管理岗位的人士要率先补好履责的课,不要凡事先打已很沉痛的"灾民"的"板子"了。

（3）落实"安全第一"要以民为本。民惟邦本乃古代治国就有的重要经验,它对"安全第一"的启示在于,重民方略的实施,贵在于得民心,在于服务民心的安危,也即爱民者强,不爱民者弱。以民为本,重在要以"安全第一"为指针,深刻研究城市、社会安全运行的管理内涵,把握住运行中的安全问题,既要发现管理体制机制不完善点,也要发现安全应急管理人员岗位职责不到位的症结,同时要着力提升社会公众危机文化意识薄弱等问题。核心是提升全社会安全防灾的理念,这涉及发展的目的是为民的人文理念、社会经济可承载力的自然理念、城市应急科学管理的科学理念、防灾安全综合协调的创新理念等,以专业化防灾演练为例要做到有"实靶"、有"实演",培养全方位职业化队伍。

（4）落实"安全第一"要做好细功。天下大事,必做于细。我国城市社会安全防灾呈现人为与自然相互关联性、传统与非传统安全相互作用、系统与非系统相互叠加等特征，顶层设计的宏观把控重要，但将所有保障落实到最基本的民生，就必须从精细化入手，这是我国安全减灾应急管理的"短板"，这个精细化涉及校园安全、社区安全、企业安全等环节，社区、乡村、城镇、学校、企业等基层都是"第一响应者"，无论从资源配置及基础设施建设都不可盲从，都要落到实处，务求将功夫下到事故防范上，而不能以救灾为所有"灾事"的核心，更不该用无休止的"感动"代替一切。因此，强化事故灾难为一体的风险排查及隐患综合治理是必须面对的现实，是应着力的实招。

第七章　城市综合减灾信息化

城市综合减灾管理的有效推进并落地，重在有与之配套的应急信息工作的作用与价值，传统的防灾减灾信息化管理模式是基础，它是技术更新的必要，但智慧型语境下的防灾信息策略的构建不可缺失。一方面信息技术要成为科学减灾的引擎，另一方面也要用安全可靠性概念去把控智慧型城市系统的"BUG（漏洞）"。目的是建设高效的、不脆弱的城市安全减灾信息系统，从而实现安全减灾管理从"智慧城市"到"智能城市"的转变。

第一节　城市综合减灾信息化建设与管理

一、减灾信息综合管理机构

突发事件或灾害、事故信息的获得、分析、处理和传递的质量，是城市处置公共危机能否成功的前提。大量灾情证实，灾害信息的运作在灾害治理中的作用至关重要，能否快速提供可靠信息是防灾减灾决策成功与否的关键。

灾害事故的信息可以来源于众多不同的基层组织系统，但所有的信息都应该进入一个核心的信息管理机构，该机构能够实现平时或灾害发生时灾害信息的迅速获取、分析、处理和有效利用以及各具体管理部门的高效协同，对灾害和事故的治理有重大意义。除权威统一的信息管理机构功不可没外，纵横交错的信息管理组织是又一重要因素，是对信息科学管理输入正能量的有效补充。

受过去计划经济体制的影响，我国一直采用分部门、分灾种、单一灾情的救援体制和灾害管理模式，以灾害事件的客观属性为标准来决定相应的政府责任，缺乏一个权威的灾害信息管理实体机构来统筹管理复杂交错的各种灾害和事故信息，统管所有灾害信息的收集、汇总、分析、传达，协助政府制定防灾、救灾、减灾等决策，统一负责运行各类灾情、灾害资料的存档、建库、搜索和共享的联动机制。

由于权威的灾害信息管理机构对于灾害信息的获得、分析、处理和使用以及对各具体管理部门的协调和救灾工作所具有的重大意义，建立专门的灾害信息核心管理机构，高屋建瓴地统一管理不同层级政府及相关部门的灾害信息，对于促进各部门的上下左右联动、彼此协调和灾害信息的高效沟通具有重要的现实意义。

二、综合减灾信息资源共享与整合

如上所述，可用应急管理信息来表述综合减灾信息。应急管理信息资源是突发事件相关信息及其传播途径、媒介、载体的总称，是一种特殊的资源。信息资源具有双向性，一方面，政府要依靠信息资源直接影响和发动群众；另一方面，群众的要求和现状也要借助信息资源进行表达，并驱动人、财、物等资源的配备从而间接满足社会需求。

应急管理从来就是一项信息技术密集的系统工程，没有对信息资源最大限度的充分利用，就不可能保障应急管理体系的高效运转。信息资源的及时、客观、准确直接关系到灾害和事故应急管理的效率，是影响灾害及突发事件应急管理的重要因素。实现有关灾害、事故监测等信息的数据共享，也是全面开展防灾减灾、提高防灾减灾工作水平的重要基础条件。在多层次危机管理体系中，准确而迅速地收集、处理、分析和传递有关灾害信息，是有效实施灾害应对以及灾后救援等措施的前提。

面对灾害和事故，信息共享是必需的。近年来，我国在应急管理信息资源建设方面取得了长足进步，特别是在机制完善、信息基础设施建设、信息公开和法制化建设等方面取得了令人瞩目的标志性成果和重大进展。随着信息技术的飞速发展，城市防灾减灾信息化的范围和层次不断扩大和深化，信息作为一种有价值的资源，在城市防灾减灾中的作用日益突现。实践证明，只有开展信息共享，才能减少重复投资、重复建设，打破长期形成的各种数据壁垒，提高资源的使用效益和科研价值。各种灾害信息分散、缺乏沟通和规划管理不善等造成了信息资源的浪费，严重影响其潜能的有效发挥。因此，急需进行防灾减灾信息资源的整合与协调。

信息整合是指运用整合的思想和方法，创造性地对各种信息资源进行优化并按照一定的整合模式将信息资源构造成为一个有机整体，从而更大程度地提升灾害信息资源的整体效能，更加有效地支持特定目标实现的动态过程。信息整合也可以定义为，依据信息化发展趋势，在一定组织的领导下实现对信息资源进行序列化、共享化、协调化，进而拓宽信息资源应用领域和挖掘信息价值的管理过程。在城市减灾中，运用信息整合可以实现灾害信息资源的优化和整合，使政府面对的不再是一个个"信息孤岛"，而是一个具有高效能的信息资源整体。

在整合资源方面，业务比技术更加复杂，充分挖掘、合理高效地配置现有资源，贯穿城市应急管理的全过程。如果应急管理的"信息流"无法同"业务流"进行有效整合，就不能实现资源共享和效用最大化的利用。以资源整合带动城市应急系统建设，也是当前我国推进城市应急管理的现实选择。充分利用互联网平台实现应急资源的整合性管理，这一点对提高政府的应急能力和水平有着十分显著的作用。目前，我国的应急管理体系正处在发展完善之中，有关应急资源的管理基本处于条块分割状态，相应的应急资源的管理信息大致处在独立分散的状态，而且由于受互联网、电子政务内网、电子政务外网和部门专网等不同网络之间相互割裂的困扰，整合的难度非常大。参考国外的经验，直接利用互联网整合应急资源管理信息，最大限度地实现应急资源信息共享，不失为一条行之有效的发展途径，对我国来说有一定的参考价值。

三、综合减灾信息技术支持

先进的信息技术和完善的信息系统在灾害应急管理中的作用是不言而喻的。防灾减灾工作信息化的重要内容之一，就是在尊重人的知情权的前提下，提供快速、通畅、准确的信息。在 1996 年的云南丽江地震中，由于通信中断，使得灾区灾情信息48h后才报告到北京，延误了救灾工作的进行。如果有完善畅通的灾情通信系统，及时采取救灾措施，人民生命与财产损失就会小得多。2008年5月12日的汶川特大地震发生后，地面通信设施遭到严重破坏，成为"信息孤岛"，而卫星通信在这次抗震救灾中发挥了重要作用，实现了汶川映秀镇灾后的第一次通话、汶川灾后第一个移动通信基站的开通和映秀镇灾后第一个实时视频传送平台的运行。目前，我国通信网络已成熟并普遍应用，基本覆盖城乡，具备了深入实施信息化应用的基础条件。尤其是，近年来兴起并蓬勃发展的两大新技术：云计算降低了信息网络的建设成本，提高了运算效率；物联网实现了物与物、物与人之间的通信和信息交互，促进了信息在收集、分析、传播、使用等过程中的便捷性。即将应用的LTE技术将使无线宽带传输速度成倍提高，信息化应用有了更加广阔的前景。利用信息化新技术创新社会管理手段、提升减灾管理水平已势在必行、刻不容缓，以信息化手段支撑灾难应急管理体系。加强综合利用遥感、通信和灾害预防、预测、预报和预警方面的新技术，结合现有资源，建设综合防灾减灾和风险管理信息平台，形成"防、抗、建"一体化的灾害应急体系，大大提高防灾减灾能力，已成为一项十分必要而且紧迫的任务。

目前，我国已有一些城市运用空间信息技术，包括遥感技术（RS），地理信息系统技术（GIS）、全球定位系统技术（GPS）等用于辅助城市综合减灾工作，取得了较好的效果。其中，遥感技术（RS）是当前空间信息获取和更新的一个非常重要的手段和工具，它克服了传统调查手段高投入、长周期、低效率的缺点，具有宏观、快速、动态、综合的优势。利用遥感技术的这些优势，结合地理信息系统（GIS）、全球定位系统（GPS），并以计算机技术和通讯网络技术为主要技术支撑，采集、测量、分析、存储、管理、显示、传播和应用空间信息，可以应用于城市防灾减灾中的许多方面。

同时，"3S"技术，即遥感（RS）、地理信息系统（GIS）和全球定位系统（GPS）的有机结合，构成了对空间数据实时进行采集、更新、处理、分析及为各种实际应用提供科学决策咨询的强大技术体系。集成"3S"技术优势的空间信息技术在收集大量城市基础数据、动态和准动态跟踪监测、结合数据库技术和计算机技术建立专家应用模型等方面有着其他手段所难以比拟的优势。空间信息技术所具有的宏观性、实时性及动态性等特点，为城市综合减灾提供了强大技术支持，对城市公共安全事业的发展有着十分重要的意义。可以预见，随着空间信息技术和计算机技术的进一步发展，随着社会上下对于城市灾害和公共安全的日益重视，空间信息技术在城市防灾减灾和公共安全领域的应用将会越来越广，越来越深。

城市综合减灾信息化建设和管理应充分发展现代信息技术，建立能覆盖全国的快捷有效灾情信息技术支持系统。加大国家对综合减灾的科技资金投入，从基础设施抓起，充分应用各种先进的信息通信技术，构筑起高效、严密、适合国情的应急信息化体系，尽可能利用卫星、网络、计算机等高新手段，灵活运用地图信息以及全球卫星定位（GPS）、地理信息系统（GIS）与计算机辅助设计（CAD）、遥感（RS）、多媒体、虚拟现实技术、互联网等相结合的技术，构建操作性强的重要情报汇集系统（如地理信息系统、信息资源数据库等），提高灾害信息收集、传输的准确、高效、及时和全面目标的实现，保证灾后信息的快速获取和应急指挥的快速决策。此外，卓有成效的灾害信息系统应是能够与公众开展双向互动交流的系统。公众对灾害的危机意识、对灾害信息的知情程度以及应对灾害的实际能力如何，直接影响着政府灾害信息系统运作的成效及政府应对灾害的水平。

防灾减灾工作必须将灾情信息管理能力建设延伸到灾害现场最后一公里，触摸到一线，尤其是在基层，灾害管理科技支撑很薄弱，信息传递无法延伸。如尼泊尔地震后，我们第一时间内启动国内卫星数据应急协调机制，并于当时正式启动国际减灾合作宪章机制，通过获取地震区域高分辨率遥感数据，优化处理后，得到震后现场的情况；目前中国已建立覆盖国家—省—市—县—乡—村六级的灾情信息报送网络体系，将形成固有终端与移动终端相结合，有线网、移动网、卫星通信网等相互支撑的灾情采集报送手段。而在美国建立了关键基础设施保护物联网与风险分析；在欧盟建立了安全城市的物联网监测、多方虚拟安全会商云技术；日本在重视灾情情境推演，在城市安全架构的智能监控与预警等方面均建设有多灾种混合实验设施……它们无疑为中国防灾减灾信息化建设提供了思路。

值得注意的是，2011年"3·11"东日本9级大震后，美国参议院迅速召开听证会，考虑美国一旦有此类巨灾该如何应对。2011 年 3 月 30 日，奥巴马即签发《总统政策第 8 号指令》，他成为美国在应急管理体系建设上的分水岭（上一次是 2001 年 "9·11" 事件后），它旨在建立一种整体性的、全国的、以能力为基础的准备模式，以应对美国的综合性安全问题，据此 8 号指令，《全国准备目标》、《全国准备系统》、《全国减灾框架》、《全国响应框架》、《全国恢复框架》五个 "全国规划框架" 以及三个 "联邦跨机构行动计划"、三个 "综合准备指南" 等一系列文件出台，这是一套全新的文件，推进 32 项应急管理核心能力建设。在其中，它着力建设 "情报和信息共享" 和 "现场形势评估" 两项减灾信息化技术。所有这些对中国的启示在于：减灾信息管理注重全社会的参与；减灾信息管理注重跨部门协作，减灾信息管理注重多手段的支撑，此外美国联邦应急管理局及各州应急管理机构在脸书、推特上都开设了面向公众的专门账户，并开发了手机应用软件 "FEMA"。

在城市减灾信息化建设中需要加强与城市应急管理有机衔接方面的研究，将常态信息化与应急管理在时间轴上进行有机衔接，通过常态管理对资源信息及时、准确掌握，在事件突发时为城市管理者提供最及时准确有效的信息，在事件发生之前一段时间内提供预警信息，将过去的被动应对管理模式转变为主动发现和解决问题，从而把应急管理进一步推向纵深，发挥基层优势，形成城市运行监测与城市应急处置的双核体系，使城市管理形成闭环，大幅提升城市管理效率和水平以及应对突发事件的反应能力。再者，提高灾害管理的能力和水平，离不开以互联网、地理信息系统、遥感、卫星通信等为形式的现代信息通信技术。但是，要在预警、防备、应急及其灾后复原整个灾害管理全过程中发挥出先进技术的潜力，必须重视培养会使用这些工具和技术的专业人才。

四、综合减灾信息化法制保障

我国关于应急管理信息化方面尚无专门的法律和法规，仅有可作为指导性规范的是中共中央办公厅和国务院办公厅《关于加强信息资源开发利用工作的若干意见》。但这一 "指导意见" 并不是针对应急管理的需要的。随着政府应急管理实践的不断深入，物资资源调度、指挥责任追究等方面的立法弱点已经得到重视；但对于应急管理的信息化建设则还没有相应的法律或法规成果。应急管理从来就是一项信息技术密集的系统工程，没有对信息资源最大限度地利用，就不可能保障应急管理体系的高效运转。因此，当前急需专门针对应急管理领域，或是借助应急管理体系的信息化建设，订立一个电子政务方面的上位法（类似于美国的《ITMRA 法案》）。总之，需要一个具有足够指导性和强制性的法规，总体解决应急管理所需要的信息资源建设、利用和维护问题。

第二节　灾害事故风险分析与评估

一、灾害风险分析的意义与发展历程

1. 灾害风险分析的意义

灾害风险分析包括对风险物质的、社会的、经济的和环境的原因和结果进行具体的定性和定量分析，它是实施减灾措施的第一步。大量的事实和研究也表明，针对复杂各异的灾害（事故）风险，建立起有效的风险管理机制和模式，并科学客观地评估灾害风险，保证经济社会的可持续健康发展是各级政府不容忽视的问题。综合利用系统科学、管理科学、社会科学、工程科学等领域的理论与方法，研究社会、经济及各类承灾体脆弱性的形成机制及风险评估理论、重大危机事件动力学演化机制及重大危机事件中的个体、群体与组织的行为特征，可为重大危机事件的预防、准备、应急处置提供科学理论与实践基础。此外，从根本上说，承灾体的脆弱性和暴露度是由当地的经济发展水平所决定的。因此，加强灾害风险分析，提高在灾害、事故风险管理中科学决策的水平具有十分重要的地位。同时，通过对如何降低承灾体的脆弱性和暴露度以及提高抗灾防灾能力的基础研究，对于降低灾害、事故风险，避免和减少生命财产的损失，确保社会经济的可持续发展具有十分重要的理论与现实意义。

2. 灾害风险分析、评估的发展历程

灾害风险分析与评估在国外的研究起步较早，但大多侧重于经济领域和

重大自然灾害等方面。国际风险管理技术的发展大致经历了四个阶段：一是原始本能阶段，是自从人类出现到西方社会进入现代数理逻辑时代的漫长时期，人类依靠自我保护的本能和逐渐积累的经验来规避风险。二是风险识别与评价技术阶段，从现代数理逻辑为人类提供量化分析手段至 1970 年第一个地球日，人们采用传统科学技术对各类重大工程进行风险识别与评价。三是现代风险分析阶段，是从 1970 年到 2001 年美国发生"9·11"事件，人们开始综合考虑人口、资源与环境的矛盾，提出可持续发展的理念，并开始综合风险管理的探索。四是"9·11"事件以来的智能化阶段，重点是借助现代信息处理技术对复杂系统的综合风险进行识别与评价。目前国内外对单灾种的风险评估与风险管理研究较多，如火灾、地震、地质灾害、水灾、气象灾害等。针对不同灾害领域已研究开发出从定性到定量、从单点到区域、从微观到宏观、从单一指标到风险矩阵的各种风险评价技术与方法。在风险管理方面也提出了不同的模型。

我国的灾害风险评估开展较晚，最早开展此工作的有安全生产、地震、气象等部门，如农业气象灾害风险评估在我国大致开始于 20 世纪 90 年代，前期以灾害风险分析技术方法探索研究为主，以风险分析技术为核心，探讨了农业自然灾害风险分析的理论、概念、方法和模型。后来逐步发展到以灾害影响评估的风险化、数量化技术方法为主，构建灾害风险分析、跟踪评价、灾后评估、应变对策等的技术体系。

二、灾害风险管理

1. 风险概念

风险是不确定性结果的一种度量，其字面意义是指生命伤亡与财产损失出现的可能性。风险的含义最初来自于博彩业，其保险时间可追溯到 14 世纪的海上保险。后来更多被保险业所关注，认为风险的基本特性体现于两个方面——保险金预付和理赔费支出，保险界视风险为二者之差的函数。19 世纪，风险理论出现在经济学研究中；到 20 世纪，风险理论被引入到工程和科学领域。随着灾害科学研究的不断深入及经济建设的日益发展，从风险角度分析灾害已成为灾害分析的一种新视角，这有助于决策者进行灾害管理和制定减灾策略时有针对性地选择最优技术政策，防患于未然。当前，国际灾害管理发展的趋势也是以风险管理取代灾害管理。风险管理旨在寻求找出导致灾害的根源，降低灾害对人类和社会经济财产造成的损失和影响。近 30 年来国际减灾的实践证明，在预防、防备和减灾三项工作中，预防工作最为重要，而灾害风险管理是灾害预防的重要工具，也是当前灾害管理研究的核心和热点。所以，风险状况与保险创新息息相关。中国主流的保险产品实际上在 17 世纪已经形成了，火险 1667 年在德国出现，目前中国占有 75% 财险市场的保险也是在 17 世纪英国就已出现。中国保险业正在巨灾方面做出探索：1）中国城市在巨灾保险上进行专项研究；2）《突发事件应对法》鼓励单位和公民促进保险；3）中国已有二十多个省市开展除地震外的保险，如浙江、广东、福建、广西等，基本涵盖绝大部分自然灾害和意外事故导致的房倒屋塌损毁事件。

从风险管理的角度可以把风险定义为：在实现某一目标的过程中，由于各种不确定性因素的存在，所产生的与行为主体主观意愿相违背的各种不利后果的可能性。

（1）从风险自身角度将灾害风险定义为一定概率条件的损失。

（2）从致灾因子的角度，认为灾害风险是致灾因子出现的概率。

（3）从灾害系统理论定义灾害风险，通过对致灾因子的研究，并开始更多地重视人类社会经济自身的脆弱性在灾害形成中的作用，认识到人类自身活动会对灾害造成"放大"或者"减缓"的作用，将灾害风险定义为致灾因子和脆弱性的结合。

以上的灾害风险理论大多是针对自然灾害，研究区域也主要以大尺度的全球、地区和国家为主，对于人为技术灾害和小尺度区域的研究还略显不足。从灾害系统和风险管理的角度出发，将灾害风险定义为由于各种致灾因子和人类系统自身脆弱性共同作用所导致损失和破坏的可能性。

在减灾研究领域，风险常见的表达式如下：

风险 risk= 致灾因子 hazard × 脆弱性 vulnerability

风险 risk= 风险事件概率 probability × 损失 loss

风险 risk= 风险事件概率 probability × 脆弱性 vulnerability

×暴露性 exposure× 减灾能力 ability of disaster reduction

不同表达式的差异源于对脆弱性等指标内涵的理解不同，可根据减灾工作的需要选用上述公式计算灾害风险。

2.城市灾害风险管理

灾害风险管理是指人们对可能遇到的各种灾害风险，对其进行风险识别、风险估测和风险评价，并在此基础上对风险实施有效地控制和处置灾害风险损失的后果，期望达到以最低的成本实现最大安全保障的决策过程。灾害风险管理的一项重要工作就是要对各种潜在危机风险随时进行评估，把握危机数量、种类、性质、特点和规律，根据危机的不同性质，对危机分级并为每一类别的危机制定具体的危机处理战略和战术，一旦发生危机，可根据评估数据迅速进行危机处理。主要由以下几个部分构成：

（1）风险辨识，即在明确灾害风险管理对象和目标的基础上，找出形成灾害风险的来源，收集相关基础资料和数据建立灾害管理数据库并确定相关的方法理论和标准，为后续工作奠定基础；

（2）风险分析，主要包括致灾因子分析、暴露要素分析、脆弱性分析、建立灾损曲线以及风险的建模；

（3）风险评估，在风险分析的基础上开展致灾因子评估、脆弱性评估、抗灾能力和灾后恢复能力的评估；

（4）风险控制，根据风险评估的结果，选择并制定风险减缓的决策和措施，并对决策的可行性、科学性等进行评估，在确定决策的合理性后进行决策的开展与实施，同时对决策实施过程进行监控和信息反馈。

以上四个部分循环进行，其中风险分析和风险评估是整个风险管理的主要工作，而风险评估则是风险管理的核心和基础。

三、灾害风险分析

1.致灾因子分析

由灾害学观点可知，所谓致灾因子是指一切可能引起人员伤亡、财产损失及资源破坏的各种自然与人文异变因素，它是各种灾害、事故发生的危险源。存在于孕灾环境中的致灾因子大多数是自然界物质、能量交换过程中出现的某种异常或者某种自然现象和时空规律的反常。但是人类违反自然规律的活动也是一种致灾因子，所以致灾因子具有双重性或多重性。

根据灾害产生环境的不同，可将致灾因子分为5大类：

（1）自然致灾因子，主要由于地球系统的大气圈、水圈、岩石圈中各系统和环境要素异变所致，其产生的主要灾害类型包括地震、强降水、台风、洪水、干旱、雾霾、风暴潮、滑坡、泥石流等；

（2）生物致灾因子，主要由地球系统内生物圈所产生，其产生的主要灾害类型包括传染病、病虫害等；

（3）环境致灾因子，源自人—地系统的相互作用，产生的主要灾害类型包括全球气候变暖、污染、荒漠化、森林退化等；

（4）技术致灾因子，来自于人—机系统的相互作用，主要灾害类型包括各种工程事故、结构故障等；

（5）人为致灾因子，由于人类自身行为所产生，主要灾害类型有社会动荡、经济衰退、恐怖袭击、刑事犯罪、战争等。

在对致灾因子分类的基础上，应着重研究致灾因子产生的机理，计算其超越概率和回归周期、强度/烈度、影响范围、持续时间等特征，通过对各致灾因子的综合分析进行区划和风险图编制。同时，借助于各种技术手段（遥感与地理信息等）强化对各致灾因子的实时监测，以提高对致灾因子的预报准确率。

2. 脆弱性分析

脆弱性是指一定社会政治、经济、文化背景下，某孕灾环境区域内特定承灾体对某种灾害表现出的易于受到破坏和损失的可能性。

脆弱性分析主要对社会、经济、自然与环境系统相互作用及其对灾害的驱动力、抑制机制和响应能力进行研究。通常认为脆弱性越大，致灾后易形成灾情且较严重；反之，脆弱性越小，则致灾后不易形成灾情且较轻，其大小取决于承灾体对致灾因子不利影响的敏感程度及其自身的应对能力，敏感程度越高，应对能力越弱，脆弱性越大。它是承灾体抗击灾害能力的一种度量，也是灾损估算和风险评估的重要基础之一。研究灾害脆弱性需要对灾害的暴露要素、承灾体自身性质、社会经济文化、政治宗教等方面的影响进行深入分析。还应根据实际调查统计得出各种承灾体的灾损率曲线，以定量化表达灾害脆弱性。

3. 灾害损失分析

灾害风险作为一种对潜在损失和影响的不确定性，如何界定灾害风险与灾害损失的关系对于降低灾害风险，减少灾害损失具有重要意义。通过对历史灾情的统计分析得到灾害的回归周期、发生概率以及灾害强度等灾害特征，建立灾害与损失之间的关系和灾损曲线，可以方便地预估未来可能的灾害损失。

四、灾害风险评估

1. 灾害风险评估的意义

灾害风险评估是风险管理的重要组成部分，也是进行综合风险管理的前提。它是日常安全管理中的一项重要工作，是应急管理的基础工作。对复杂的突发事件进行风险评估，可以识别存在的薄弱环节和可能导致事故发生的条件；通过系统分析还能够找出发生事故的真正原因，特别是可以查找出未曾预料到的被忽视的危险因素；通过定量分析，预测事故发生的可能性及后果的严重性，可以采取相应的对策措施，预防、控制事故的发生。在一定意义上，灾害风险评估还可以理解为不同情景下区域灾情的预测。

风险评估工作可分为危险性预评估分析和安全管理水平评价，前者表现出预测预警的能力，后者体现应急管理的水平。风险评估的预警价值是发现隐患，查找风险薄弱环节和问题，确定风险承受能力和控制能力。其应急价值是能给对原先未能预测的危险进行事先准备，培养动态处置的能力。

2. 灾害风险评估内容

（1）风险识别

风险识别是对一个系统的潜在危险作全面的调查，目的是为了解系统面临的各种灾害风险和致损因素。具体包括对灾害的本质、特征、地理分布、原因、频率、量级、可能造成的危害有全面了解。城市灾害风险识别是一项具有系统性、连续性和制度性的工作。所谓系统性，是指城市灾害风险识别不能局限在某些部门或某个环节，而要研究整个城市系统所具有的全部风险。

所谓连续性，是因为城市所面临的自然、社会、经济条件总是不断变化，城市面临灾害风险的质和量都在变，一些风险消失了，另一些风险却出现了；此风险减小了，彼风险却增大了；还可能出现前所未有的风险，若非连续性工作，很难发现城市所面临的潜在风险。城市灾害风险识别的制度性是指城市灾害风险管理作为一项科学管理活动要有组织、有制度。

（2）风险分析

分析城市灾害风险主要是根据灾害历史事件和危害后果，并结合当前城市灾害的地域特征、气象条件、经济社会状况等，对各种危险作具体分析，发现人类易受攻击的灾害，理解其经济、社会及其他方面的因素，为决策者提供依据，帮助确定该风险是否需要治理，制定最合适、最符合成本效益原则的治理战略。

风险分析包括对风险源的研究、风险发生可能性和方式，以确定面对风险的大小。具体包括灾害发生频率、量级、烈度、地点、影响范围、延续时间、发生季节、到来速度等。通过对危险发生概率、规模和严重程度、发作速度和串联性后果的分析，最终确定该系统所面临危险的全貌，并绘制综合风险图。风险分析方法分为定量分析和定性分析，以及定量和定性相结合的方法。其中定性分析是用描述性的语句分析风险的可能性和量级，通常只关注威胁事件所带来的损失而忽略事件发生的概率，适合数据不充分、不能进行定量分析的情况。定量分析基于数值，要求大量准确的硬数据，利用数学方法分析风险的可能性和频率。

（3）风险评估

风险评估也称危险度评估，是为了了解何时何地出现某种灾害的可能性及其强度，灾害出现后将对人们造成什么样的影响，以及其所造成损失的程度和减轻这种损失在经济上的可能性和合理性，是风险控制和处理的重要依据。城市灾害风险评估主要是应用科学合理的评估方法和手段，确定当前城市灾害的风险状况，确定其可接受程度，并有针对性地提出降低风险的建议和对策。

城市灾害风险评估要考虑到以下因素：自然地理条件；可能造成灾害现象出现的频率和强度以及事先预报、预警可能达到的准确程度；人口、财产、隔离设施及经济发展的易损度及灾害管理及组织指挥能力、各种减灾工程及设施的作用、地区综合灾害承受能力等。以往的灾害风险评估研究主要从致灾因子评估、脆弱性评估和暴露度分析等几方面提出评估指标体系和方法。这些研究主要针对某一灾种进行，多灾种复合自然灾害，尤其是人为灾害风险评估的研究还不多。

3. 灾害风险评估方法

城市灾害风险评估方法主要归纳为以下四种：

（1）基于指标体系的风险建模与评估

利用基于指标体系的灾害风险建模与评估的国际研究计划主要有：灾害风险指数计划（DRI）、全球灾害高发区（Hotspots）、美洲灾害风险评估与管理（Americas）等。基于指标体系的灾害风险建模与评估是目前应用最为广泛的方法，其数据易于获取、建模与评估简便可行。然而利用该方法无法模拟复杂灾害系统的不确定性与动态性，可能导致一定的风险估值不准。

（2）基于 GIS 的风险建模与评估利用

主要是 GIS 数据、空间分析与制图功能，即根据分析区和致灾因子特征，选取合适的栅格大小，建立不同的图层，将致灾因子的各种属性（强度、频率、持续时间等）以及脆弱性指标（如人口密度、经济密度、土地利用类型等）数据根据一定的数学关系分配到每个栅格中，然后对各图层进行叠加，形成对灾害风险的可视化表达。

（3）基于情景模拟的风险建模与评估

对多灾种/多承灾体的灾害综合风险进行情景模拟，直观体现灾情时空演变特征与区域影响。该方法基于情景模拟，从不同灾害、不同承灾体、不同时空尺度的角度，建立动态评估模型，实现灾害综合风险的动态评估。

（4）基于风险概率的建模与评估

主要是通过深入分析灾害风险概率与灾害事件强度和损失之间的相互关系，建立灾害风险概率与损失关系函数和曲线来进行风险建模与评估。

4. 风险评估的建模原则

一个完善的风险评估模型一般需要满足以下原则：

（1）结合地区、城市规划，便于实施持续减灾策略；

（2）广泛的公众参与，包括应急专家，高技术／高风险行业管理者，相关社会团体、媒体，脆弱人群等；

（3）充分的风险沟通，即在不同部门和人群间建立对风险统一而准确的认识；

（4）全面可靠的风险定性和定量数据的获取，包括数据的质量与时效以及获取的渠道与方法；

（5）可靠的危害辨识方法，能被受危害人群、负有应急职责的个人与部门充分掌握；

（6）准确界定社会的脆弱群体；

（7）风险源的危险性辨识全面、准确；

（8）合理解决数学模型及专家在预测评估时的不确定性和有限性；

（9）不过分依赖技术与数据，耗费合理，投入在政府和社会承受范围之内。

灾害风险评估模型只有在科学性与实用性之间获取最佳的平衡点，并与地区、城市的应急规划、风险管理与减灾过程充分结合才能获得最佳的应用效果，建立灾害风险评估模型尤其要重视公众充分参与、在风险相关的部门和人群中通过风险沟通建立统一的认识、准确界定脆弱性人群、有效解决数学模型或专家判断的不确定性等关键问题。

五、灾害风险分析评估的发展趋势

基于国际灾害风险理论研究与风险管理的发展趋势，针对我国当前研究现状，急需从以下三个方面深入开展工作：

（1）灾害数据管理。这是整个灾害风险管理的基础，需要收集并整合各种基础地理信息数据、社会经济数据、致灾因子数据、自然环境数据、灾情数据以及各种遥感影像资料等，建立统一的综合灾害系统数据库，创建灾害数据模型、数据质量控制、数据集成、数据更新方式规范以及灾害对象关系模型；形成灾害数据管理的统一模式和共享平台。

（2）灾害实证研究，选取灾害风险代表性区域，开展灾害风险分析、评估并进行情景模拟，预测未来灾害可能造成的破坏和影响，同时尽可能形成一整套适合国情和区域风险评估的标准流程方法，并在此基础上提出针对性的风险减缓措施，切实有效地降低灾害风险。

（3）减灾项目管理，即灾害风险管理的实施。风险管理的最终目的是以最少的成本来降低灾害风险，减少可能的灾害损失。项目管理主要有两方面的内容，一是减缓灾害风险的措施，包括制订相关的政策法规、安全标准、减灾规划、灾害应急预案、社会经济发展规划、土地利用规划以及进行必要的工程技术改造措施等方面；二是对各种决策和措施进行协调、质量控制，对结果进行反馈修正，保证最有效地降低灾害风险。

第三节　灾害事故的监测与预报预警

一、信息技术在灾害、事故监测中的应用

现代的灾害、事故监测应是信息化、自动化监测与传统人工监测相结合，以信息化、自动化监测为主的体系。当前我国气象台站网、地震台网、海啸监测网、水文监测网、环境监测网、重要危险源安全监测网、交通监测网等已经形成，新的卫星技术、遥感技术、雷达探测技术、超级计算机技术、地球探测技术等也不断运用到各种灾害、事故的监测工作之中，但各监测网内部和各网之间都还存在人员、装备、技术等方面的差异，一些新的监测技术成果在基层网点的应用还有差距，各监测网之间的信息互通共享平台还有待完善。因此，国家要加大投入，引导有关高校重点实验室加大灾害、事故监测技术研究和装备研发，各级防灾减灾管理部门应牵头整合本级各监测网资源，推广运用各种最新灾害、事故监测技术，大力提升各级各类监测网的灾害的预报预警水平，努力形成卫星、高空、陆地、地下、海面、水体、海底、重要安全目标等纵横交错、现代化的立体灾害事故监测网。

二、信息技术在灾害、事故预报与预警中的应用

城市灾害、事故危机预报预警系统的首要目标是把许多分散、零星的信息组织在一起，向风险防范指挥部门提供决策的信息基础。该系统要全面地监测、跟踪各种动态，要特别注意那些有可能导致局部危机扩散的要素。针

对灾害、事故及突发事件的事前、事中和事后均要进行预报和跟踪报告。事前预报包括对危险源、人员、财产分布等相关安全信息的调查，结合安全防控指挥系统的安全信息管理功能，采用科学的分析方法对相关安全信息进行综合分析和风险评估；事中预报包括利用模型库对事故发生发展进行预报和危险性评估，确定可能的事故时空影响区域、影响程度等；事后预测包括事件修复过程中可能出现危险因素和危险事件。

各种灾害事故的预警应力求达到全方位、全过程、全覆盖的要求，预警手段必须多样化、立体化、网络化，通过现代的广播、电视、短信、互联网传媒预警是一种高效途径，传统的口口相传、报纸、电台、防空警报、设置警示标志标识等也是有效的方法。另外，还要根据灾害、事故的特点有针对性地开展预警，如紧急预警堰塞湖或江河湖泊大坝溃堤决口，可以用防空警报和广播电视、人工传递（如敲锣鼓）方式等同步报警，增强震撼力，引导下游居民按指定方向紧急转移疏散。

三、危机预警机制的信息管理

公共危机预警是指根据有关危机现象过去和现在的数据、情报和资料，运用逻辑推理和科学预测的方法、技术，对某些危机现象出现的约束性条件、未来发展趋势和演变规律等做出估计与推断，并发出确切的警示信号或信息，使政府和民众提前了解危机发展的状态，以便及时采取应对策略，防止或消除不利后果的一系列活动。

建立公开透明的灾害、事故危机预警机制是争取预防灾害事故主动权必不可少的环节之一。一方面必须使城市灾害、事故监测、预报预警成为政府日常管理中的一项重要职能，同时健全和完善政府及相关部门对灾害、事故预报预警的权威性，对灾害、事故的预报预警进行归口管理，让人民群众采信权威信息，摒弃地震谣传等小道消息。另一方面必须健全和完善灾害、事故预报预警的管理制度，严格规定灾害、事故预报预警分类分级、批准权限、预报预警程序、预报预警要求等。无论是平时还是灾时，既要依法打击个人私自利用互联网、移动通信工具等传媒散布虚假灾害、事故预报预警信息，采取相关措施，防止谣言惑众，避免社会混乱，又要依法保护公民及时向有关部门报告所发现灾害、事故信息隐患、苗头及相关信息的积极性。

我国是一个灾害多发的国家,除了大力加强自身的灾害预报预警体系建设外,还应积极加入有关国际性和区域性重大自然灾害预报预警和应急处置组织,积极开展国际合作,共享国际灾害预报预警信息,全面提升灾害预报预警能力。

灾害、事故预报预警的成功与否主要取决于时效性和群众的知晓率两个方面。针对灾害、事故的预报预警需坚持"平战结合"的工作原则,还得讲究连续性,在灾害、事故发展到一定阶段,一定要让人民群众知道灾害、事故的进展程度和预后趋势,从而避免慌乱。另一方面要千方百计提高灾害、事故预报预警的知晓率,对于类似水体污染、有毒有害物品泄露等事故以及非典等疫情,预报预警工作应在第一时间内做到家喻户晓、妇孺皆知,不仅如此,还应尽可能做到让群众知道是什么灾、怎么防,从而配合相关部门做好应急准备,做到防范得当。

整合各个部门的应急预报预警信息,按照联动、开放、统一标准对与灾害、事故相关联的信息进行广泛采集,设计的范围要尽可能广,并进行科学筛选,对一些有用信息,特别是已经被实践所证明了有重要价值的信息,要及时进行分析、计算,对灾害、事故的种类、等级、发生的机率及时间、地点、影响范围等进行判断,将为灾害、事故的应急处置赢得先机。

第四节 "智慧安监"与城市物联网

从广义角度讲,灾情是各种灾害发生情况的简称,包括灾害发生的范围、强度、次数及灾害造成的损失、伤亡情况和社会经济影响等。从狭义角度讲,灾情是灾害造成的各种直接损失情况。灾害对国民经济与社会发展有着巨大而深远的影响,所造成的经济损失是这一系列影响的最集中表现。为此,灾害经济损失的评估与计量是掌握灾情、评价影响以及预防和应对灾害的关键,客观的灾情评估也是一切灾害管理工作的出发点。

有关自然灾害经济损失与影响的研究,国外在 20 世纪 50 年代就已展开。联合国 20 世纪 90 年代早期公布了《灾难社会、经济和环境影响评估手

册 》(Handbook for estimating the Socioeconomic and Environmental Effects of Disasters)，其后又经过多年的改进。现在看来，城市安全减灾信息化要借鉴并拓展的内容不仅要用风险评估与决策，更要引入智慧城市的概念与方法，将安全信息化建设融在其中。"智慧城市"概念是 2010 年由 IBM 提出，该系统认为城市由涉及主要功能的不同组织人、业务 / 政务、交通、通信、水和能源等六个核心子系统组成，这些子系统以一种协作的方式相互衔接，而非零散的。所以，综合地讲，智慧城市即管理更精明的城市，更宜居的城市，信息更透明的城市，资源配置更合理的城市，生态环境与运行更安全的城市，更富活力的城市等。而所有这些对智慧城市管理者——市长就有更高要求，智慧型市长、智慧型企业管理者，甚至智慧型社区及市民。值得注意，"智慧城市"的信息安全至关重要，信息安全的任何隐患都会导致智慧城市管理系统的瓦解，甚至面临他国的攻击。"BUG（漏洞）"是数字世界这一异常复杂的现代工程技术产物的特有病痛，智慧城市系统可能存在无数实现、无法预知的各种 BUG，每个 BUG 都会引发灾难性后果。城市庞大智能系统中一个不起眼的"小虫子"，都可能导致全程生命线系统的瘫痪，甚至大爆炸，如果再加上自然巨灾"打击"，城市将难以复生。所以，在城市安全管理信息系统建设中，在大力推进智慧城市建设时，不可忽视传统低技术安全可靠系统的并存。这恰如，在城市安全减灾建设治疗"城市病"时，我们万不可用制造"城市病"的机制治疗"城市病"一样。

"智慧安监"是迈向智慧城市的一个步骤。广义智慧安监含义很大，本书暂不去讨论，只关注可操作层面的狭义智慧安监。它指以新一代信息技术为基础，更加广泛深入地推进信息化基础性设施与应用型信息系统的开发建设，充分优化整合已有的各类安全生产监管要素和资源，从而以更加全面、精细、动态和科学的方式提供安全管理服务。智慧安监的内涵体现在：1）可更透彻地安全感知与信息互联；2）可更深入的数据挖掘与智慧分析；3）可更高效地打破行业部分封闭，宏观安全信息化的协同共享；4）可更广泛对安全信息开放并让公众了解真相等。如测绘地理信息是安全应急测绘的重要内容：天津港"8·12"爆炸案后，天津市规划局立即组织测绘专家利用卫星遥感影像、无人机航摄、GIS 等技术开展数据获取和分析，提供了应急测绘保障服务。

应急测绘工作组先后利用固定翼无人机、旋翼无人机完成 44 架次飞行任务，制作完成约 $30km^2$ 的事故区及周边影像图，累计制作提供影像图、地形图等 1707 幅及相应的 GIS 数据，及时提供现场指挥部准确的第一手资料等。

智慧城市的安全信息化管理重在将智慧城市与应急管理相结合，利用物联网技术将各种传感器集成（视频、温度、浓度等），构建其智慧应用，靠大数据分析技术，搭建成指挥决策平台。智慧城市就城市而言，迫切的是要从地下空间、地下生命线系统探索入手，其中精图地下管线信息化建设尤其必要。从城市消防需求看，智慧城市在防范和解决城市突发事件、公共安全这类问题上，可引入在第一时间快速感知突发性事件的城市感知节点系统，通过其智能化调控能力、行为意识判断力及准确高效的决策力，实现不同行业和区域的协同和应对。以上海为例，在"十二五"建设"智慧城市"的消防安全目标上，对消防安全做了新审视，引入物联网技术的"动态化、智能化、网格化"管理模式。"十三五"的上海城市安全智慧型建设目标是将感应式的报警系统、智能化的火情决策分析、实时性的态势标绘、可视化的专业地理位置有机结合，做到城市火灾防控自动化、灭火救援指挥智能化、消防设备数字化、灾害地理空间可视化的目标。

城市消防物联网是通过物联网信息传感与通信等技术，将社会化消防监督管理和公安消防机构灭火救援涉及的各类要素所需的消防信息链接在一起，构建高感度的消防基础环境，实现实时、动态、互动、融合的消防信息采集传递和处理，能全面促进与提高政府及相关机构实施社会监督与管理水平的能力。城市消防物联网技术架构主要由相当于人体皮肤与五官的感知层、对应于人体结构神经系统的网络层、对应于人体结构大脑的处理层、对应于人体各种行为的应用层等环节组成。感知层即传感器层，用来采集信息；网络层即传输网络，用来传输信息；处理层即信息处理，支持信息传输和处理；应用层即信息处理平台，用于为用户提供特定服务。城市感知消防支撑体系从消防的灭火救援现场和防火监督检查两大层面出发，运用先进的技术装备和工作机制，多层面、全方位地解决城市发展面临的各种问题，为城市消防安全提供有力保障，现阶段的消防物联网可分成：城市消防监督管理感知系统、灭火应急救援感知系统、综合战勤保障感知系统三个层面，它们无疑在智慧城市安全管理中发挥着基础性作用。

第五节　减灾信息化管理系统

　　减灾信息化管理系统建设是实现减灾信息化工作的重要环节，也是提高应对灾害、事故等突发事件能力的一项基础设施。在 2003 年"非典"之后，政府就提出了加快突发事件应急机制建设重大课题，提出要建立健全社会应急体系，提高保障公共安全和应急突发事件的能力。建设应急信息管理系统是其中的一项重要内容。最近几年来，国务院用了很大力量组织制定国家突发事件总体应急预案以及专项和部门应急预案，各省、自治区、直辖市也完成了省级总体应急预案编制工作，全国应急预案编制工作基本结束，初步形成了全国应急预案体系。科学、高效的防灾减灾前提是对灾害的类型有整体、系统的认识，从而形成一种全民性的防灾减灾意识。同时，对纷繁复杂的灾害信息进行系统化的处理和管理，建立高层次的减灾信息化管理系统框架。为推动减灾信息化管理系统的建设，一是要强调以人为本，要以保护公民的生命安全为中心，将快速救人、救护、救急放在首位，减少生命损失；二是要突出应急管理信息系统的可靠性，应急事件不是频繁发生的事件，信息系统常常是"养兵千日，用兵一时"。由于反复运作的机会少，可靠性保证难度大，为保证可靠性，方案宜简不宜繁，并且要充分利用公安、卫生、城管、水利、气象、地震等部门现有系统的功能，确保应急系统在关键时刻的有效性；三是应急事件处理需要政府各部门密切协作和联动，应急管理信息系统的建设要特别重视与各部门业务系统的合作，加强信息沟通与共享，充分发挥职能部门的作用，使应急管理现场指挥更有实效。

　　减灾信息的现代化十分重要。2014 年有媒体报道，中国红十字总会将投资 1.17 亿元建备灾救灾中心。面对灾害与突发事件建救灾物资仓库是必需的，平时若没有仓储，如突发城市大规模疾病，大量药品就难在第一时间发放并派上用场。要看到，与稳定的传统仓储模式相比，灾难的发生无规律，今年是旱灾，明年可能就会赶上震灾、第三年又风调雨顺，但发生城市突发人为灾难或公共卫生事件，最吃力的救灾需求要跳出传统的备灾模式。现在面对信息化体系建设，还需要斥巨资建立集中式备灾仓库吗？建设和维护备灾物资仓储的成本，与将救灾物资送达需要灾民手中的效率，越来越成为应急管理中的两个挑战。有一点应明确：在"云时代"组织救灾赈灾，不能再用"石器时代"的方法，不论从国际发展和实践检验看，备灾工作的社区化和社会化，普遍被认为是能够更好、更优质解决备灾成本与备灾物资抵达效率的方式（哪怕是大城市或城市群）。社会化备灾，首先是将集中备灾工作尽可能地分解到各个地区，将集中的大仓储分解到遍布城市各区域的小仓库，一定要深入到社区一线的应急避难场所中。小仓库的好处不仅可分散大仓储建设的成本，重要的是当大灾来临时，调度周边其他仓库物资予以补充。我国的壹基金，第一时间在庐山地震时，从地区仓库中直接调配纯净水送抵灾区，可以说换个思路的社区化和社会化的备灾仓储是个好方式，它将越来越期待着可参与的全民式低成本、高效率的"云救灾"体系与技术。

一、建设目标和原则

建设多层次的减灾信息化管理系统是我国当前经济建设和社会发展目标提出的要求，也是我国电子政务建设史上最大规模和深度的一次全国性统一动员。它的基本建设目标是：在发挥现代信息技术的存储能力、计算速度、空间分析与网络拓扑能力、三维空间表现能力等优势，充分利用电子政务内外网、有线和无线通信网络，在整合现有数据资源、通信资源等的基础上，构建减灾信息化管理平台，满足政府和涉灾部门及其业务机构对突发事件的监测监控、预测预警、信息报告、综合研判、辅助决策、指挥调度等需求，辅助政府和涉灾部门及其业务机构有效防范应对灾害及突发事件。应急管理信息系统在建设中要重点把握以下几点：一要摸清综合减灾对信息化业务的现实需求和未来需求，优化减灾信息化管理工作流程；二要充分整合现有资源，注重技术和装备的实用性；三要立足于平时应用，着眼于应急响应，做到平、灾、战三者信息化管理的科学结合，有效共用，灵活转换；四要将减灾信息化业务系统和技术体系紧密结合；五要做好总体规划，优化顶层设计，做实初步设计，在此基础上组织分步实施。

二、系统的结构

城市作为现代社会单元，内部结构及其相互关系存在巨大的复杂性，从而使得城市应急管理需要考虑动态的、多维的系统结构以及与此相联系的复杂信息结构。在这种情况下，合理利用现代信息技术，高效的城市应急技术和方法来辅助灾害管理显得尤为重要。

目前，作为城市防灾减灾和公共安全领域的一个明显趋势是，充分借助"3S"技术和三维可视化技术，建立以RS技术为快速获取信息的手段，以GIS的空间扩展分析功能与MIS的辅助决策支持功能为核心，可完成跨部门信息集成、分布式共享管理和三维可视化表达三项目标任务，能够实现城市各公共安全部门实时联动的城市灾害应急指挥调度与决策支持的综合业务系统，以便快速、准确、直观地为城市灾害、事故等突发事件的应急管理提供一个完整的解决方案。

地理信息系统（GIS）能有效表达、处理及分析与地理分布有关的专业数据，为人们提供一种快速展示有关地理信息和分析信息的新手段和平台。近年来已在防灾减灾的各个环节和领域得到广泛应用，日益受到国内外学者和城市安全管理者的关注。世界主要发达国家的灾害信息系统可以根据灾情评估结果，在实时分布式海量基础数据库的支持下，迅速制定救灾行动方案；可以根据灾害发生地区、损失大小和人口情况等迅速制定有针对性的对策方案，确定救灾工作优先次序，指挥调度救援队伍和物资，并在大比例尺地图上实时显示救灾进展。

随着互联网的迅速普及，越来越多的人依赖互联网获取信息、处理事务。灾害信息系统也正在利用互联网这一巨大空间，扩大其应用领域。将灾害信息系统与Web集成，通过普通浏览器，用户可以在任何地方检索获取、共享灾害信息，从而将灾害信息化系统扩展成为公众服务系统。现正成为灾害信息化系统的主流。减灾信息化管理系统以通信和计算系统为依托，将某一地域范围内跨越多个管理域，具有不同体系结构的各种信息化系统综合集成为具有单一体系结构的系统，它是在整合基础上建设各级中心的协作群体，其支撑技术是地理信息系统（GIS）、全球卫星导航定位系统（GPS）、遥感技术（RS）、数据库技术等为主的空间信息技术、计算机技术、现代通信网络技术和空间信息安全技术。

一般可把浏览器方式的信息化系统称为 Browser/Server 结构，很多部门、单位和公司已经着手开发、部署基于 B/S 结构的灾害信息系统软件。具备浏览、查询、检索和分析的灾害信息系统放进互联网络，任何因特网用户可以免费使用这些软件，借助这些软件可以查询、显示或拷贝包含空间信息在内的各种灾害信息，也包括各种电子地图、图像、文字和声音等，使得获取灾害信息的速度空前提高。建立统一的减灾信息化管理平台，包括建立覆盖中央各部门，连接各省、自治区、直辖市的统一信息传输网，以及中央应急管理数据中心、网管中心、安全认证中心和全国应急管理网站，为应急管理提供统一的信息传输、交换和服务平台。

1. 减灾信息数据库

城市灾害是涉及自然、经济、社会、人口等众多因素的复杂系统。减灾信息必须包括整个社区或城市的准确、可靠、完备的信息，否则不准确的灾害估计会给决策带来很大失误。

我国灾害监测部门包括水利、气象、地震、海洋、农业等，大都拥有先进的仪器设备和技术手段，在灾害的监测预报方面发挥着主要作用。但是这些资料分散在不同部门，不利于城市灾害的综合减灾管理。必须首先解决人为灾害和自然灾害的多灾种数据源、多尺度数据的融合、整合与共享，建立减灾综合数据库，这些信息主要分为两大类。

（1）灾害综合数据库。主要包括各种灾害的历史和现实资料，包括现今灾情库、历史灾情库，人口、资源、环境库，社会减灾能力库，历史致灾因子库等；基础数据库包括地理信息库，社会经济背景库，减灾技术库，重大案例库，实时资料库，地区数据库等。

（2）决策支持数据库。决策支持功能是应急系统的灵魂，但前提是决策支持数据库的资料是完整、真实的。只有通过不断更新，才能保证信息资料的真实可靠，因此数据库的更新显得尤其重要。

2. 我国的电子政务系统

电子政务 e-Government affair 是政府在国民经济和社会信息化的背景下，

以提高政府办公效率，改善决策和投资环境为目标，将政府的信息发布、管理、服务、沟通功能向互联网迁移的系统解决方案。同时，也提供了结合政府管理流程再造、构建和优化政府内部管理系统、决策支持系统、办公自动化系统，为政府信息管理、服务水平的提高提供强大的技术和咨询支持。

近年来，电子政务建设应用已成为我国信息化建设普遍关注的一个热点，电子政务投入已经打下了良好的设施基础：计算机网络与通信网络条件已基本具备；公安、卫生等全国"条线式"应用系统已实现纵向覆盖；围绕市民服务的电子政务建设已初具规模；气象、海洋等专业化、信息化管理系统具有相当技术含量。推进电子政务建设对促进地方政府管理创新、提升政府应急管理和服务能力、提高行政效率等都具有重要意义。作为电子政务的一个重要内容，依托电子政务资源信息的支撑，灾害、事故等突发事件应急管理是信息时代的必然产物，它的应运而生为政府提高行政办事效率，提升政府应急管理和社会综合服务能力，解决社会突发危机事件提供了强有力的保障，在诸多方面发挥着重要作用。

电子政务是政府在其管理和服务职能中运用现代信息和通信技术，实现政府组织结构和工程流程的重组优化，超越时间、空间和部门分割制约，全方位向社会提供优质、规范、透明服务的一项重要的政府管理手段的变革。作为信息化电子政务系统的分支，城市减灾信息化管理系统涵盖各类灾害、事故等突发事件监测监控、预测预警、报警、接警、处置、结束、善后和灾后重建等环节，是辅助政府转变职能，提高行政效率，迅速集中有效信息，全力解决灾害和公共危机事件的有效手段。

减灾信息化管理工作对电子政务体系提出了更高要求。我国行政管理要逐步改变条块管理模式，电子政务系统要实现信息公开、透明和高效传播，加强社会管理，整合资源，形成全面覆盖、高效灵敏的社会管理信息网络，以增强社会综合治理能力，协同共建，完善社会预警和应对突发事件的网络运行机制，增强对各种突发性事件的监控、决策和应急处置能力。此外，增强各部门联系、协调和联动，建立统一的技术规范、数据标准、数据交换格式，制定相应的运行制度和管理办法，在应急管理部门形成一个整合和标准化的数据库势在必行。这将有助于打破部门间的信息壁垒，促进社会、企业、政府间的信息共享，解决"信息荒岛"和"信息孤岛"问题，使全社会形成信息共享、信息共用的共识，以有助于在减灾应急时调度各个方面的应急资源，高效进行指挥。

三、系统的基本功能

灾害、事故等突发事件的特征使得应急处置需要综合多方面的信息进行会商决策，并随着突发事件的变化进行相应的指挥调度。信息管理系统是指利用现代化通信技术、计算机软件与硬件技术、网络技术、数据库技术以及分析、计划、控制和决策模型进行的人机交互式综合管理系统，是一种能为一个组织机构作业、管理和决策提供信息支持，具有数据处理、预测、决策和控制功能的集成化人机系统。

各级政府的应急管理机构在信息化建设方面的职能定位应是不同的。国家级的工作重点应侧重于制定中长期规划，确定全国应急系统的结构框架，出台应急系统统一的技术标准；省级工作重点应侧重于在国家级总体规划的框架内，制定中短期规划，指导市县级应急系统建设；地市级应急机构是处置重、特大突发事件的经常性主体综合协调机构，它的应急系统功能要全、要细，操作性要强；区、街道一级的应急机构，由于是处置一般和较大突发事件的具体操作机构，它的系统建设要实，要直观简便，针对性要更强。建设减灾信息化管理系统至少应包括如下四个方面的功能。

1. 视频会议功能

按照目前我国党政机关的惯例，开会是常用而且是主要的布置工作和贯彻落实方式，特别是应急事件发生时，往往层层开会布置贯彻以示重视，但由于时间特别紧急，不可能快速集中开会，利用视频会议系统开会能较好满足这方面的需求。

2. 视频监控功能

视频监控在平时是预防和侦察手段，在处置突发事件时，现场视频监控信号可为负责决策指挥的领导提供丰富、直观、可靠的信息。有了视频监控信号，领导可减少去现场的次数，甚至根本不用去现场，在指挥室就能运筹帷幄、决胜千里。尤其可以避免领导者在巨灾现场指挥可能发生的意外伤亡。

如，1994 年锦州市委书记就是在抗击第三号台风在辽西引发的特大暴雨洪涝时，在现场不慎失足落水因公牺牲的。

3. 语音指挥调度功能

语音指挥调度是了解现场情况和指挥调度各种应急救援队伍的必备手段，它能保证总指挥决策指令的快速传送和实施，可对处置的结果起到高效与决定作用。

4. 辅助决策功能

辅助决策功能是整个应急信息管理系统的精髓和大脑，是决策者的参谋和智囊团。该系统以处置预案为主线，以各类应急数据库（如预案、法律法规、专家、救援队伍、物资装备、危险源、避难场所、典型案例数据库等）为基础，是基于包含丰富图层的地理信息系统（GIS）的有机系统，可为各级领导在处置各种突发事件提供丰富的信息资料，提出建设性的意见和建议，设置规范的处置程序，实现从个性决策、拍脑袋决策、临时处置向预案决策、科学决策、规范处置的转变。

传统的应急信息管理系统由于无法实现不同区域、不同部门、不同行业的整体联动，往往给处置事件带来时间延误。目前，应急系统的客观需求已经发生很大变化，对应急指挥系统需求的认识要与时俱进，不能只应急不联动，信息化应急联动应该朝着专业化、智能化、知识化和标准化迈进。信息化应急指挥系统的核心功能应从基本的通信调度升级为更广泛的信息调度，成为支持科学决策和专业化的信息处理支撑平台。

城市安全减灾信息化管理的传统模式是基础，但也要关注信息化系统在智慧城市语境下的发展状况，如纽约市政府联合纽约市信息技术与电信局（DoITT）于 2009 年 10 月启动了"连接的城市"（Connect City）计划，为纽约市政府、相关机构、企业与市民提供了先进的技术解决方案，它从公共安全到市民服务几乎可囊括到城市所有领域。"连接城市"这一计划有三个方面：信息采集、信息处理和信息传输。在纽约综合减灾"智慧化"信息系统中，首先通过物联网技术手段即将感应器嵌入和装备到城市的电网、公路、桥梁、铁路、建筑、供水管网等各种设施中，在运用 GIS 技术对这些信息予以动态监测、收集和可视化图形处理，从而实现了对城市信息的高度整合。在此基础上，纽约市规划部门可利用相关数据信息指导城市防灾减灾规划的编研，纽约市应急管理办公室则利用 GIS 技术与相关灾害信息模拟技术制定纽约市飓风条件下灾害疏散分区。无疑，纽约智慧城市系统在防灾的准备阶段、反应阶段、恢复阶段等方面已经发挥了有效作用。作为一种启示有四点思考：

其一，中国城市构建城市综合安全减灾全程化智慧信息系统十分迫切；

其二，中国城市应遵循平灾综合原则，以实现智慧城市信息集约化管理；

其三，中国城市综合减灾的推进需要智慧城市与大数据的支撑，需要体制机制的改革；

其四，中国城市安全减灾的精致化发展离不开"循环渐进"的传统与现代数字技术的创新结合。

第八章　城市与安全文化教育

安全文化在中外古今已有记载，从城市管理者到市民如果对安全减灾智慧不知道、不信仰、不学习是非常可怕的。减少灾害需要正确的安全观，"零事故"仅仅是防灾减灾的目标，安全减灾的社会发动旨在克服松懈、侥幸、麻痹观。安全文化建设的原理表明，城市安全管理，不仅要抓物的本质安全，更要推进"人的本质安全"建设，从灾难中学习防灾文化、汲取教训是每一个城市公民应掌握的大智慧。此外，发掘并研究基于安全管理视域下的标语、口号的认知，也是安全文化建设的形式之一。

第一节　从灾难片说起

2016 年 1 月，数十年罕见的"怪兽级暴风雪"入侵包括纽约和华盛顿在内的美国东北部地区，导致 20 个州超过 8500 万人受灾，经济损失已达到数十亿美元。该寒潮在东半球也上演了冬季"灾事"：大半个中国陷入寒冷之中，江西地区近 15 万用户大停电，在缺电的寒冷黑暗中度过是什么滋味；广州罕见的寒流中，仅 2016 年 1 月就有 30 个居民因煤气取暖中毒而不幸身亡；韩国的 1200 个航班被取消，约 9 万名游客被困；日本多地迎来强暴风雪，百余人受伤……这真是现代城市遭遇的"地球紧急状态"，它再次警示人类，在大自然的变化面前，我们的局限性被暴露无遗，只好在被动与无奈中唏嘘。人类于自然中，始终是"寄蜉蝣于天地，渺沧海之一粟"。"后天"风险发生在大洋彼岸及亚洲诸地，已经要求中国撑起保护伞，要求国民多一份思考与准备，多一份安全文化自护的建设。

2004 年，随着美国大片《后天》(The Day after Tomorrow)的上映，国内接连出现灾难片的热潮。作为商业电影的重要类型，灾难片因其强烈的视觉冲击力和宏大的银幕奇观，成为今天好莱坞电影最常见、最具票房号召力的类型之一，如电影《世界末日》中陨石撞击地球的壮观场面;《未来水世界》中滔天洪水淹没人类家园;《泰坦尼克号》中沉没的豪华游艇;《后天》中冲天巨浪狂涌纽约市，自由女神被淹没;《地球反击战》中被外星人摧毁美国白宫和帝国大厦;《侏罗纪公园》中被疯狂科学家复活的成群恐龙……这些场面让人过目不忘。

1. 从灾难大片看到的

《后天》也被译为《末日浩劫》或《劫世惊魂》，影片融合了历史上一些经典影片的精华要素，具有三大特色：惊悚、恐怖、灾难，是电影史上少有的巨作。影片以前所未有的镜头、震慑视角的特效、刻骨铭心的灾难场面，让人有刺骨的娱乐感。研究气候变化的科学家杰克教授根据观察和研究史前气候的规律，提出严重的温室效应将造成气温骤降，地球再次进入冰河时期的假设。全球变暖已经使我们走到了平静的刀口，另一只脚就要跨进一个新的冰河世纪。这一切，都在一场全球性超级暴风雨来临之后真实地发生了。在第二次冰河时代到来后，整个世界被肆虐的洪水淹没，随后被漫天的冰雪覆盖，一夜之间成为冰天雪地。地球的北部变得极度严寒再也无法生存，人们纷纷逃到南方的赤道线上，或许那里还可以苟延生命。为了救出儿子，杰克决定不加入南迁的人流，他要赶往已经被冰雪覆盖的纽约。但是，对于这场突然降临的灾难，杰克似乎无力挣扎，他的儿子也不能，甚至整个地球都无法逃脱……面对灾难，勇气、责任、亲情都在经受着严峻的考验。

该片最经典的画面——纽约"速冻"。冲天巨浪狂涌进纽约市，自由女神被淹没,万巷瞬息沉没在汪洋之中,万吨巨轮竟被冲进楼宇之间。而转瞬间,气温骤降,浩瀚汪洋中的纽约城又变成冰封世界,茫茫冰原上,只留下自由女神的头像，象征着人类文明城市大半也永埋入冰雪中。人类和人类所创造的世界在大自然面前显得如此渺小。最感人镜头当属舍生取义：气象学家为了营救困在"灾区"的儿子，带着两个助手在所有人都涌向南方的时候北上，一个助手为了不连累其他人，在关键时刻割断救生索，自己却坠向尽头。这个场景用任何语言叙述都是苍白的,此时人类最本真的东西表现得非常淋漓。此时,流泪,不是同情,是真正的感动。

《后天》不是把时间搬到几十年后,而是让灾难活生生地在眼皮子底下席卷而来:洪水,就在眼前;冰雹,就在眼前;酷寒,就在眼前;一切人力不可抗力,就在眼前!上一个冰河世纪结束时,恐龙灭绝;如果又一个冰河世纪在眼前,措手不及的人类将如何?艺术以极端的手法促人警醒,人类开始了解自身对地球的消极影响,结果让人触目惊心:地球上已无一块净土,珠穆朗玛峰雪样中含汞含锰,大西洋海底有铅铬沉积,南极企鹅体内含苯,北极云雾在加浓变酸——地球人的生存面临着巨大的人为灾难。《后天》要求我们重新审视:人与自然,当代人与后代人,以及当代人之间的关系。

几千年来,文明人足迹所到之处常常留下一片沙漠,这是文明的悲剧。人类在不断吞噬自然的躯体,同时,也在品尝自然所酿造的苦酒。今天,人类比任何时候都能领略到气候变化的威胁。如果人类再不行动,对自然仅仅说一声遗憾或者抱歉,那么,100年后,巨大的热浪将会席卷地球每一个角落,海洋中漂浮的冰山将会融化得无影无踪,《后天》的场景未必就是杞人忧天。我们的生存无不依赖于自然系统。人类文明与大自然的命运已紧密交织在一起,就如同心灵和躯体一样密不可分。今天,人类不能再以一个征服者的面目对自然发号施令,而必须学会尊重自然、善待自然、和谐共处。实现这一角色的转换不仅需要外在的法律强制,更需要人类的良知和内在的道德力量。保护自然、修复自然、维护自然生态系统的平衡与和谐,应当是我们义不容辞的责任。假如"后天"来临,人类将会怎样?在人类的大灾难面前,亲情、友情、爱情——人类的情感经受了重大的考验。对于灾难的认识,人道主义的精神,社会秩序的井然有序,人与人之间的信任和互助等,激发出人性的光辉——这也是电影《后天》的动人之处。它使得我们更深刻地意识到:面对灾难,每个人都有自己的责任。

2. 灾难片的忧患意识

相对其他类型的电影,灾难片善于利用灾难来临时的恐惧营造观众紧张压抑的心理,从而为后来灾难的解除提供心理释放感。而那些灾难的故事,又引发了观众对生活中已知和未知灾难威胁的共鸣,从而对最终灾难的平息产生柳暗花明的幸福感。灾难片中的英雄则为观众获得提供人间救世主的移情对象，使观众获得自我肯定和安全承诺。灾难片甚至还在灾难的奇观带给观众感官刺激的同时，让他们为自己置身于危难之外，油然而生潜意识的庆幸。试想在一阵阵令人惊悚的狂风海啸之后、在一个生死难料的危机之后，在一场场毁灭性的灾祸之后，大家依然能够平安如初，破裂的家庭重新团聚，原有的矛盾得以化解。在好莱坞的经典灾难影片当中，那些无法预期而又难以战胜的巨大灾难，甚至还可以弥合人们在现实生活中情感的种种危机。在这种意义上灾难对人的精神世界会产生巨大的"弥合"功能，最终完成的是电影作为一种白日梦幻的催眠作用。但是，如果对这类影片的理解仅此而已，或者把这类美国电影仅仅看作是一场娱乐秀或简单的商业行为，把目光过多地投射在强烈的视觉刺激与视觉奇观，以及对其故事、表象研究时，就会忽略这样一个很重要的问题，那就是美国影片仍然是一种大众传媒，是美国社会机制中一个重要的环节，是美国意识形态最重要的工具。灾难片同样如此。在 20 世纪五六十年代，好莱坞一度出现过灾难片的热潮，究其原因就是当时冷战的政治格局给人们带来的心理恐慌：美国与苏联拥有的核武器足以把地球毁灭数次，这些"科技成果"与民族主义、种族主义或者偏狭狂热的宗教情绪相结合，就会产生随时爆发的危险。比如《地球末日记》、《地球着火那一天》等就是这种情绪下的产物。近些年来，随着科技的高速发展，以及电脑特技的广泛运用，如《侏罗纪公园》、《天地大冲撞》、《泰坦尼克号》、《空军一号》、《世界末日记》、《火星人玩转地球》、《龙卷风》、《后天》之类的灾难片再次大行其道。

电影是文艺创作，允许虚构，允许夸张，但气候是否会突变，何时突变，那是科学范畴的事情。值得回味的倒是这样一则消息：《纽约时报》披露了美国政府某局一位高级科学家提供给该报一份他供职位的内部邮件，邮件要求单位所有科学家、研究人员均不得就此影片发表任何评论。尽管知道美国曾拒绝签署旨在减慢全球变暖的《京都议定书》，但它是不是这件事情的原委，由于信息有限，不能妄下断语。但如此试图堵住气象科研人员的嘴，不让人说话，未免离科学精神远了点。《后天》帮人们构想未来气候突变事件带来怎样的社会灾难，是突变。居维叶虽然是一百多年前法国生物学家，但他的眼界早早跃出了生物学的范畴而与地质学对接，用现在的话说，就是学科交叉融合。在科学史上，这是他的卓越之处，正是居维叶第一次把生物学带进了地质学领域，又为地质学的研究开辟了新的天地。他对巴黎盆地各地层化石不同这个事实进行了长时间的思考，提出了自己的解释。他认为，在整个地质发展过程中，地球经常发生各种突如其来的灾害性变化，有的灾害是具有很大规模，如海洋变陆地，陆地隆起成山脉，大火爆发，洪水泛滥和气候突变等。这些大规模巨变使许多生物遭到灭顶之灾，灭绝的生物沉积在相应的地层，并变成化石而被保存下来。正是居维叶首先提出了化石的本质，提出了化石是地球历史的见证，并且时代越早，保存化石的类型就越原始。

20世纪50年代，一个被称为"新灾变论"的理论在德国兴起，其主要观点是：在宇宙和地球演化中，出现过一系列的突变和灾变事件，引起"突变"。"突变"具有突发性、短暂性等特点，且以外因为主，例如超新星爆炸、小行星或彗星撞击地球、太阳耀斑爆发等。"新灾变论"认为灾变现象普遍存在于事物发展的整个过程中，是宇宙和地球演化、生命演化的一种基本现象，对新事物诞生和旧事物死亡起着主要作用。这个观点源自于居维叶的"旧灾变论"理论内核未变，但更体系化了，加之有古生物学研究提供的新证据，逐渐被更多学者所接受。到了20世纪60年代后期，法国数学家托姆提出了突变论，作为"新三论"（突变论、耗散结构论、协同论）之一，它为人们理解开放的复杂巨系统的发展及演化打开了一扇大门。突变作为一个重要的科学概念，对很多领域都不同程度地发生着影响。这不应该被简单地视为科学家们的理智趋同或从众心理，而是因为突变在揭示世界本质时所固有的解释力，谁也无法完全将之摆脱而另起思维的炉灶。灾变论这个演变过程使人们看到，一个科学理论或科学假说的发展是不断被扬弃的过程，有继承也有创新。"新灾变论"就可以被看作是对居维叶理论的扬弃：一方面肯定灾变，灾变时，大批物种绝灭了；另一方面，否定物种全部灭绝，灾变时，仍有相当数量的物种存活下来。这些存活的物种在新的环境中继续发展进化而成为灾变后的新的生物。进化论并不是从天上"突变"下来的大馅饼，而是在灾变论的基础上"渐变"而来。灾变对生物界的进化发展可能是相当重要的。承认地球可能发生了灾变，并不意味着对进化论的否定。相反，研究清楚灾变，将会对进化论做出有益的补充。

3. 灾难片的启示

重新认识自然。德国伟大的诗人歌德在他的《大自然》一文中这样说过，大自然"她的最高荣誉是爱。我们也只有通过爱才能同她接近"。歌德在此说的"爱"，不仅仅是以人的本能行动去保护大自然，爱护大自然，亦包括用对自然拥有的更多情感去讴歌、描绘、颂扬大自然，而这以丰富而又细腻的情感讴歌、描绘、颂扬大自然的智慧性的文学行为，即可称之为环境文学。人类是从大自然中走出来的，即可说是大自然创造了人类。但是人类却反过来有意识无意识地恩将仇报，肆意地破坏着、毁灭着大自然。看看我们今天被砍伐的森林，被污染的河流，被污染的天空，被荒芜的土地，被掠杀的动物……不得不为我们今天没能保护大自然而痛心疾首。日本东京大学谷岐教授1984年在中国社会科学院演讲时说："中国虽比其他先进国家晚一步着手于现代化，这反而是很幸运的。因为可以把大自然遭到破坏而深感痛苦的先进国家作为反面典型，以免重蹈覆辙。中国与大自然共存的现代化得以成功的话，将成为举世无双的光荣、伟大的业绩！"我们当真成为"举世无双"的幸运儿了吗？面对今天中国触目惊心的种种践踏环境破坏大自然的事实，难道作为上层建筑和意识形态的文学，就不能以其批判与审美的独特导向作用来唤起世人的良知吗？此可谓文学为何要关注、表现、祖护大自然，反思、正视、讴歌、揭示环境问题的缘由所在！20世纪30年代，著名文学家巴金就已经写出了《鸟的天堂》。据传，一次巴金和几个朋友划船到一株大榕树下，一簇一簇的绿叶照亮着他们的眼睛。在深荫里，到处是鸟声，到处是鸟影。朋友们说那里是"鸟的天堂"，于是，巴金灵感骤生，一气呵成这篇《鸟的天堂》。现在看来，若没有那片被农民保护的群鸟栖息的树林，巴老这篇优美的散文是无从留传下来的。

重新认识资源。缺电、缺煤、缺油……这些被称作"荒"的能源短缺现象，正在给当代中国高速运转的经济发动机发出能源预警信号。专家指出：到21世纪中叶，预计我国人口将达到16亿。实现人均GDP达到4000美元以上的目标，单位GDP的环境负荷率必须降低6.67倍，环境状况才可维持现状。要实现可持续发展的目标，这一负荷更应该下降8～10倍。从能源管理的内容和范围来看，目前我国有关部委的能源管理职能多以管理对象界定，综合性和长远性的能源战略管理研究比较薄弱。显然，这是比之前电荒和煤荒之痛更应引起我们关注的问题，因为它还会继续造成短缺。

更可怕的是无知。迄今为止，动物传染给人类的"禽流感"，是未知的疾病。它的致病原因是什么，人类的免疫能力如何起作用，它的传播方式、传播途径究竟是怎样的，如此一些关键问题仍在研究解决之中。然而，与未知的疾病相比，在"禽流感"时期人们表现出来的无知更为可怕。最近一段时间，不少地方流言纷纷，有说喝绿豆汤可以防"禽流感"的，有说放鞭炮可以避免感染的，还有的说弄几味草药挂在门前，全家人就能躲过灾难的。这类似是而非，令人哭笑不得的迷信做法之所以迅速流传，能让一些人相信，恰恰说明国人的无知。无知的一个表现特征，就是对未知领域、未知事物既不肯去探索、去研究，又怀着莫名的恐惧，总是希望用最简单、最省力的办法解决问题。在预防"禽流感"非常时期暴露出来的种种无知现象，反映出教育薄弱的大问题。

可以说，城市应急联动系统是完善政府社会管理和公共职能的重要手段，体现了政府处理紧急事件的快速反应和抗风险的能力，有利于促进政府向公众服务型的转变，有利于保障社会的稳定，改善城市的投资环境，促进经济社会协调发展。要提升城市管理能力，就要重视城市应急系统的建设，特别是城市应急联动系统。美国18个州建立无线网应急系统。遇到紧急事件，通过统一的客服电话号码报警，这在国外六十多年前就已开始了。1937年，英国开始使用号码999报告紧急事件，呼叫立即得到应答，转给相关的政府部门处理。瑞典采用900号码，由一个SOS报警中心，负责接收居民的各类报警和实施救助。欧盟采用统一号码112进行报警。由瑞典SOS牵头，1996年在欧盟各个成员国执行。1959年，加拿大采用911报警，1967年，美国结束多个客服号码共存的情况，全国使用单一的号码，利于公民报警。美国国会通过了有关立法，批准使用911作为国家报警和救助客服的电话号码，并建立了统一的指挥调动中心和信息通信系统。目前，西方发达国家均建立了比较完善的城市应急联动系统，作用十分明显。以美国为例，应急系统每年平均有一半人都呼叫过，百万人口城市呼叫中，警察部门有关的呼叫占 85%，和医疗有关的占 8%，与消防有关的占 7%。"9·11"事件突发之后，美国启动了应急系统，在第一时间处理善后工作的同时，成立白宫紧急系统，调动全国的力量开展救险工作。"9·11"事件以后，美国更加注重联动应急的第一反应速度。目前美国已经在 18 个州建立了无线网城市应急指挥联动系统。美国联邦应急联动体系具有法制化的特点，多数应急计划都具备法律基础。

社会应急联动系统，就是民众采用统一的电话号码，报告突发事件，进行紧急救助。中央和地方政府统一协调指挥相关部门，充分利用有限资源，向公众提供紧急救助与综合服务的联合行动。这个概念最早出现在美国，起初是通过统一的电话号码进行报警，后来演变为通信应急系统、计算机紧急调动系统，最后形成了社会应急联动系统。该系统包括 GPS 等应用服务、计算机骨干网、集群中心等。社会应急系统中心是统一接警，统一指挥，快速反应，实现资源共享。各类完备的数据库是它的基础，先进的信息网络数字化设备是必备的手段。信息的采集、处理、计算机辅助决策与调动智慧是它的核心，不同部门之间的资源共享与协调互动的机制，是根本的保障。

第二节　古代安全文化的智慧

安全文化在国内外由来已久。有人说，一切原始工具的出现都是生存活动的产物，而生存的根本正是安全。保障自身无危无损的人类行为及其所留下的"痕迹"都属安全文化。两河流域的美索不达米亚平原是人类文明的发祥地之一，可一场水灾毁灭了远古时期人们所不知晓的先民，只有诺亚一家凭借一小方舟躲过劫难，成为人类始祖的象征。此外，放飞的鸽子嘬着一根橄榄枝，更让人想到健康与安全。如今，橄榄枝已是超越时空的人类平安的图腾；百年的现代奥运会都有一个重要的火种采集、点燃的庄严仪式，相传在很久以前，人们为纪念宙斯，决定每四年在奥林匹亚圣城举行一次奥运会，它正与纪念普罗米修斯盗取天火，成为人类的永恒生命之火象征。卡尔·马克思对普罗米修斯的造福人类的安全形象评价道，他是"哲学的日历中最高尚的圣者和殉道者"。在中国，有两幅人们读了几千年尚未读懂的图即"河图"与"洛书"。自从有学者发表论文称"河图"为气象图,"洛书"为方位图时,这千古之谜才解开。中国汉字是抽象的绘画,是符号化了的具体事物。先看"灾"字,灾也写作"災",在篆文里,有写成"<<<"的,是水道壅塞水流受阻泛滥成灾的象征,指水灾;后加火在其下,又表示为火灾,从而便成为灾害的总称;再看"祸"字,祸是由"示"和"呙"组成的会意字,表示祭天祭神所用的牲畜和祭坛。纵观古今灾祸,不是灾便是祸,古人云:"凡火,人火曰火,天火曰灾"(《左传·宣十六年》),"人火曰火"之"火"有两层含义:一是指用火得当,造福人类之火;二是指用火不当,危害人类之火即所谓事故之"祸"。

人类迄今的安全对策一般有两种形式,一是条件反射,二是表现为概念、判断和推理的思维活动及其对象化。显然,条件反射式的安全行为不具有文化属性,只有当安全成为人类的一种自觉的需要,人类的行为不再仅表现为条件反射,而是一种思维的对象化时,安全才成了文化。安全不是独立于人类社会之外的抽象事物,更非条件反射,是人类文化系统的构成元素,安全的文化属性也可称为"安全的人为性",明白了这层意思就等于对安全的切入点找到了结合面。从中国古代传统文化的一系列名著中可发现大量的安全减灾警句妙语:

《十问》中,尧问舜:"天下孰最贵?",舜回道:"生最贵";《孝经·圣治章》也说:"天地之性,人为贵",强调天地之间,生命诚宝贵,要敬畏并珍爱;孙圣人说"不亏其体,不辱其身,可谓全矣",这不仅是从孝的视角出发,更是提醒世人要爱护自己、保护生命安康;《论语·乡党篇》说:孔子在鲁国担任大司寇时,一天厩焚。子退朝,曰"伤人乎?"不问马。虽然马厩失火,但孔子先问有没有人受伤,体现了对人绝对安全的第一关切。后来,孔子的学生季桓子继承着孔子的安全观,在《左传·哀公三年》中记载,鲁桓公庙、鲁僖公庙发生火灾,季桓子赶到现场后,下令道:"救火者,伤人则止,财可为也。"意指救火的人若受伤了,或面临生命危险要立即撤下来,停止救火。因为财物烧毁了还可再造,可若人的生命受到伤害,将无法弥补。可见,在春秋时代,重视人的安全价值已成中国传统文化之主流;《周易》是"群经之首"、"大道之源",包括《易经》和《易传》两大部分,都被后人称作中国的

"忧患之学"，蕴含着丰富的安全智慧和哲思。易者，变易；周者，周转。圣人观于天象，发现万事万物都处于变化之中，日往则月来，月往则日来，循环往复，周行不殆，人类的安和危、存和亡更是如此；《周易·系辞传下》说"安而不忘危，存而不忘亡，治而不忘乱，是以身安而国家可保也"，也就是说，平安时不可忘危险，生存时不可忘灭亡，太平盛世不忘祸乱，个人才平安无事，国家才长治久安；北齐刘昼《刘子·利害》说："思难而难不至，忘患而患发生。"想到危险，危险或许就不会到来；忘却灾祸，灾祸的到来将束手无策。《三国志》也说："明者防祸于未萌，智者图患于将来。知得知失，可与为人；知存知亡，足别吉凶。"聪明的古人早有断言，将祸患消除在萌芽之时，是明智之举；也有古人曰"防患于先而不至于后伤情。知而慎行，君子不立于危墙之下，焉可等闲视之。"它在告诫人们：一是要防患于未然，预先警觉潜在的危险，二要有能力发现自己所处不利境地，尽早及时逃身。此外，中国古代防灾文化还有无数的、系列化安全实用的技法及要诀，易记也有操作性，让今人都受益终身。

如清代钱德苍的《解人颐》中就有一首安全文化的诗，名为《碧松道人防患诗》，其内容是"房里无人莫烘衣，烘衣犹恐带头垂。执烛过防光燥物，吹灯要看火星飞。水缸煞炭方为稳，木桶盛灰大不宜。家中纵有千般事，临睡厨房走一回。"从安全技术措施看，战国时的思想家墨子在《墨子》一书中提出了防范和治理见解，在《备城行》、《杂守》、《迎敌祠》各篇中，既有防御设置、建造要求，也有明确数据，是早期防火规范的雏形。东汉杰出科学家张衡的地动仪，是人类历史上认识地震的较早仪器。明末宋应星《天工开物》中记载了冶炼工艺及采矿技术，同时也是预防瓦斯中毒和顶板事故技术的开始。江苏镇江西津渡由于特殊的交通位置和军事地位，在宋代就创建了防灾救灾组织——救生会，至清康熙三十二年（1693 年），便形成具有慈善公益性质的水上安全救助机构，是中国现代救生的缘起。

对于中国古代防灾策略制定的卓越人物，这里不能不提及康熙大帝。在他执位的 61 年间（1662—1722 年）是我国震、水、风、火无年不灾的时候，但康熙帝的防灾除患观不仅问计当时，还启示着今天。面对地震：那时正值我国华北第六个地震活跃期，相继发生 1668 年郯城 8.5 级地震、1679 年三河—

平谷 8 级地震和 1695 年洪洞 8 级地震。而康熙本人在北京和承德经历过 1665 年通县 6.5 级地震，1679 年三河—平谷 8 级地震，1720 年沙城 6.3 级地震，这些都促使他对地震的自发性分析与研究，1721 年他撰写了《地震》的论文，他认为"大凡地震，皆积气所致"，体现了他的防灾对策的一系列防治方略（含社会治安对策）。面对不断的火患，康熙也直接制定了一系列防火措施。如 1680 年 1 月 4 日，太和殿失火受毁，后查明是由 6 名御膳房太监炊火不慎所致。康熙将 6 名太监均判死刑，并颁诏"宫内各处灯火，最为要紧，凡有火之处，必着人看守，不让一时少人，总管等要不时巡查。"1695 年 4 月 6 日西苑五龙亭、兴明殿等处遇火被毁，大火夜间发生，扑救不力，烧了一夜。第二天早，康熙即到现场并颁诏……蝗灾是中国历史上严重的农业灾害，1709 年间，吏民遵循康熙诏旨，开展了灭蝗战斗，康熙大帝亲临现场，鼓舞着吏民的情绪，蝗蝻灭尽，再加上天公作美，及时落下透雨，控制住灾情，庄稼丰收在望，使康熙帝下诏灭蝗灾传为千古美谈。

应该说，华夏五千年中国的今天，仍有贬抑独创性管理及有薄古厚今之势，根子在于对文化、对历史认知不够。历史究竟是什么？有人说，历史有如悔过书，设法引以为戒，纠正未来的错误；历史是生命的雕刻师，凿刻出人类最真实的相貌；历史如一列不停驶的火车，火车本无始终，有始终的仅仅是乘客……叩问历史、感悟人生、拥抱睿智、启迪心灵，让我们用对中华的安全文化多一份尊重的心态，认真研读传统文化的安全减灾智慧，为平安中国的建设多一份思考和谋略。

第三节　灾害社会管理文化

一、城市灾害的人文性

城市作为一种人工生态系统，原有的自然环境被人类大规模地改造。使得许多自然灾害在城市中的发生特征与自然环境下有很大的区别。如洪涝灾害在农村的损害以冲毁房屋和淹没农田为主，但在现代城市很少有冲垮高层建筑的报道，而由于不透水地面的广布使得雨后迅速产生径流并汇集，远远超过排水速率，形成严重的内涝，阻断交通，使整个城市陷于瘫痪。雷电灾害在农村以直击雷伤亡为主，但现代城市由于高层建筑的遮蔽，极少发生雷电直接伤人事故，而感应雷损坏电子设备和家用电器所造成的损失惊人。城市规划建设包括工程选址、中心区与卫星城合理分工与布局、绿地面积比例、供排水、供电、供气、通信等生命线系统的配置等，都极大影响着灾害的发生和发展。合理的规划建设能够大大减轻灾害发生频率与强度，增强城市减灾能力。摊大饼式的无序扩展势必加剧热岛效应与城市内涝，生命线系统布局的紊乱和建筑施工时的乱挖，一旦发生地震将引发火灾、触电等一系列严重次生灾害。重化工企业如建在城市的上游或上风向，一旦发生水灾或风灾，必将对城市造成严重污染。现代城市高度依赖生命线系统的服务与保障，对受到的损害特别敏感和脆弱。2008 年 1—2 月，南方低温冰雪灾害与 1954 年同期的灾害程度大体相当，但 1954 年城市人口较少，进城务工农民和春运旅客数远不能与现在相比，广大农村甚至中小城镇用电和自来水都未普及，主要使用油灯、蜡烛和井水，断水断电对生产和生活的影响甚微。但在 2008 年却造成了极其严重的后果，数十万人被困在火车站和高速公路途中饥寒交迫，高层住宅楼上断水断电后更是几乎无法生存。

居民对灾害的认识和科学文化素质对于灾害造成的损失大小也有很大影响。即使发生同等强度自然灾害，发展中国家伤亡人数远高于发达国家。如 2010 年 1 月 12 日，海地 7.3 级地震估计造成 30 万人死亡，而 2 月 27 日发生在智利的 8.8 级地震死亡人数仅为七百多，倒塌房屋很少，其原因除智利地震的震源较深外，更重要的是智利的房屋建筑都是按能防九级地震设计的，而且救援及时。海地则是西半球最贫困的国家，60% 的房屋都属危房。2008 年 5 月 2 日，登陆缅甸的纳尔吉斯飓风最高风速为 190km/h，狂风暴雨洪涝估计造成 20 万人以上的死亡和失踪，逾 250 万灾民处境十分困难。而同等或更强台风在日本已多次登陆，鲜有人员死亡的报道。

灾害在给人类带来巨大损失的同时，也通过吸取经验教训，改进社会管理和减灾科技进步，在一定程度上促进了社会的发展。中国古代的农民起义大多是在大灾之年发生严重饥荒，统治阶级仍然残酷剥削，使阶级矛盾空前尖锐之际爆发的。旧王朝的覆灭使一部分农民获得了土地，新王朝为巩固统治通常会采取一些安抚人心和促进生产的措施。1976年的大地震使唐山人树立了团结互助的精神和对全国人民救援的报恩情结。在2008年汶川地震发生之际，13名唐山地震的幸存者自发组成了一支救援队，自费前往灾区。2010年4月，他们又前往玉树地震灾区。

二、城市灾害的社会管理

1. 建设公民安全社会

实现科学、高效的减灾，需要建立政府、企业与市场、公民社会之间的善治（Good Government）。所谓公民社会，是指国家和家庭之间的中介性民间社团，这些社团组织由社会成员自愿结合组成，并在与国家的关系上享有自主权，以保障和增进成员的利益或价值。所谓善治，是指在最大限度推动社会发展的前提下，建立政府公共组织与公民社会之间的合作关系，其本质是政府与公民社会对公共事物的合作管理，是政治国家与公民社会的一种新颖关系。其基本要素是合法性、透明性、责任性、效率性等，是人类社会管理公共事务的理想政治模式。

2. 建立城市减灾社会模式

城市减灾是复杂的社会系统工程，必须有高度统一的强有力领导，政府在减灾中的主导作用是其他任何社会组织不可能替代的，保护人民是政府的最高职责。由于减灾涉及民政、水务、气象、地震、地质、消防、卫生、劳动安全等许多部门，各级政府都需要建立一个位于各相关部门之上的高层次应急管理机构，在减灾应急管理中发挥主导作用。

要实现高效的减灾，只有政府的作用是远远不够的，必须调动全社会的力量，一是充分发挥受灾主体和利益相关者，包括企业和社区的作用；二是充分发挥市场机制，特别是保险公司的作用；三是充分发挥民间社团和志愿者组织的作用。在市场经济体制和经济快速发展的条件下，只有政府财政的救灾资金无疑是杯水车薪，必须形成政府投入、灾害保险、民政救助、社区互助、社会募捐、慈善机构救济、国际救援相结合的保障机制。

在城市减灾中，要特别重视加强社区减灾能力的建设，充分发挥社区基层组织和社区居民的作用。包括健全社区防灾避险基础设施，盘查社区灾害事故隐患，编制减灾应急预案，组织社区居民避灾救生演练，建设灾害信息员和救灾志愿者队伍，创建综合减灾示范社区，开展安全减灾知识宣传普及，指导社区居民做好防灾和救援物资和技能准备，加强与特殊脆弱人群的联系与采取保护措施等。

第四节　安全社区建设

社区是在一定地域范围内，按照一定规范和制度结合而成的，具有一定共同经济利益和心理因素的社会群体和社会组织。是一个包括人口、地域及各种社会关系的具体的、有限的地域社会共同体，是社会的基本构成单位，是人们生活的基本区域。它包括以下基本要素：

（1）有一定数量的人口；

（2）有一定的地域界限；

（3）有共同的文化、制度和经济生活，居民按一定的方式和结构分布并具有一定的凝聚力和归属感。

一、"安全社区"的概念

安全社区是指具有针对所有的人、各种环境和条件的积极的安全预防项目，并且具有包括政府部门、卫生服务机构、志愿者组织、企业和个人共同参与的工作网络的地方社区。社区内不同的组织机构，紧密联系起来，运用各自的资源及服务，为社区内居民提供一个安全健康舒适的工作及生活环境，从而最大限度地降低职业伤害、日常生活中的伤害甚至暴力及自杀等各种意外。"安全社区"的概念最早是在 1989 年世界卫生组织（WHO）第一届事故与伤害预防大会上提出来的，会上通过的《安全社区宣言》指出：控制和预防意外伤害，保障所有人都平等享有健康和安全的权利。从此，推广"安全社区"理念就成为 WHO 在推广健康和安全方面的一项重点工作，WHO 设在瑞典卡罗林斯卡学院的"社区安全协进中心"，负责在全球范围内推广这一理念。该中心制订了安全社区标准，并负责评估安全社区的申报材料，以及对申请方进行实地考察和认证。

世界卫生组织 1998 年年度报告中指出：全球每年有逾 580 万人死于伤害和暴力行为。其中自杀、谋杀和战争等故意伤害死亡为 227.1 万人，道路交通伤害死亡 117.1 万人。我国的伤害方式情况也十分严重，据有关部门统计显示：我国每年 7000 万人发生伤害，死亡 70 万～ 80 万人。为此，从安全社区入手抓安全城市建设是正确途径：

（1）建设安全社区是维护人的生存健康权的需要。建设"安全社区"是遵从我国宪法，以人为本，全力保证居民生存、健康权利的举措。安全社区的创建，能有效预防控制居民伤害的发生，会得到居民的广泛拥护和支持。

（2）建设安全社区是社会的需要。国内随着现代化的进程加快，人口的增多，人口老龄化的突显，人的生活、生产节奏的加快，各种伤害增加，慢性非传染性疾病增加，个人、集体和国家的财产由于突发公共事件导致损失增加，生产秩序、生活秩序受许多不稳定因素的影响，安全成为社会的需要和居民的迫切需求。创建安全社区对社会稳定发挥了基础的、广泛的有效保障作用。

（3）建设安全社区是经济发展的需要。创建"安全社区"从实际出发，科学地管理生产，利用社区现有的资源（尤其是人力资源），有效整合，提高生产和工作效率，保障居民健康，减少病伤损失，提高经济效益。

（4）建设安全社区是讲政治的需要。减少人身的伤害和疾病，减少或避免财产损失，是维护社会秩序、确保一方稳定的重要内容。

（5）建设安全社区是管理的需要。社会进步和经济发展离不开科学发展观引领下的管理理论、机制、制度和模式的创新和完善。创建"安全社区"是社区管理理念、知识和技能发展的极好契机。创建"安全社区"，要求社区管理要强化、规范、拓展和延伸，提升社区综合管理的水平，提高社区办事效率。

（6）建设安全社区是应对自然、生态环境变故的需要。由于人类的活动和人们缺乏环保意识，生态环境破坏，威胁人类安全和健康，威胁人的生存；同时大自然也不可预知地"发脾气"，给人类带来各种危害。创建"安全社区"，普及自然、生态环境的安全教育，开展安全促进活动，既提高了社区居民保护自然、生态环境的意识，丰富了环保知识，促进了群众性保护生态环境的行动，同时又提高了社区应对自然、生态环境突发公共事件的能力，提高了居民预防、自救和互救的意识和能力。

二、"安全社区"的标准

世界卫生组织认可的"安全社区"，需满足以下六项基本条件：

（1）有一个负责安全促进的跨部门合作的组织机构；

（2）有长期、持续，能覆盖不同的性别、年龄的人员和各种环境及状况的伤害预防计划；

（3）有针对高风险人员、高风险环境，以及提高脆弱群体的安全水平的预防项目；

（4）有记录伤害发生的频率及其原因的制度；

（5）有安全促进项目、工作过程、变化效果的评价方法；

（6）积极参与本地区及国际安全社区网络的有关活动。

我国创建"安全社区"的标准。"安全社区"共有 9 项指标，包括：交通安全、体育运动安全、居家安全、老年人安全、工作场所安全、公共场所安全、学校安全、涉水安全、儿童安全 9 大方面 63 项指标。中国安全生产行业标准"安全社区"建设基本要求于 2006 年 5 月 1 日开始实施。创建安全社区的意义在于让公众参与、公众受益，从组织机构、伤害预防制度、提高高危弱群体安全水平、记录伤害制度、评估评价方法等方面提高社区居民安全保障，确保顺利开展事故与伤害预防和安全促进工作，以"安全社区"常见活动为载体和切入点，创造出既符合国际要求又有中国特色的"安全社区"创建经验，为深入推进和谐社区建设、创新基层社会管理体制积累经验。同时，创建安全社区需要专门处理的机构，整合社区各方面的力量和资源，通过改善社区设施、环境并对居民进行各种安全教育，让居民不论是在工作场所、日常生活，还是在娱乐、运动场所，都能保证安全和健康，最大限度地降低职业伤害、日常生活中的伤害以及暴力和自杀等各种意外。

世界上第一个开展安全社区建设的国家是瑞典，在社区安全预防计划实施后不到两年半即见成效：社区内交通伤害减少了 28%；家居伤害减少了 27%；工伤事故减少了 28%；学龄前儿童伤害减少了 45%，而相邻未实施伤害预防计划的社区，上述伤害现象并未见减少。瑞典 Fulan 地区在 5 个社区实施伤害预防项目 5 年后，医院门诊伤害病人比例下降了 23%，因伤害住院者平均每年下降 7.2%；瑞典 Motala 实施安全社区计划后，5 年内儿童的伤害个案下降了 13%，工伤事故下降了 50%；挪威的 Vaerlander 岛实施安全社区计划两年后伤害减少了 29%，8 年后则减少了 58%；我国香港屯门社区在开展安全社区建设两年后，家居伤害减少了 18%，儿童伤害减少了 31%，社会治安案件减少了 30%，火灾减少了 47%，交通事故减少了 32%。WHO 社区安全促进合作中心在对全球安全社区进行综合分析之后认为，成功开展安全社区建设的社区，事故与伤害可减少 30%～50%。对社区伤害预防项目的成本效益分析表明，较少的经济投入可获得可观的效益。

三、安全社区建设方法与预案

创建"安全社区"要掌握世界卫生组织推荐的"安全促进"理念和工作模式。通俗地讲"安全促进"就是在安全教育、安全文化传播的同时，更注重安全文化环境的建设。教育可以改变行为，但是没有相应的文化环境支持，行为将难以保持。因此，安全促进强调安全文化环境的创建和不断完善。通过安全教育，使居民有安全相关知识，改变居民对安全的不正确态度，同时使安全行为得以长久保持下去。要充分认识到，"安全社区"是预防和控制人为各种事故发生的有效管理模式，也是应对生态和自然灾害难以预测风险的有效模式。通过创建"安全社区"工作，提高居民的安全和防范意识，提高居民自救、互救的能力，使政府应对突发公共事件的工作能得到全民的广泛响应和有序落实。安全社区减灾预案编制要点有如下六方面。

（1）社区灾害准备评价。其内容指应急组织、应急计划、应急所需条件的配置，公众的减灾防灾意识及心理承受力。

（2）社区减灾目标的确定。社区减灾目标实质上是一个可接受的灾害风险水平，重要的是不能使防灾代价过大而影响居民生活质量及和谐气氛等。

（3）社区减灾措施的确定。减灾目标反映的是公众对安全减灾的共同愿望，而减灾措施则是公众共同参与制定的，因此可使公众认识灾害、了解风险、自我防御、安全发展。

（4）社区安全在创造公共安全生活时，必然通过营造公共空间来达到。其中消除社区安全致灾隐患尤为必要，如遍布市区及环路的加油站，其隐患是：加油站紧靠楼房，火灾及爆炸危险性高；加油站是紧邻社区出入要道，如发生火灾爆炸，极易扩大混乱；加油站距离火源过近，如遭遇灾害易发生油气泄漏，直接威胁社区安全。

（5）社区设置避难场所的原则。要强调就近的原则，要坚持因地制宜，充分利用现有条件，保障快速畅通的原则。

（6）社区安全强调自救与互救。社区作为各类灾害的主要承灾体，处于与灾害应对的第一线，需要在灾变的第一时间投入灾害救助的志愿者队伍。宜在社区规划时，充分考虑如何为自救互救创造空间条件。

预案要体现：谁、何时、何地、做什么、怎样做。按照一个完整的社区应急预案框架：在工作原则下要有组织机构、联络方式、预测预警、分级响应及扩大应急、指挥与协调、善后处理与社区救助、自救互救的重点部位，预案应在社区中广为宣传、推荐可行的应急演习方法等。

第五节　公众安全文化教育

一、从切尔诺贝利核电事故到核安全文化

1. 灾难与警示：切尔诺贝利核事故 30 周年祭

30 年前的 1986 年 4 月 26 日，位于苏联乌克兰地区基辅以北 130km 的切尔诺贝利核电站，发生了自 1945 年日本遭受美国原子弹袭击以来全世界最严重的核灾难，成为人类和平利用核能史上的一大灾难，这就是震惊世界的切尔诺贝利核电站泄漏事故。俄"国际文传电讯社"2003 年 4 月 23 日报道，时至今日乌克兰共有 250 万人因切诺贝利核事故而身患各种疾病，其中包括 47.3 万儿童。核事故后的今天，在乌克兰的核受害者中最常见的是甲状腺疾病、造血系统障碍疾病、神经系统疾病以及恶性肿瘤等。

据有关资料，切尔诺贝利核事故所泄漏的放射性粉尘有 70% 飘落在白俄罗斯境内。事故发生初期,白俄罗斯大部分公民都受到不同程度的核辐射,

6000km^2 土地无法使用，逾 400 个居民点成为无人区，政府不得不关闭了逾 600 所学校、逾 300 个企业以及 54 个大型农业联合体。到目前为止，还有 200 万人不得不生活在核污染区，其中包括 48 万不满 17 岁的少年儿童。据预计，切尔诺贝利核事故给白俄罗斯造成的直接经济损失在 2350 亿美元以上，这个数字相当于白俄罗斯 32 个财政年的总和。为消防核危害，政府每年的拨款要占整个国家预算的 20%～25%。在白俄罗斯儿童血液病治疗中心，那里共有 81 个患儿，其情景让人触目惊心：病房里的孩子无论男孩还是女孩几乎清一色地没有头发。年龄尚小、还不懂事的孩子们在地板上无忧无虑地玩乐，要求记者给他们照相；已懂事的孩子却用忧郁的眼神；再大点的孩子大多拒绝照相。切尔诺贝利核事故严重影响了人们的健康，尤其对儿童的健康造成了无法弥补的灾难。白俄罗斯儿童患甲状腺癌、白血病的数量迅速增加，新生儿生理残疾者剧增。白俄罗斯戈梅利地区的儿童甲状腺癌的比率，在核事故发生后上升了 200 倍；某些地区甚至上升了 2000 倍。前不久，白俄罗斯卫生部门对距离切尔诺贝利约 400km 处一所学校的孩子进行了体检，这所学校的数百名学生中几乎没有一个是健康的，他们都患有不同程度的慢性病。那些生活在距离切尔诺贝利只有 40km、50km 处的孩子们的状况就可想而知了。

2. 核安全文化的产生与现代发展

切尔诺贝利事故的重要原因在于核电站工艺落后，使用的是安全性能差的以石墨作减速剂的旧式反应堆。但追溯其根本原因应归于核电站主管部门安全意识淡漠，管理不当，运行人员执行的实验程序考虑不周和操作失误等，从而酿成大祸。切尔诺贝利最后一个反应堆已于 2000 年 12 月 15 日正式关闭。就此，多年来令人担忧的灾难重演的可能性成了过去。事故发生 30 周年后的今天，人们更需要了解切尔诺贝利核电站事故对人类的持续损害到底是一种怎样的结果。据专家估计，完全消除这场浩劫的影响最少需要 800 年，将经过整整 40 代人！迄今为止，除了切尔诺贝利核泄漏事故以外，英国北部的塞拉菲尔核电站、美国的布朗斯菲尔德等核电站都发生过核泄漏事故。除此之外，在世界海域还发生过多次核潜艇事故。这些散布在陆地、空中和沉睡在海底的核污染给人类和环境带来了无尽的危害。

核能是一种清洁的能源，对环境污染最小。核电占世界总发电量的16%，且不向环境排放烟尘、二氧化硫和氮氧化合物，其燃料不消耗人类赖以生存的氧气，也不产生化学污染物。核电是目前最先进、最"干净"，且单位成本最低的一种电力资源。但核能就像一把双刃剑，它能给人类带来无穷的动力与财富，同时也可能会给我们赖以生存的地球带来无尽的灾难。人类对核能的有效利用表明，核能并不可怕，而真正可怕的是人类安全意识的淡漠。

核安全文化正是由此产生的。切尔诺贝利事故后，国际原子能机构（IAEA）认为：事故的核心要素是人为失误及整个管理体系所致，根子并不全在于硬件系统上，而在于以人为中心的管理体系上。对此，中国核安全专家认为：确保核能等高风险行业"质量第一，安全第一"方针的落实，除了必须要采取的法制手段、制度手段、技术手段、经济手段等科学全面的管理手段以外，我们还必须充分地、特别地关注并认识人的因素及社会因素。因为所有与事故灾害相关的"手段"及"问题"涉及的面均包含在"文化"之中。为此，国际原子能机构的报告 INSAG-4 强调"安全文化的实质是提供了一种手段用以解决各类人因错误"。从中不难看清安全文化的实际操作性意义。苏联切尔诺贝利核电事故的发生，更进一步使人们认识到安全的极端重要性，高风险技术事故绝非仅仅是技术原因，更重要在于管理及政策、战略上的不疏忽。任何高可靠系统的构成需要最活跃的作为核心的人及人群的安全素养，是由人的安全思维方式、价值观及危机行为准则所决定的。

必须说明的是，安全文化不仅是"文化"的一部分，同时也是"组织（单位）文化"的一部分，作为国际核原子能机构于 1997 年再次全面提出的"全球核安全文化"的概念，更重在安全的可持续发展与核动力，它建议国际安全联盟并要求各国要建有核安全及防辐射体制，并一定要在国家层面上致力于"核安全文化建设"。在 INSAG-4 报告中深入论述了安全文化的定义及特征，对安全文化的三大层次即决策层、管理层、执行层提出不同要求。如上所述，安全文化由两大部分组成：其一是机制，其二是在此机制下的响应。从此意义上看，安全文化指的是全体工作人员的献身精神与责任感，重在对安全事务的个人责任心和整体自我完善。现在国际的趋向是要将看似抽象的安全文化概念，转化为有实用价值的"指标"。从全世界看，20世纪90年代联合国开展了"全球减灾十年"活动，其每年"国际减灾日"主题都在变，但唯有一点是坚持的，即"预防为先"的原则，所以联合国倡导的安全减灾文化思考是，要在全球开展以"预防文化为主"的防灾减灾建设既是重点，也是核心。

历年国际减灾日主题一览：

1991年

减灾、发展、环境——为了一个目标

1992年

减轻自然灾害与持续发展

1993年

减轻自然灾害的损失，要特别注意学校和医院

1994年

确定受灾害威胁的地区和易受自然灾害损害的地区——为了更加安全的21世纪

1995年

妇女和儿童——预防的关键

1996年

城市化与灾害

1997年

水：太多、太少……都会造成自然灾害

1998年

防灾与媒体——防灾从信息开始

1999年

减灾的效益——科学技术在灾害防御中保护了生命和财产的安全

2000年

防灾、教育和青年——特别关注森林火灾

2001年

抵御灾害、减轻易损性

2002 年

山区减灾与可持续发展

2003 年

与灾害共存——面对灾害，更加关注可持续发展

2004 年

总结今日经验、减轻未来灾害

2005 年

利用小额信贷和安全网络，提高抗灾能力

2006 年

减轻灾害从学校抓起

2007 年

防灾始于学校

2008 年

减少灾害风险，确保医院安全

2009 年

让灾害远离医院

2010 年

建设具有抗灾能力的城市：让我们做好准备

2011 年

让儿童和青年成为减少灾害风险的合作伙伴

2012 年

女性——抵御灾害的无形力量

2013 年

面临灾害风险的残疾人士

2014 年

提高抵御能力就是拯救生命

2015 年

掌握防灾减灾知识，保护生命安全

可见上述主题无论涉及什么范围，其活动模式离不开启发公众的安全文化教育，离不开安全防范的城市主题，离不开帮助在危机状态下的弱势群体。

3. 城市大型工程项目开展安全文化建设的构想

2003 年 6 月 24 日，北京终于盼来了世界卫生组织宣布"双解除"的信息，可人们平静下来的心还不到十天，曾作为防疫典型的上海市又传来建设工程事故的"劫难"。迄今虽未发生人员伤亡，但此事故的影响甚大，它再次为城市大型工程建设敲响了警钟。

由上海地铁事故想到安全文化的软对策建构是基于如下考虑的：历史事件往往有它的相似性。如上所述，1986 年，苏联切尔诺贝利核电站发生事故，国际核安全组织在全面分析了事故原因后认为，核安全文化的欠缺是导致事故的基本原因，只有最大限度地消除人为失误致灾隐患并普及核安全文化才能从根本上防患于未然并控制核事故。中国安全文化建设研究始于 20 世纪 90 年代初，并探讨了在城市建筑安全设计中体现安全文化思想。之所以对上海地铁事故强调要用安全文化的思路，是因为安全文化不是"就事故论事故"，而是从新视角去剖析事故灾祸发生的因素。安全文化的核心是人类的安全观，它决定着人们对于安全生产和安全生活的思维方式，用安全文化建构的社会系统或城市系统，似乎不是最直接的安全保障，但却是最持久的决定要素。在城市建设工程的事故控制中推进安全文化其意义在于：1）安全文化建设是预防事故的"软"对策，它对于预防事故具有长远意义；2）安全文化建设是预防事故的"人因工程"，其核心在于提高城市系统各环节管理者、建设者的安全减灾素质，所以是最具基础意义的控制模式；3）安全文化建设重在系统化管理及制度，它本质上创造着一种"人—机—环境"相协调的反危机控制思想，通过对人的观念、意识、态度、行为等有形与无形的安全氛围的影响，从而达到对人的不安全行为的有效控制；4）安全文化建设更强调安全的准则、理念及策略，更重视与人的行为相关的一系列物态条件的安全环节构成（装置、技术、工艺、设备、材料、环境等）；5）工程建设的安全文化实践，旨在从规划设计、建设施工、运行维护等全寿命周期各环节实施以文化为中心的安全策略。但必须看到，文化的变化是缓慢的而且经常是难以觉察的，同样，由于影响安全文化及城市安全形象的因素很多，所以不用综合尺度，而更多地从安全行为尺度、态度尺度、信念尺度等方面去衡量建设工程系统的安全水准将是十分必要的。这里呼唤大型工程安全文化建设，还在于从根本上树立忧患意识，并作一番反危机的文化重铸。如事故灾害，是人类的难题，但它馈赠给人类去正确解读的机会。对城市而言，特别要呼唤行政与制度上的安全文化重铸。一般地讲，事故文化的重铸在危机开始时并未突显，因为它是社会思维惯性与惰性的反映。事故与灾难有客观的，也有主观的，但都要承认并承受，不可扩大为自欺欺人的文化习性，而要充分意识并利用安全文化的警策性作用，使之成为一个真正的精神资源。安全减灾也是生产力，安全文化在普及公众安全意识及能力，在推进城市工程建设的科学决策中都会产生积极有效的作用。

第六节　减灾志愿者的管理建设

在当今世界，志愿服务已经成为社会文明的一部分。它既包括国家和区域范围内的志愿者行为，也包括跨越国境的双边和国际的志愿者项目，是世界各国和联合国进行人道主义援助计划、技术合作、改善人权、促进民主与和平的重要组成部分，同时也是非政府组织、专业协会、工会和其他民间组织开展活动的基础。特别是在西方社会，志愿服务已不是社会其他机构的补充，而是独立发挥重要作用的领域。许多国家的志愿服务活动已逐渐步入组织化、规范化和系统化的轨道，形成了一套比较完整的运作机制和国际惯例。长期以来，志愿者组织最重要的一项传统功能就是慈善活动和社会福利事业，但近年来，志愿者在越来越多的社会领域里承担了提供社会服务的职能。特别是随着经济的不断发展，社会的不确定因素增多，各种人为的、自然的灾难发生频率增大，在应对各种重大灾难的过程中，大量的志愿者组织参与其中，成为抗击灾难的重要辅助力量，参与灾难救援工作也成为志愿者的一项新职能。如何充分发挥志愿者的作用，使其在灾难预警管理系统中成为一支重要的力量，是本文要重点探讨的问题。

国外灾难预警管理系统下的志愿者角色。结合志愿者本身所具有的自由性、可变性等特点和各国志愿者服务的现状来看，在灾难预警管理系统中，志愿者突出地体现了三方面优势：一是由于志愿者广泛分布在各个地区、各行各业，可以及时收集、传递和共享信息、判断灾难发生的可能性，根据经验评估其可能存在的风险系数，为政府正确决策、及时准备、有效预防提供信息参考，从而降低危机造成的损害；二是志愿服务具有公开招募、自愿参与、方便加入等特点，灾难一旦暴发，能以最短的时间、最快的方式集中广大公众组成最有力的社会危机应急队伍，成为当前各国经常采用并取得显著成效的社会动员方式；三是危机一旦出现，志愿者可以通过各种公益形式，在最短的时间筹集经费，募集应急物资，为灾后救援提供保障。

1. 志愿服务组织形式

志愿者在灾难预警管理系统中主要通过以下三种志愿服务的组织形式发挥作用。

（1）以政府为主导的正式志愿服务。在西方国家城市危机管理过程中，政府大都推动成立了大量专项危机管理志愿者组织。政府对志愿者进行招募、培训、管理，起着主导作用，志愿者则付出自己的时间参与到这些组织中提供志愿服务。如：在澳大利亚和新西兰，灾难应急救援的主要责任在州（市）政府。每个州（市）都有抗灾害计划、危机救援服务机构以及协调机制，掌握着有效的灾难预防、准备、反应和恢复所必需的资源，发生突发事件时政府应急管理中心负责协调各类资源实施救援。各类应急救援机构中职业救援人员很少，救援依赖成千上万训练有素的志愿者，所有志愿者都必须按照国家标准进行培训，掌握各种救援技能，取得全国通行的资质，政府应急管理机构为志愿者提供必要的救援装备。如澳大利亚的新南威尔士州人口约为500万，共有应急救援志愿者九千多人，组成232个小队，负责本州的应急救援工作。

美国纽约市在经历过"9·11"恐怖袭击事件之后，为了充分利用公民的市民精神，发挥志愿者组织的危机救援和服务功能，使市民、邻里和社区做好更充分的准备来应对犯罪、自然灾害和恐怖袭击的威胁。经总统布什提议，启动了联邦项目"市民梯队"行动计划，在纽约市危机管理办公室的协调之下，设立了市民梯队行动委员会。这一计划推出了社区危机反应团队、医疗预备队、街区守护者、辅助警察等二十多个志愿者服务项目，其目的就是帮助纽约市民做好准备，一旦危机爆发，就可以迅速动员起来，投入应急救援之中。例如医疗预备队是一个由医疗卫生和健康服务界的志愿者组成的志愿者队伍，包括医生、药剂师、牙医、护士、医师助理、危机医疗技术人员等医疗专业人士。在危机爆发时，该项目可以保证能够迅速动员起来一支专业医疗队伍，协助纽约市健康与心理卫生局进行危机救助。再比如街区守护者队伍，参加这一组织的居民会接受一系列培训用于提高其观察能力，主要包括：应当对社区中哪些情况保持警觉；如何描述观察到的紧急情况；向什么机构汇报紧急情况等。在经过培训后，每名街区守护者会得到一个保密的编号，当发现犯罪行为或其他危机情形的时候，这些志愿者有责任向警察局及时进行报告。街区守护者的身份严格保密，他们的档案由犯罪控制中心的指挥人员负责管理，只有指挥人员才知道街区守护者的身份，以保证他们的安全。

（2）以"第三部门"为主体的正式志愿服务。在几种志愿者角色中，以"第三部门"为主体的正式志愿服务所占比重最大。所谓"第三部门"是针对第一部门政府组织和第二部门企业组织而言的，是非政府、非营利、志愿性的社会组织，也就是人们常说的民间组织。在关于"第三部门"的各种不同定义中，有的甚至直接将"第三部门"解释为志愿者组织，由此可见其在志愿服务中的重要地位。志愿者付出自己的时间参加非政府机构和志愿服务机构组织的各种各样的志愿活动，服务社会，同时实现自身的价值。

在国外，遇到紧急灾害时，民间组织往往非常活跃，并表现出及时、高效、灵活、创新的优势。例如，日本的阪神大地震，最先赶到现场并发挥作用的不是日本政府，而是民间组织。韩国金融风暴后，也是在民间组织的协助下，调动了民众的爱国热情和捐赠高潮。我国台湾地区"9·21"地震时，民间组织也是最先作出反应，并在整个震中援助和灾后重建中发挥了先导作用。美国"9·11"事件以后，美国政府成功地将危机转化为契机，其主要的经验之一就是广泛动员民间资源，70%以上的国民为这次危机进行了捐赠或提供志愿服务，仅美国红十字会的募款资金就高达数亿美元。民间组织的积极介入不仅极大地增强了参与者的自豪感、民众的爱国热情和民族的凝聚力，而且也极大地减轻了美国政府的压力，使得政府有精力致力于国家的长远规划与战略发展。

（3）个人主观能动的非正式志愿服务。实际上在很多时候，当灾难突然降临之时，组织、召集志愿者还需要一个过程，而从灾难发生到正式组织的志愿者发挥作用这段时间，往往是人们自愿、自发地直接给予周围的人以帮助和支持的行为更及时、更有效。2005年7月7日上午，在人口密集的英国伦敦金融城等地几乎同时发生了4起地铁和公共汽车爆炸事件，造成了重大的人员伤亡。事件发生后并未造成混乱和恐慌，伦敦市民在人员撤离和救援中表现出了出色的心理素质和应变能力。在行驶在国王十字车站和罗素广场之间的地铁上，乘客们采取各种措施自救和互救。爆炸20min后，地铁工作人员赶到，他们带领乘客进入一条地道，人们井然有序，走得慢的在右边，走得快的在左边，没有发生任何相互踩踏、求生的骚乱，平安回到车站。受害者浑身血迹斑斑、脸上被烟熏黑，却都没有惊慌失措，他们接过救护人员递来的氧气面罩熟练地戴上，然后互相搀扶着走向救护车辆。一些轻伤者甚至放弃了乘坐救护车的机会，自己步行到医院接受治疗。虽然一些医院的急救室相继爆满，但抢救爆炸受害者的行动却紧张有序，很多人自发走上街头，为他人提供帮助。人们看到一个男孩脸上身上都是灰，手里还抱着一个哭泣的小女孩到处问"谁是她的妈妈？谁是她的妈妈？"展现了一幅在危急之时忘我相助的感人画面。

2. 我国志愿者队伍情况

中国灾难预警管理系统下志愿者角色的缺失。与其他国家特别是西方国家相比，我国的志愿服务起步较晚，发展相对较慢，远远落后于世界先进水平。从参与人数来说，我国的注册志愿者人数只占总人口的1%，而美国达到了40%，以挪威为代表的北欧国家平均达到了35%。从作用发挥角度来看，我国志愿者的作用还仅仅局限于扶助社会弱势群体这一方面；从人员构成来看，我国的志愿者绝大部分是青年学生，在职人员与离退休人员寥寥无几。

以"非典"时期为例，在"非典"肆虐的高峰期，香港曾创下一天招募4000名义工的纪录，其中有不少家庭主妇，大、中学生，甚至还包括许多明星。他们走上街头派发抗非传单，深入社区清洁环境。香港一些义工组织成员曾将亲手设计制作的儿童游戏玩具投放到隔离居民的信箱，居民可以自己取来给孩子玩耍、解闷。而反观内地，这种全民动员做义工的情景却极少出现，"抗非"战线中也难觅志愿者的身影。在"重灾区"广州，只有广州市青年志愿者协会和广州市义工联等带有官方色彩的义工组织承担了一部分"政府帮手"的角色，而这些满怀热情的志愿者所付出的志愿服务却遭到了误解甚至讥讽。我国的志愿服务事业发展之所以面临如此的困境，步入这种尴尬的局面，主要有以下几方面原因：

（1）公众对于志愿服务的认可度比较低。2001年年底，我国志愿服务课题组在一次调研过程中，对"参与志愿服务的主要困难"一项进行的调查结果显示，有71.5%的被调查者认为社会缺乏认知是影响公民参与志愿服务的主要原因。目前，国内的各大媒体对于志愿者及志愿服务的宣传报道相对较少，已有的报道也大多是停留在对某项活动的消息发布方面，使广大群众对于志愿服务的了解仅仅局限在"听说"的层次，缺乏对志愿服务理念、宗旨、意义等的基本认知，因而不能有效地激励全社会的参与。

（2）志愿者组织独立性不强。欧美志愿者组织均为非政府、非营利组织，既无政党色彩，也无政府色彩，这种独立于政府之外的属性决定了其从事志愿服务的自主性、灵活性。而我国的志愿服务事业长期以来一直秉承"党政支持、共青团承办、社会化运作"的思路开展，几乎所有的志愿者组织都挂靠于各级团组织，使现有的志愿者组织严重缺乏独立性、积极性，从而导致志愿活动往往流于形式，在真正需要的时候却不能有效发挥作用。

（3）志愿服务活动经费短缺。几乎在所有关于国内志愿者组织的研究文献中，都提到了资金短缺问题。在国外，志愿服务是"非营利服务"，但志愿者可以获得能够保证基本生活的报酬。我国的志愿服务则大多定位为"义务服务"，志愿活动的经费来源于政府拨款、社会资助，而志愿者则没有任何报酬。这种有限的资金来源使志愿服务经费明显不足，而单纯的义务奉献也难以长期维系青年学生这一志愿者主体的积极性。

3. 应急志愿者队伍组织建言

2006年1月8日，国务院发布了《国家突发公共事件总体应急预案》，其中特别要求：充分动员和发挥乡镇、社区、企事业单位、社会团体和志愿者队伍的作用，依靠公众力量，形成统一指挥、反应灵敏、功能齐全、协调有序、运转高效的应急管理机制。这充分说明我国政府已经认识到志愿者在灾难预警管理系统中的作用并给予了高度重视。要真正发挥志愿者作用，使其在灾难发生时、积极参与抢险救援，努力控制事态发展减少人民生命财产损失，应该着重抓好以下几方面工作：

（1）加强防灾文化的教育和培训。这里所说的教育和培训包括两方面内涵：一是对有组织的志愿者进行奉献爱心和专业技能的培训，进行团结互助、吃苦耐劳、无私奉献精神等的教育，使他们在危难时刻能够挺身而出，勇往直前，自觉投身到抗灾救援的工作中去；进行消防知识、报警常识、现场医疗急救技术等技能的培训，使他们在灾难发生时实现自救、互救。二是对广大公民进行防灾教育。调查显示，我国 90% 的居民、60% 的学生缺乏自救逃生知识，近 70% 的职工没有紧急救助的观念，更没有紧急救助的基本技能。要通过演习等方式，使大部分人掌握防灾的基本常识，特别要把防灾救援教育纳入义务教育体系，使中小学生循序渐进地学习和掌握防灾的相关知识。

（2）建立和健全志愿者组织的快速反应机制。志愿者组织的快速反应机制包括在应对重大危机时对志愿服务的组织领导、宣传动员、组织实施、管理服务等。现有的志愿者组织应该在开展日常志愿服务的基础上，建立比较完善的志愿者信息库，将志愿者资料储存起来，按照每个人的专长进行分类管理，一旦灾难来临，能够快速地将他们组织起来，辅助专业救援队伍开展救援工作，并以他们为骨干，广泛动员和吸纳社会各界人士积极参与。

（3）大力发展非营利性民间志愿者组织。随着政府在志愿者组织中的引导地位强化，要大力支持各种民间团体建立志愿者组织，政府则通过制定和完善相应的政策和法律，保障志愿者的权益，但不得直接进行干涉其正当合法的活动。同时，为了在保证志愿者组织非营利性的同时，调动广大志愿者的积极性，政府应将灾难预警系统的部分运营资金划拨给志愿者组织，并倡导社会各界对其给予资助，满足志愿者组织日常的培训、活动需要及志愿者的基本生活需求。

第七节　唐山重生四十年的文化省思

2016 年是中国唐山"7·28"地震 40 周年，也是河北邢台地震 50 周年，是苏联 1986 年切尔诺贝利核电事故 30 周年，同样也是美国纽约"9·11"事件 15 周年。在这样一个特殊的年份思考城市灾难，尤其是关注城市自然与人为交织的唐山巨灾是十分有价值的。邢台地震由两次大地震组成：1966 年 3 月 8 日 5 时 29 分 14 秒，河北邢台专区隆尧县发生震级 6.8 级地震，震中烈度 9 度强；1966 年 3 月 22 日 16 时 19 分 46 秒，河北邢台专区宁晋县发生震级 7.2 级大地震，震中烈度 10 度，两次地震共致 8064 人死亡，伤 38000 人，经济损失 10 亿元，属一次久旱之后的大震。震后周恩来总理三赴灾区，指示一定要有中国自己的地震预报系统，中国的地震预报事业是在邢台地震的血泊中矗立起的里程碑。

尽管 1976 年 7 月 28 日那场巨灾已过去 40 周年，尽管唐山灾区通过近 40 年的努力已消灭了灾难痕迹，尽管现在一二十岁的唐山青少年甚至不太知晓历史上曾发生的噩梦，尽管与新唐山一同走来的还有无数个来自国内外的建设荣誉和奖项，但在唐山大地震 40 周年到来的"大日子"面前，作为每一位国人都该认真盘点思绪。

在唐山大地震 40 周年到来之际回忆这些经历有何意义呢？其最大的价值在于要唤起国民的防灾减灾及安全文化意识，最大限度地激荡起中国在推进防灾减灾教育上的动力，因为迄今为止几百年中外灾难史尚未有唐山如此惨烈的"灾事"。唐山大地震的重生，说明唐山是属于全人类的。40 年前的人间惨剧，让不同地域、不同肤色、不同信仰者的心同时被撕裂：这里有生者与死者的鲜血融合在一起的生命的传奇；这里有脆弱与坚强、卑微与博大、邪恶与善良、自救与他救的人性实录；这里有唐山在艰难地弥合、康复的苦涩辛酸所积累下的特殊财富。珍惜生命，是普世的价值，文明的起点，善待生命的民族，才会有健全的心智。面对全面建设小康社会的愿景，唐山大地震用鲜血换来的哲理已写就出安全准则：捍卫人的权利，保护人的生命，增进人的福祉乃社会文明发展的共识。2016 年的唐山，我们向死者致哀，我们向生者致敬，我们牢牢地记着昨日，满怀希望向着明天。

尽管 40 年后的唐山，除留存下的几处遗址外再难以找到当年的地震痕迹了，新的城市拔地而起，一幢幢震后重建的住区楼体现着新生和工业化的城市的品格。每当入夏秋夜晚，唐山人在抗震纪念碑广场跳舞、打牌、纳凉、安详而随性，仿佛灾难早已坠入岁月的尘烟中，是呀，唐山 1990 年获联合国人居奖，唐山 2016 年又迎来世界园林博览会主办权，美丽的唐山让人难以想到 40 年前的悲怆……

唐山于废墟上的生长是快速而显见的，但有记忆人的心灵之重建则是缓慢而艰难的，因为这种疗伤是静默的、哀婉的，它能让世界看到心灵对血泪的承载力和生生不息之潜力量。这是注定要归为灾难文化的软力量，它虽隐形于唐山，却能给所有经历灾难之城一种别样的沉重、厚度、品格与风范。

为此，我们需要进行中外安全文化教育差距之比较。自 2003 年年末迄今，井喷、火灾及爆炸、踩踏事故、游船翻沉、文物烧毁事故等，被媒体通天热炒，已是一种防灾预警的觉醒。要对比中外公众在安全文化上的差距：

1）中外公众的不同行为文化自律性。西方人——遵守安全规章制度表现出自觉性及自律性，强调保障安全是人的权力；中国人——从古人至今，更多地强调用典范的影响力来影响行为，此种方式极不适宜现代城市化的生活方式，是频发"三违"现象的文化基础；2）中外公众的不同的"生命文化"原则。西方人——"生命第一"的文化原则是神圣不可侵犯的；中国人——过多地宣传了"国家财产第一原则"，所以与"应急避险权"所主张的"生命高于一切"的安全原则格格不入；3）中外公众的不同安全技能观。西方人——美国早在 1985 年就组建了社区救灾反应队，美国国家防火协会经常组织北美统一的火灾"大逃亡"训练活动；中国人——现在还停留在对安全警钟的认知上。2003 年非典至今，全国共举办过几十万人参加的近千次各类防灾演习，但每每事故惨剧暴露出的问题还都是安全知识、安全技能、安全产品上的问题。它告诫我们必须从现在开始系统地开展公众安全文化教育。

该如何展开国家层面的"7·28"唐山大震 40 周年纪念。面对 1976 年唐山大地震（死亡 24.6 万人），1998 年米奇飓风（死亡近 2 万人），2004 年印度洋海啸（死亡逾 20 万人），2008 年"5·12"汶川大地震（死亡近 7 万人），虽人类正探求更准确的预报手段，但对于下一次灾难何时临头，下一次大灾是什么尚说不清楚。因此，城市管理者极有必要从现在起认真研究并策划好 2016 年"7·28"大地震 40 周年纪念行动。无论你是否是唐山人，都要在思考"7·28"唐山大地震日时，抓住每年 7 月 28 日的时机，做深做透全民的安全文化自护教育活动，且一定要思考：

- 唐山大地震作为人类灾难的极致，是否可以成功预测，使那些悲剧不发生，这里有安全减灾目标，有安全记忆模型，有特殊的事件传播路径。

- 唐山大地震属地域性灾难，如何防止并减弱它的社会震荡及影响，是现代社会极为关注的社会问题。

- 唐山大地震虽已蒙上了历史的尘埃，在当时也有政治的遮蔽，今日反思，是否要深入研究其预测过程及漏报错报的原因及真相。

- 唐山大地震给今人的顿悟是如何高举"科学减灾"的旗帜，客观地对灾情完成从预警、防范、救援、抢险、恢复生活全过程。如我们必须思考在大地震腹地的开滦煤矿由于有"宁可千日不震，不可一日不防"的抗震思想指导，使井下万名矿工在大地震到来后竟成功脱险，其意义在于为人类防灾备灾提供了科学范本，然而对此我们宣传的太少。

- 唐山大地震，以史为鉴，人类祈盼悲剧不再重演。这不仅有世界难题的地震预报预警问题，更有开放型的防灾备灾的积极努力；联合国全球计划项目倡导要打破"政府、科学家和公众三大群体间的三堵墙"，真正以公众参与防灾。所以，要以生命的尊严高于一切去审视唐山大地震40周年的科学与管理的文化记忆。

- 唐山大地震、印度洋海啸、美国卡特里娜飓风等"灾事"使我们深感，人是渺小的，但在与灾害的抗争中，人又是伟大的和能有所作为的。在防灾减灾这场悲壮的人与自然的较量中，人性如建筑一般经历了破碎与再组合。灾害虽可抹掉一切城市的痕迹，但人类及其人性的力量最终会全面凸显出来，升华起在21世纪的安全中国不懈追求，以及对生存与生命意义的全新认知与行动。